Seismic Characteristics and Dynamic Stability of Pile Foundation in Complex Karst Stratum

复杂岩溶区桩基地震响应及稳定性研究

黄　明　詹刚毅　薛　飞　邹　华　范军琳　著

人民交通出版社股份有限公司

北　京

内 容 提 要

本书以岩溶区桥梁建造过程中桩基在地震作用下的承载性能问题为研究背景，系统介绍了地震作用下溶洞顶板与桥梁桩基耦合体系的承载性状与动力稳定性研究成果，以期为推动我国岩溶区桩基工程建造技术的发展提供参考。全书共分6章，主要内容包括绪论、岩溶桩基的振动台模型试验、岩溶桩基地震稳定性试验结果分析、考虑地震效应的桩端溶洞顶板安全厚度计算、串珠溶洞桩基的荷载传递与承载性状、串珠溶洞桩基沉降计算与地震稳定性等。

本书结合计算案例，内容偏向于基本问题的理论分析，可供基础工程及岩溶灾害防治领域从事管理、设计、施工、科研相关工作的技术人员阅读借鉴，亦可作为高等院校相关专业师生的参考用书。

图书在版编目(CIP)数据

复杂岩溶区桩基地震响应及稳定性研究 / 黄明等著. — 北京：人民交通出版社股份有限公司，2022.8

ISBN 978-7-114-17300-4

Ⅰ.①复… Ⅱ.①黄… Ⅲ.①岩溶区—桩基础—桩承载力—研究②岩溶区—桩基础—计算方法—研究 Ⅳ.①TU473.1

中国版本图书馆CIP数据核字(2021)第089215号

Fuza Yanrongqu Zhuangji Dizhen Xiangying ji Wendingxing Yanjiu

书　　名：复杂岩溶区桩基地震响应及稳定性研究
著 作 者：黄　明　詹刚毅　薛　飞　邹　华　范军琳
责任编辑：刘国坤
责任校对：孙国靖　宋佳时
责任印制：刘高彤
出版发行：人民交通出版社股份有限公司
地　　址：(100011)北京市朝阳区安定门外外馆斜街3号
网　　址：http://www.ccpcl.com.cn
销售电话：(010)59757973
总 经 销：人民交通出版社股份有限公司发行部
经　　销：各地新华书店
印　　刷：北京建宏印刷有限公司
开　　本：787×1092　1/16
印　　张：12.75
字　　数：310千
版　　次：2022年8月　第1版
印　　次：2022年8月　第1次印刷
书　　号：ISBN 978-7-114-17300-4
定　　价：60.00元

编写委员会

前言

岩溶地貌在我国分布广泛，类型众多。据不完全统计，已探明的岩溶地区总面积可达340多万平方公里，约占国土面积的1/3。岩溶地质特殊，形成的洞穴复杂多样，给区域内交通基础设施建设带来极大困难，特别是复杂岩溶区桥梁桩基的施工问题尤为突出，加上高烈度区地震作用影响，桥梁桩基—溶洞耦合作用过程及其承载机理目前仍然不明确。因此开展复杂溶洞地层桩基承载性能与地震动力稳定性研究具有重要现实意义。

本书是作者团队在岩溶桩基领域多年研究成果的总结，在国家自然科学基金(NO. 41672290)、福建省自然科学基金(NO. 2016J01189)和中国铁建股份有限公司科技攻关计划等课题的大力支持下，系统深入地研究了考虑地震作用下复杂溶洞地层桩基的承载性能及整体稳定性，提出了桩端荷载下溶洞顶板抗震最小安全厚度的计算方法，并开发了相应的计算机程序软件，并在依托工程推广应用取得显著的经济与社会效益。针对当前我国岩溶桩基工程建设领域的热点问题，将复杂溶洞地层桩基的抗震承载性能与动力稳定性研究成果进行总结整理，希望可以助力我国岩溶地区交通基础设施建设的理论发展与技术进步。

本书共6章：第1章介绍岩溶桩基的基础知识；第2、3章分别讲述地震动力作用下岩溶桩基的振动台模型试验研究和稳定性影响因素；第4章总结归纳了考虑地震效应的桩端溶洞顶板最小安全厚度理论计算方法；第5章介绍串珠溶洞桩基的荷载传递与承载性状；第6章分别介绍了考虑地震效应的串珠状溶洞—桩基耦合体系的受力性能和沉降计算方法。

本书的研究工作得到了重庆大学刘新荣教授团队和福州大学陈福全教授团队等专家团队的大力支持，在此一并表示致谢！

岩溶桩基的研究处于快速发展阶段，作者对于一些理论与实际问题的认识难免不全面、不准确，不当之处恳请读者批评指正。

作　者

2021年3月

目录

第1章 绪论

本章主要介绍岩溶桩基问题的相关背景和基础知识，包括岩溶现象及常见地质灾害，岩溶区桩基工程建设技术及地震动力稳定性研究现状，以及存在的不足及发展趋势，有助于读者全面了解岩溶桩基问题的相关知识。

1.1 岩溶现象及常见地质灾害

岩溶，主要是可溶性的岩石在被地表水和地下水以溶解为主的化学溶蚀作用，并伴随物理侵蚀作用而产生的水文地质现象，国际上通常称之为喀斯特(karst)(任美锷和刘振中，1983)(White W B，2002)。岩性、地质构造、地貌与岩溶水运动等四方面对岩溶形成具有非常重要的影响。岩溶形态可分为地表岩溶形态和地下岩溶形态。地表岩溶形态有石芽、漏斗、溶蚀平原溶蚀洼地、溶沟(槽)、坡立谷等各种形式；地下岩溶形态有地下河、溶洞、天生桥、暗河等。岩溶作为一种不良工程地质现象分布极为广泛，根据统计，全球岩溶面积约为陆地面积的15%，约2200万km^2，世界各大洲均有分布。中国的岩溶分布广泛，类型丰富，按碳酸盐岩暴露面积计算，已经达到了90.7万km^2；按含碳酸盐岩暴露面积计算，也可达到206万km^2，约占全国面积的1/5(袁道先，1993)。文献资料表明，我国岩溶区主要分布在云南、贵州、广西、四川、湖南、湖北和广东，以及山西、山东、河南、河北等省份。

随着我国西部大开发战略的实施，西部山区的建设项目越来越多，而西部山区极为复杂的地形地貌，带来了诸多疑难问题，地理位置和气候特征造就了西部地区岩溶地质的特殊工程性质，多表现为溶蚀、溶沟、溶槽、中小型串珠状溶洞或单个大型溶洞，具有裂隙较为发育且规律性不强等特点及鲜明的区域性特性。在该类地区开展基础设施建设往往伴随着复杂的工程问题，迫使工程界更加重视岩溶地区的工程建设问题，加强岩溶塌陷问题的研究、预防和治理。

影响岩溶发育的因素比较复杂，溶洞的大小相差悬殊，形状千变万化，其断面形态极不规则，因此溶洞的存在会给工程的安全带来极大的不确定性，溶洞位置和规模的勘测对于溶洞多发地区的工程建设来说是不可或缺的一环，再决定是否对其进行处理以及选用何种方式进行处理。《工程地质手册》(第4版)中给出了地基稳定性的定性和定量评价，在岩溶地区的施工过程中发生的地质灾害一般有三种,一是施工过程中地基处于溶洞的上方可能会造成的地面的变形、开裂乃至地基整体的沉降;二是在溶洞地基的施工过程中,很有可能影响地下水的流动,严重的话地下水可能会向基坑汇集,使地下水的分布发生巨大的变化,对于当地的水资源也有巨大的影响;三是在溶洞地基的开挖过程中,可能会引起地下水的突水,这将会威胁到施工人员的安全(张光武等,2016)。目前工程上会根据不同的溶洞形态来确定对应的处理方式,主要包括抛填土石块法、钢护筒跟进法和灌注混凝土填充法等(李洪艺等,2011)(黄坚,2014)(朱永杰,2009)(姚军军、姚辉,2005)。此外,溶洞的存在给岩溶地区的桩基工程设计也带来很大的困难,基岩的完整性受到破坏,使得基岩的承载力学行为不同于半无限介质的情况,其承载力大大降低,在附加荷载或振动等因素作用下,溶洞顶板可能坍塌,使地基突然下沉,导致建筑物损坏,造成重大工程事故。

1.2 岩溶地区桩基工程及地震动力稳定性研究进展

1.2.1 岩溶桩基的承载性能研究

由于岩溶地区的水文地质情况异常复杂,这使得岩溶区桩基的设计和施工问题(如岩溶桩基持力层确定、承载力确定以及其稳定性问题等)越来越突出。例如,岩溶地区的溶洞发育和分布极不均匀,导致岩层的表面参差不齐,产生各种形态的临空面,地表下的溶洞发育造成洞内地下水大量的涌入基坑,桩孔内涌水和突泥,基坑周围地面发生塌陷和沉降,岩溶地区的工程地质勘察和桩基础设计等都存在一系列未能妥善解决的技术难题,这使得设计偏于保守,且存在一定的安全威胁,造成人力和物力的大量浪费(龚晓南,2016)(刘晓明,2014)。国内外的诸多学者针对岩溶地区桩基承载力确定的复杂性开展了大量的科学研究工作,并且取得了较为丰硕的成果。

针对岩溶地区桩基础的设计问题,Seksinsky E J 和 Qubain B S 将岩溶地形分成三个类型——无空洞的陡峭临空面、带空洞和漂石的陡峭临空面、巨穴型的陡峭临空面,对于不同的岩溶地基类型,分别提出了具有针对性的设计方法(Qubain et al,1998)。Wang 等通过对室内模型实验的研究与总结,提出了 3 种溶洞顶板的破坏机理,并基于极限分析上限原理建立了桩端下伏溶洞的地基极限承载力计算公式,同时绘制出了相应的计算图表。他们所提出的岩溶区地基破坏的机理认为,基础在极限荷载的作用下,地基的破坏仅仅是溶洞与基础底部之间的溶洞顶板发生破坏,但其忽略了地基实际破坏可能同时伴有基础两侧土体挤出地面的问题(Wang and Hsieh,1987)。

赵明华等(2007)通过分析岩体的破坏机制和变形特性,探讨了岩溶地区桥梁桩基所在持力层的溶洞顶板安全厚度的确定方法,建立了桩端溶洞顶板抗冲切破坏的计算模型,提出了若干易于实际工程操作且经济可靠的设计方法(邹新军等,2013)(马缤辉等,2012)。李炳行等(2003)运用桩端溶洞顶板稳定性定量评价与深井基础静力载荷试验相结合的方法,对桩基的承载力进行了研究,研究结果分析表明,在桩端荷载作用的影响范围内,岩体结构比较完整的临空面或者桩端荷载小于临空面承载力的情况下,临空面会表现出较好的稳定性。黄生根等(2004)基于现场试验的方法对某大桥的岩溶区桥梁桩基承载特性进行研究,试验研究的结果表明,桩端下伏溶洞对桥梁桩基的承载特性有很大的影响,桩身的侧摩阻力分布及桩顶临界沉降量也受到一定的影响(金书滨,2005)。程晔等(2005)结合基于强度折减法的有限元分析和二分法,对桩端下伏溶洞顶板的稳定性作出了分析与评价,为分析和评价桩端下伏溶洞顶板的安全性提供参考与借鉴。周栋梁等(2013)利用 ABAQUS 数值模拟软件,对岩溶地区中桩体穿过溶洞的桩基承载力特性展开了分析和研究,得到了穿越溶洞桩基的承载特性和桩端阻力、桩侧摩阻力的发挥与分布规律。

1.2.2 桩端溶洞顶板的稳定性研究

我国工程技术人员基于工程实践提出了溶洞顶板稳定性这一工程问题。目前溶洞稳定性研究主要集中在理论评价方法上,通过对溶洞顶板稳定性的研究,在评价方法上积累了一定的成果,在岩溶地基稳定性的评价方面丰富了从定性——半定量——定量的评价方法(王晓楠等,2012)(符策简,2010)(武崇福、赵宇,2014)(曹文贵等,2005)(李继锋,2006)。虽然定性分析相对简单,但分析的可信度不高,故目前国内的主要研究集中在溶洞顶板稳定性的半定量和定量分析。岩溶地区的水文地质条件极其复杂,导致溶洞周边岩体应力场分布不匀且形式复杂。此外,由于目前的探测方法很难准确探清溶洞的分布形式以及其围岩的物理力学指标,从而难以确定岩体的真实力学性质和实际破坏形式,极大地限制了定量评价法在工程实践中的推广应用,而半定量评价方法相对来说简单易行。

影响溶洞顶板稳定的因素主要分为内因和外因:内因包括溶洞顶板的厚度、跨度、节理裂隙,溶洞的大小、形状、顶板和围岩的物理力学性质等;外因包括自然以及人为因素对溶洞的作用,如自然侵蚀、施工作业等。有学者认为溶洞其实是受地下水的流动侵蚀而形成的类似于隧道的空洞,因此可将其简化为较常见的隧道模型,以便于开展稳定性评价。通常,对溶洞的稳定性评价可以分为以下几步:实际溶洞→简化假设→建立几何力学模型→提出计算方法→得出结论。其中,简化的力学模型和计算方法是稳定性研究的最主要内容。此外,由于现场试验的成本高昂,溶洞的不确定因素较多,因此现场及室内大型模型试验的研究并不多见,特别是缺乏能应用于实际工程中的成熟的岩溶地基稳定性计算方法,故对于顶板的稳定性问题仍需要开展进一步研究。

1)定性评价

定性评价方法是利用已有的水文地质勘察资料,同时结合现有类似工程的相关经验,对溶洞顶板的稳定性进行定性评价。由于这种评价方法主要是依靠工程师的经验,容易受人的主观因素影响,因此,这种评价方法在可靠性方面难以令人满意,只能在工程初期做一定的参考。溶洞顶板稳定的定性分析方法主要包括专家系统评价法、影响因素分析法、经验比拟法、综合分析法(周建普、李献民,2003)(汪稔等,2005)。工程地质手册中主要是将影响溶洞评价的因素分为对稳定性有利和不利两个方面。罗强(2006)根据已有的工程地质资料,并结合溶洞上方桩基的实际荷载情况,在考虑了溶洞区地质结构、溶洞形状、体积、分布形式及顶板的厚度、跨度、完整度等影响溶洞稳定性的重要因素下,对桩基荷载作用下的溶洞顶板稳定性做了定性的评价。李志宇(2014)则是根据溶洞顶板的顶部、中部、底部产生的变形程度对工程的影响划分为无影响、轻微、中等、强烈四个等级,从而对应的将岩溶区的地基稳定性划分为稳定、比较稳定、比较不稳定和不稳定四个等级。

2）半定量评价

半定量的评价法通常是将溶洞顶板简化成梁、板、拱等力学模型，来简化分析与计算，这种评价方法结合了溶洞顶板的形状、力学特性及一定的工程实际经验。半定量方法相对于定性评价法和定量评价法具有概念清晰、物理意义明确、便于操作等优点，因此被更广泛地应用于工程实践之中，半定量评价方法主要包括顶板厚跨比法、荷载传递线交汇法和估算安全厚度法等。

（1）顶板厚跨比法主要是根据溶洞顶板跨度 L 及顶板的最小厚度 h，通过计算溶洞顶板的厚度和跨度之比 h/L 来评价顶板的稳定性。该方法有效地避免了考虑溶洞顶板的形式和外加荷载的作用。通过对大量工程实践的统计与总结表明：当 $h/L \geqslant 0.5$ 时，溶洞顶板即为安全可靠，$h/L \geqslant 1$ 可以作为顶板安全阀值（甘峻松，1986）。对于溶洞顶板较完整的情形，其最小安全厚度 h_0 应当满足式(1-1)：

$$h_0 = 0.5KL \tag{1-1}$$

式中：K——顶板安全系数，通常可取 1 ~ 3 之间的值；

L——顶板跨度，由于该方法并没有考虑溶洞顶板完整性、形态特征、荷载形式等重要因素，因此，该方法仅适用于顶板及围岩较完整的情形。

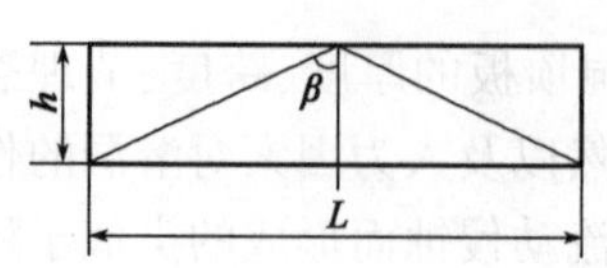

图 1-1　顶板荷载传递受力分析

（2）荷载传递线交汇法认为顶板在外荷载作用下，荷载在顶板中按照一定的扩散角由顶板的中心处向下传递，扩散路径与竖直方向夹角一般为 30° ~ 45°，当传递路径位于顶板范围之外即可将顶板视为安全（张海波等，2014）（丁鑫品等，2015）见图 1-1。

要确保溶洞的稳定，顶板跨度和最小安全厚度应当满足式(1-2)：

$$L \leqslant 2h\tan\beta \tag{1-2}$$

式中：h——溶洞顶板的最小安全厚度；

β——荷载传递路径与竖直方向的夹角。

（3）顶板安全厚度估算法主要是通过岩溶区工程地质条件，以及顶板岩层的力学性质来估算顶板的安全厚度。《工程地质手册》（第 4 版）依据溶洞顶板的完整情况，分别将其等效为简支梁、悬臂梁、两端固支梁模型，然后对其进行抗剪和抗弯强度验算。

Shabanimashcool M 等（2015）考虑溶洞顶板的节理和裂隙，将顶板的力学模型简化为压力拱模型，并运用能量法计算其稳定性，计算结果与 UDEC 计算结果及试验结果相吻合。其研究表明，顶板的杨氏模量增大可以提高顶板抗弯稳定性，增大压力拱的水平方向应力可能使顶板两端和中部产生压碎破坏。赵明华等（2004；2005；2007；2010）在估算顶板厚度方面做了较为系统和深入的研究。赵明华将溶洞顶板假定为一个刚性板，顶板在外荷载作用下，顶板可能会发生剪切破坏、冲切破坏和弯拉破坏这三种形式，再结合溶洞顶板的物理力学性质和强度准则，求解其在各种破坏形式下的安全厚度。而后，将其提出的安全厚度计算方法在实际工程中进行了应用与推广，取得了较好的应用结果。由于岩溶区桩基础的下方溶洞顶板破坏时通常具有偶然性和突发性的特点，从而在顶板稳定性评价中引入突变理论，建立了尖点突变模型，并将这一模型应用于确定溶洞顶板安全厚度以及岩溶区桩基承载力;同时引进构造模糊隶属函数,通过突变级数和模糊隶属函数将模糊理论与突变理论进行结合,在此基础上提出了岩溶区嵌岩桩的承载力及其下伏溶洞顶板安全厚度确定的新方法。赵明华等(2009)在文献的基础上通过引入上限分析法、格里菲斯强度理论、Hoek-Brown 强度准则等对确定溶洞顶板安全厚度的方法进行了完善。

3)定量评价

定量评价法是依据已有的地质勘察资料结合岩体的准确的物理力学参数对溶洞顶板进行分析与评价。随着勘察方法和数值模拟技术的不断发展,定量评价方法也越来越多地为工程实践所采用。由于定量评价法首先需要确定顶板的各种物理力学参数和边界条件,然而力学参数和边界条件复杂多变,因此,必须进行必要的简化与假设,建立溶洞顶板的简化几何模型及力学模型后,才能进行计算和分析,再根据计算得到的结果对溶洞顶板的安全性作出评价。目前国内外学者在定量评价方面做了诸多研究。

Hatzor Y H 等(2010)用数值微分法(DDA 法)模拟在碳酸盐岩层中水平相邻双矿道开挖的稳定性,利用顶板跨度和厚度数据获得了顶板的稳定与非稳定的边界曲线。Hatzor 和 Talesnick(2002)利用 FLAC 有限元软件分析了一个钟形溶洞的稳定性,数值应力分析表明,在大直径开口溶洞中,岩石的张拉破坏可能是溶洞不稳定的主要原因,可能会导致整体的破坏。程晔等(2005)结合基于强度折减法的有限元分析和二分法,对桩端下伏溶洞顶板的稳定性作出了分析与评价,为桩端下伏溶洞顶板的安全性评价提出了参考与借鉴。

黎斌等(2002)通过三维数值模拟法对桩端下伏溶洞进行了应力分析,利用多元线性回归的方法建立了溶洞顶板的最小安全厚度与溶洞跨度及桩顶设计载荷公式。对确定岩溶桩基的嵌岩深度、顶板安全厚度以及顶板稳定性评价提供了有益的参考借鉴。阳军生等(2005)通过数值模拟的方法,研究了溶洞上方分别存在有圆形基础和条形基础的情况下的溶洞顶板稳定性,探讨了岩溶地区桩基的极限承载力确定方法,并对影响桩基极限承载力的因素进行了一定的分析。张俊萌等(2014)运用二维数值模拟方法对溶洞顶板做了分阶段的研究,用数值模拟的方法表现了溶洞在逐步扩大的过程中,溶洞顶板不断变薄,溶洞顶板中的塑形变形、应力场以及位移场的发展与变化,研究了溶洞的发育对溶洞顶板稳定性的影响。

此外,室内模型试验方法也是顶板稳定性评价的一个重要方法,刘铁雄等(2002)利用相似原理及溶洞—桩的相互作用作用模型,建立了力学模型与相似原理之间的联系,得出竖向静荷载作用下溶洞顶板的极限荷载—位移曲线。张智浩等(2012;2013)通过室内物理模型试验,研究了在各种因素影响下岩溶桩基的破坏形式,通过对试验结果的分析与总结将其破坏形式分为四种类型:冲切破坏、撕裂破坏、扇形塑性区破坏和冒落区塌落破坏;其中,溶洞顶板厚度、溶洞跨度 b 以及溶洞高跨比 c/b 是影响破坏形式的主要因素。闫文佳等(2012)通过相似原理对溶洞顶板进行了必要的简化,利用室内试验测定了现场选取的岩样物理力学参数,并以此为依据选定能够较好模拟岩体力学性质的试验材料,通过对模型进行加载破坏试验,获得了模型溶洞顶板的应力—应变关系曲线,通过获得的曲线可以反映到实际工程之中,为岩溶区桩基的设计和施工提供依据。

Baus 等(1983)结合室内试验和数值模拟方法对溶洞上方条形基础的承载力特性进行了研究,研究结果表明,溶洞距基础下方通常具有一个临界深度,当溶洞位于临界深度以外时,可以不考虑溶洞的影响,反之,则应考虑溶洞的跨度、高度以及埋深等对地基承载力的影响。Al-Tabbaa等(1989)通过室内小型模型实验,分别对基础正下方存在溶洞和基础斜下方存在溶洞两种情况下的基础承载能力特性进行了研究与分析,实验结果表明,当地基持力层硬度较大,且埋深较深时,溶洞与基础的相对位置对地基的承载力影响很小。Kiyosum 等(2011)基于平面应变方法,对坚硬的沉积岩地区的溶洞上方的浅基础进行了试验研究,试验表明,不同的溶洞位置和大小对地基破坏的滑移线产生很大的影响,滑移线的类型主要有以下三种:滑移线经基础底部的边角处向下方溶洞区发展、滑移线经过溶洞的上边角向上方基础底部发展、滑移线同时由基础底部边角和溶洞上边角相对发展;对应于滑移线的发展方式,同样存在着基础破坏的三种形式:地基破坏但溶洞完整、溶洞破坏但地基不破坏、地基和溶洞都破坏。

1.2.3 桩—岩(土)地震动力稳定性研究

我国是一个地震多发的国家之一,地壳的运动和地质构造的变化是引起地震的主要因素,地震产生的不确定性使得难以对其进行监测和预防,这也给工程建设带来很大麻烦。因此,研究者们针对在建和已建的工程项目进行了一系列的抗震试验研究,以检测其抗震性能,目前常用的就是室内振动台模型试验方法。

室内振动台模型试验是建立在相似理论基础上的,其最早是由欧洲国家开始进行研究并逐渐发展起来的。Fumagalli 等(1973)在 20 世纪初研究出了工程力学模型试验技术并应用于工程实际,为室内模型试验奠定了基础。Sterpi 等(2004)将软土地层条件下的浅埋隧道作为模拟对象,进行了一系列相关的物理模拟试验,并开展了有限元数值模拟,在隧道开挖稳定性方面取得了相关的结论。我国学者直到 20 世纪 70 年代才开始采用这种技术,并对国内的一些大型工程进行了工程地质力学的模型试验研究,取得了不错的效果。由于近些年来我国地震频发,振动台模型试验越来越得到人们的重视,因其可模拟多维数振动状态下的反应状态,成为目前研究地震作用对结构破坏模式的有效手段。Kagawa 等(1995)采用分层剪切箱和 Kasumingaura 砂进行了砂土液化下的振动台桩—土作用模型试验,观察完全液化的砂土层对桩的力学特性,试验结果与数值分析结果基本吻合。Meymand(1998)利用大型振动台,采用圆筒形模型箱,铝管为模型桩,高岭土、斑脱岩等混合物为模型土,研究了自由场、单桩、群桩模型在软黏土中桩—土上部结构的相互作用。冯士伦(2005)通过振动台模型相似试验,对饱和砂土中的桩基振动特性进行了研究,并且对砂土液化后距模型桩不同位置处的砂土动力 p-y 曲线和应用程序界面推荐做法得到的静力 p-y 曲线进行了对比分析,指出了饱和砂土液化对模型桩的横向承载能力有降低作用。叶海林(2012)利用大型振动台输入 3 种不同的地震波,并不断加大地震波幅值,对桩后土压力、边坡坡面加速度和位移进行监测,研究了地震荷载作用下的边坡抗滑桩的抗震性能。Su 等(2015)通过振动台模型试验,探讨了中密和密实砂液化场地混凝土承台群桩和地基动力响应的差异,研究结果表明:群桩效应在密砂中更显著,而在中密砂层中并不显著。

1.2.4 岩溶桩基施工处置技术研究

溶洞的存在会给工程的安全带来极大的不确定性,因此溶洞位置和规模的勘测对于溶洞多发地区的工程建设来说是不可或缺的一环,传统的勘测是加密勘察所需的点位,进而钻孔探测,这种方法不仅工程量巨大而且容易漏测。国外在岩溶探测方面起步很早,并且拥有自己的标准指南:其中美国在1999年颁布的《地面地球物理方法选择标准指南》就推荐了不同情况下的物探方法;英国标准局也在岩溶探测方面颁布了自己的地面调查标准。目前国内外普遍采用的地球物理方法勘探技术主要包括:高密度电阻率法、探地雷达、跨孔成像法、浅层地震法等,并且这些物探方法也可在岩溶的实地探测中综合应用,效果十分显著(刘金涛和胡晓明,2003)(孙党生等,2000)(葛双成和邵长云,2005)。

岩溶作为一种特殊的地质形态,施工前必须对其进行探测分析,决定是否对其进行处理以及选用何种方式进行处理。《工程地质手册》(第4版)中给出了地基稳定性的定性和定量评价,可为工程提供初始判定。在工程中常见的岩溶地质灾害有三种(唐国东,2013),一是岩溶顶板上方建筑物地基的不稳定所产生的地面的变形、开裂乃至地基整体的沉降,这种灾害事先没有任何征兆,给上部的人或建筑物带来极大的安全隐患;二是在处理地底溶洞、修建地下工程时,由于地下水系统和岩溶系统错综复杂,如果施工措施不当,开挖区可能会成为周边地下水的集水廊道,周围地下水将会被吸引到开挖区中排泄,从而使该区域的地下水分布发生很大变化,整个区域的地下水平衡会遭到破坏,严重时还会导致地域性的缺水,以及当地河流的断流;三是在地下工程的疏干排水过程中,地下岩溶水文系统的内部平衡会遭到破坏,特别是遇到承压水时,一旦地下水突水,上部隧道、基坑等工程就会由于排水困难而被水淹没,这就给工程和施工人员的生命安全带来巨大隐患(张光武等,2016)。

工程上会根据不同的溶洞形态来确定对应的处理方式(李洪艺等,2011)(黄坚,2014)(朱永杰,2009),对于体型较小或者是地下水流很小的溶洞(高度小于3m),由于在冲穿溶洞时不会造成大规模的漏浆,因此可采用抛填土石块法,采用小冲程将片石挤压进溶洞周围的裂隙,堵塞溶洞,直到孔内浆液面稳定,且不漏浆和塌孔;对于溶洞高度很大(高度大于3m)或者不是单一溶洞时,为了防止施工过程中出现塌孔和漏浆,在回填土石块的时候可以采用钢护筒跟进法,特别是单桩需要穿过多层溶洞时,还极易破坏地下水系统,此时需要多层钢护筒同时作用,如图1-2a)所示;针对那些异常发育的垂直串珠状溶洞,其区域承载力严重不足,钢护筒也不能很好地发挥作用,此时应采用灌注混凝土填充法,即在桩基施工之前通过前期的地质勘探揭示串珠状溶洞发育的具体位置,然后在溶洞顶不同位置分别钻进形成排气桩孔和灌注桩孔,保证灌注桩通畅,从最底层溶洞开始注入混凝土,之后将灌注管提升至上层溶洞内继续对上层溶洞进行混凝土灌注,依次重复,直至最上层溶洞灌注完成,排气孔桩则与灌注桩保持同步,在注浆时排除溶洞内气体,保证灌注顺利进行,如图1-2b)所示。以上方式都对溶洞进行了填充,是比较保守的处理方式,不仅施工烦琐,耗时费力,也会对当地的生态造成影响。如果桩基不需要穿过溶洞即可达到稳定,在工程中的效益是不可估量的。徐新跃(2002)通过对采用桩端压浆技术的灌注桩和普通灌注桩进行对比分析,发现在同等的桩径和桩长的条件下,通过桩端压浆技术形成的单桩承载能力更强,桩与周围土层的整体性更好,桩的抗震性能和抗拔性能得到很大的改善,在上部荷载相同的条件下,可缩短桩体长度,进而加快桩体施工进度,缩短工程整体的施工工期。

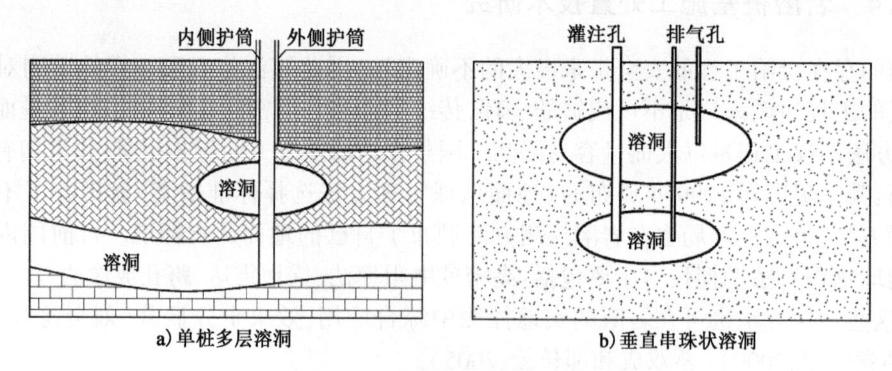

图 1-2　不同类型溶洞的处理方式

1.3　岩溶地区桩基技术发展面临的主要挑战

我国位于喜马拉雅地震带的西南地区，地下水系丰富，溶洞十分发育，地震频发，这使得静载研究下的结果对实际工程没有太大的指导意义和参考价值。研究人员对岩溶区桩基稳定性的研究通过数值模拟、现场原位试验以及室内模型试验等方法开展，但大部分探究仍然停留在静载阶段，由于动力问题本身的复杂性和特殊性，目前岩溶桩基的稳定性问题的研究并没有考虑地震作用下的桩—土相互影响。此外，实际工程中常常还会遇到串珠状溶洞地层，特别是对于地震作用下的串珠状溶洞—桩基的整体稳定性的研究，现阶段仍处于摸索阶段，相关理论也不成熟。

开展溶洞顶板稳定性研究，迫切需要得到适用于地震动力作用下溶洞顶板安全厚度的理论预测方法，特别是串珠状溶洞—桩基耦合体系的稳定性影响因素及其沉降计算理论。本书尝试结合室内试验、数值计算及理论解析等手段，分别对静、动力条件下桩端溶洞顶板的破坏模式及安全厚度、溶洞—桩基耦合体系的稳定性及其影响因素开展系统且深入的研究，并结合计算机编程，实现复杂溶洞地层桩基承载理论计算方法的软件开发，为岩溶地区桩基的工程实践提供理论基础和计算依据。

本章参考文献

[1] 曹文贵，程晔，赵明华. 公路路基岩溶顶板安全厚度确定的数值流形方法研究[J]. 岩土工程学报，2005，27(6)：621-625.

[2] 程晔，赵明华，曹文贵. 基桩下溶洞顶板稳定性评价的强度折减有限元法[J]. 岩土工程学报，2005，227(1)：38-41.

[3] 丁鑫品，李伟，武懋，等. 露天矿地下采空区危险性评价方法与实践[J]. 煤矿安全，2015，46(2)：217-220.

[4] 冯士伦，王建华，郭金童. 液化土层中桩基抗震性能振动台试验研究[J]. 土木工程学报，2005，38(7)：92-95.

[5] 符策简. 岩溶地区隐伏溶洞顶板稳定性及变形分析[J]. 岩土力学，2010. 31(S2)：

288-296.

[6] 甘峻松. 岩溶地基及其处理[J]. 勘察科学技术, 1986, 4(5): 35-40.

[7] 葛双成, 邵长云. 岩溶勘察中的探地雷达技术及应用[J]. 地球物理学进展, 2005, 20(2):476-481.

[8]《工程地质手册》编委会. 工程地质手册:第4版. [M]. 北京:中国建筑工业出版社, 2007.

[9] 龚晓南. 桩基工程手册:第2版. [M]. 北京:中国建筑工业出版社, 2016.

[10] 黄坚. 串珠状岩溶地基钻孔桩施工技术[J]. 铁道建筑技术, 2014(12): 8-11.

[11] 黄生根, 梅世龙, 龚维明. 南盘江特大桥岩溶桩基承载特性的试验研究[J]. 岩石力学与工程学报, 2004, 23(5): 809-813.

[12] 金书滨, 黄生根, 常仲昆. 岩溶地区桩基承载性能试验研究[J]. 中国岩溶, 2005, 24(2): 147-151, 155.

[13] 黎斌. 岩溶地区溶洞顶板稳定性分析[J]. 岩石力学与工程学报, 2002, 21(4): 532-536.

[14] 李炳行, 肖尚惠, 莫孙庆. 岩溶地区嵌岩桩桩端岩体临空面稳定性初步探讨[J]. 岩石力学与工程学报, 2003, 22(4): 633-635.

[15] 李洪艺, 张永定, 梁森荣. 串珠状溶洞条件下冲孔桩施工处理方案[J]. 深圳土木与建筑, 2011, 8(3):38-40.

[16] 李继锋. 岩溶地基稳定性的分析评价方法探讨[J]. 公路交通科技(应用技术版), 2006, 2(6): 41-49.

[17] 李志宇, 郭纯青, 田月明,等. 集成多种方法的溶洞顶板稳定性评价[J]. 工程勘察, 2014, 42(2): 5-11.

[18] 刘金涛, 胡晓明. 高密度电法勘探在岩溶查找中的应用[J]. 地质科技情报, 2003, 22(2):100-102.

[19] 刘铁雄, 彭振斌, 安伟刚,等. 岩溶地区桩基特性物理模拟[J]. 中南工业大学学报(自然科学版), 2002, 33(4): 339-343.

[20] 刘晓明, 何青相, 赵明华. 岩溶地基上桥梁桩基设计优化方法研究与实例[J]. 中南大学学报(自然科学版), 2014, 45(5): 1653-1658.

[21] 罗强, 谭捍华, 龙万学,等. 岩溶地区公路桥基勘察与洞穴稳定性评价[J]. 公路交通科技, 2006, 23(2): 111-114.

[22] 马缤辉, 赵明华, 尹平保,等. 岩溶区某桥梁桩基处治方案分析[J]. 交通科技与工程, 2012, 28(2): 64-68.

[23] 任美锷, 刘振中. 岩溶学概论[M]. 北京:商务印书馆, 1983.

[24] 孙党生, 李洪涛, 任晨虹. 井间地震波 CT 技术在水库渗漏勘察中的应用[J]. 勘察科学技术, 2000, 18(5):57-59.

[25] 唐国东. 串珠状岩溶区桥梁桩基沉降计算与稳定性分析[D]. 长沙:湖南大学, 2013.

[26] 汪稔, 孟庆山, 罗强,等. 桥基岩溶洞穴顶板稳定性综合评价[J]. 公路交通科技, 2005, 22(S1): 76-80.

[27] 王晓楠, 张燕奇, 王建良. 桥梁桩基下溶洞围岩应力状态分析[J]. 科学技术与工程, 2012, 14(12): 3390-3393.

[28] 武崇福，赵宇. 基于厚板理论确定岩溶及采空区路基岩层顶板安全厚度[J]. 公路交通科技，2014，31(10)：32-37.
[29] 徐新跃. 桩端压浆技术及其应用[J]. 工程质量，2002，20(12)：30-32.
[30] 闫文佳，阎宗岭，贾学明. 桩基荷载下溶洞顶板承载特性物理模拟研究[J]. 公路交通技术，2012，14(3)：43-46.
[31] 阳军生，张军，张起森，等. 溶洞上方圆形基础地基极限承载力有限元分析[J]. 岩石力学与工程学报，2005，24(2)：296-301.
[32] 姚军军，姚辉. 钻孔桩穿越溶洞地层的施工[J]. 铁道建筑，2005(5)：19-21
[33] 叶海林，郑颖人，李安洪，等. 地震作用下边坡抗滑桩振动台试验研究[J]. 岩土工程学报，2012，34(2)：251-257.
[34] 袁道先. 中国岩溶学[M]. 北京：地质出版社，1993.
[35] 张光武，付俊杰，黄明. 串珠状溶洞的形态和演化机理及工程处理方法分析[J]. 路基工程，2016(1)：159-162.
[36] 张海波，宋卫东，付建新. 大跨度空区顶板失稳临界参数及稳定性分析[J]. 采矿与安全工程学报，2014，31(1)：66-71.
[37] 张俊萌，方从启，朱俊峰. 桩基下岩溶顶板稳定性有限元阶段分析[J]. 工程地质学报，2014，22(1)：78-85.
[38] 张智浩，张慧乐，韩晓猛. 岩溶区嵌岩桩室内模型试验方案的优化分析[J]. 工业建筑，2012，42(9)：84-89.
[39] 张智浩，张慧乐，马凛，等. 岩溶区嵌岩桩的破坏模式与工程设计探讨[J]. 岩石力学与工程学报，2013，32(S2)：4130-4138.
[40] 赵明华，蒋冲，曹文贵，等. 基于岩石损伤统计强度理论的桩端溶洞顶板稳定性分析方法研究[J]. 冶矿工程，2007，27(5)：1-4.
[41] 赵明华，周磊，雷勇. 基于 H-B 强度理论的桩端岩层安全厚度确定[J]. 湖南大学学报(自然科学版)，2010，37(6)：1-5.
[42] 赵明华，曹文贵，何鹏祥，等. 岩溶及采空区桥梁桩基桩端岩层安全厚度研究[J]. 岩土力学，2004，25(1)：64-68.
[43] 赵明华，程晔，曹文贵. 桥梁基桩桩端溶洞顶板稳定性的模糊分析研究[J]. 岩石力学与工程学报，2005，24(8)：1376-1383.
[44] 赵明华，蒋冲，曹文贵. 岩溶区嵌岩桩承载力及其下伏溶洞顶板安全厚度的研究[J]. 岩土工程学报，2007，29(11)：1618-1622.
[45] 赵明华，张锐，胡柏学，等. 岩溶区基桩下伏溶洞顶板稳定性分析研究[J]. 公路交通科技，2009，26(9)：13-17.
[46] 周栋梁，廖辉煌，戴国亮. 溶洞对嵌岩桩承载特性的影响分析[J]. 路基工程，2013，29(1)：112-116.
[47] 周建普，李献民. 岩溶地基稳定性分析评价方法[J]. 矿冶工程，2003，23(1)：4-7，11.
[48] 朱永杰. 岩溶地质条件下公路桥梁基础钻孔灌注桩施工及溶洞处理技术探讨[J]. 四川建材，2009，35(2)：257-258.

[49] 邹新军,唐国东,赵明华.串珠状岩溶区桩基沉降计算与稳定分析[J].建筑结构,2013,43(13):41-45.

[50] Al-Tabbaa A, Russell L, O'Reilly M. Model tests of footings above shallow cavities[J]. Ground Engineering, 1989, 22(7): 39-41.

[51] Baus R L, Wang M C. Bearing capacity of strip footing above void[J]. Journal of Geotechnical Engineering, 1983, 109(1): 1-14.

[52] Fumagalli E. Statical and geomechanical models[J]. New York: Springer, 1973.

[53] Hatzor Y H, Talesnick M, Tsesarsky M. Continuous and discontinuous stability analysis of the bell-shaped caverns at Bet Guvrin, Israel[J]. International Journal of Rock Mechanics and Mining Sciences, 2002, 39(7): 867-886.

[54] Hatzor Y H, Wainshtein I, Bakun Mazor D. Stability of shallow karstic caverns in blocky rock masses[J]. International Journal of Rock Mechanics and Mining Sciences, 2010, 47(8): 1289-1303.

[55] Kagawa T, Minowa C, Abe A, et al. Shaking-table tests on and analyses of piles in liquefying sands[J]//Earthquake Geotechnical Engineering—Proceedings of the First International Conference, IS-Tokyo, 1995: 699-704.

[56] Kiyosumi M, Kusakabe O, Ohuchi M. Model tests and analyses of bearing capacity of strip footing on stiff ground with voids[J]. Journal of Geotechnical and Geoenvironmental Engineering, 2011, 137(4): 363-375.

[57] Meymand P J. Shaking table scale model tests of nonlinear soil-pile-superstructureinteraction in soft clay[J]. Berkeley: University of California, 1998.

[58] Qubain B S, Seksinsky E J, Li J. Design Considerations for Bridge Foundations in Karst Terrain[J]// Proceedings and Field Trip Guide of the 49th Highway Geology Symposium. Asheville, USA, 1998, 339-349.

[59] Sterpi D, Cividini A. A Physical and Numerical Investigation on the Stability of Shallow Tunnels in Strain Softening Media[J]. Rock Mechanics and Rock Engineering, 2004, 37(4): 277-298.

[60] Shabanimashcool M, Li C C. Analytical approaches for studying the stability of laminated roof strata[J]. International Journal of Rock Mechanics and Mining Sciences, 2015, 79(6): 99-108.

[61] Su L, Tang L, Ling X, et al. Responses of reinforced concrete pile group in two-layered liquefied soils: shake-table investigations[J]. Journal of Zhejiang University-Science A(Applied Physics & Engineering), 2015,16(2): 93-104.

[62] Wang M C, Hsieh C W. Collapse load of strip footing above circular void[J]. Journal of geotechnical engineering, 1987, 113(5): 511-515.

[63] White W B. Karst hydrology: Recent developments and open questions[J]. Engineering Geology, 2002, 65(2): 85-105.

第2章

岩溶桩基的振动台模型试验

本章以岩溶桩基的地震动力稳定性为研究目的，系统介绍了岩溶地区的地震特点及震害原因分析，并开展室内相似模型试验，详细介绍了试验内容及方法，并对试验结果做出较为全面的分析。该部分内容有助于读者更详细地了解震区岩溶桩基的稳定性问题，并对相关模型试验提供一定的参考。

2.1 岩溶区的地震特点及地震波反演

2.1.1 岩溶区工程地质及其地基特点分析

岩溶区最显著的工程地质特性是以可溶性碳酸盐类岩石为主，在腐蚀、风化、剥蚀及红土化作用下，形成了岩溶区特有的场地(袁道先,1993)。其中，比较有代表性的岩溶区岩层或土层有(张美良等,2010)：碳酸盐岩石层、钙质泥岩层和红黏土层。碳酸盐岩主要是由沉淀的碳酸盐矿物(方解石和白云石)组成，其主要成分为 CaO、MgO 及 CO_2，另外还含有 SiO_2、TiO_2、Al_2O_3、FeO、Fe_2O_3、K_2O、Na_2O 和 H_2O 等氧化物，可以分为石灰岩和白云岩两个大类以及一系列的过渡类型；纯石灰岩的理论化学成分为 CaO56%、$CO_2$44%；纯白云岩的理论化学成分为 $CaCO_3$0.4%、$MgO_2$1.7%、$CO_2$47.9%。当岩石中方解石的含量占多数时，属于石灰岩类；当白云石的含量占多数时，属于白云岩类；当方解石和白云石的含量占比相对发生变化时，具体的岩石类型见表2-1。

碳酸盐岩成分的分类　　表2-1

岩类	岩石名称	岩石简称	成分	
			方解石(%)	白云石(%)
石灰岩类	石灰岩	灰岩	100~90	0~10
	含白云质石灰岩	含云灰岩	90~75	10~25
	白云质石灰岩	云灰岩	75~50	25~50

续上表

岩　类	岩石名称	岩石简称	成　分	
			方解石(%)	白云石(%)
白云岩类	灰质白云岩	灰云岩	50~25	50~75
	含灰质白云岩	含灰云岩	25~10	75~90
	白云岩	白云岩	10~0	90~100

碳酸盐岩质地均较为坚硬，可以作为良好的持力层，但是当碳酸盐岩地基中有流动水存在时，水中溶解的酸性气体会与碳酸岩发生化学反应，从而使其受到腐蚀，往往会发育出溶沟、溶槽、溶洞等，大大削弱了地基的完整性以及承载力，从而对上部结构造成不利的影响。

红黏土是岩溶地区分布最为典型的土质类型，主要以棕红色或者褐黄色为主。它主要是由于风化作用使得岩溶区的岩石露出地表，然后经过一系列岩石的红土化过程，最终形成了红黏土。红黏土的内部存在较多的裂隙，这使得它的收缩性较好，很容易受到扰动，但是对于较为密实或者裂隙较少的红黏土，其压缩性较低。原生红黏土的液限通常大于50%，而次生红黏土的液限通常在45%~50%，在红黏土地层中，其可塑性状态通常呈现出由上到下逐渐变软的特点，即上层红黏土通常为含水率较低的硬壳层，而下层红黏土通常含水率较高。

岩溶地基主要具有以下几点特性(朱俊峰，2012)：

(1)岩溶分布在空间上的不均匀性。漫长的地质作用使得岩溶区的岩体分布并不规律，中间夹杂着形状、大小各异的溶洞、溶沟、溶腔等，对于岩溶地区的工程建设而言，这极大地破坏了岩石地基的完整性和连续性，使得上部结构必须采取措施降低施加到地基上的荷载。鉴于以上原因，在工程建设开始之前探明岩体地基中的岩溶分布情况就显得十分重要。

(2)岩溶地基在时间上的相对稳定性。岩溶区地貌是在漫长的时间内形成的，其相对于结构物的设计寿命期来看是相对稳定的。由以往的工程案例可知，岩溶地基在一定的时间内可以保持一定的稳定性。

(3)岩溶在时空上的复杂性。由于地质作用时刻存在，随着时间推移，岩溶的形状、分布会发生变化。上部土层的开挖、建(构)筑物的修建对地基也存在扰动，会影响岩溶的稳定性。因此，应该在结构物寿命期内考虑各种地质作用对结构物的影响。

2.1.2　岩溶区震害特点及原因分析

岩溶区的地质条件较为复杂，当地震发生时，除了会发生建筑倒塌、设备损坏等一般震害外，还容易发生滑坡、地裂缝、塌陷等灾害。纵观我国数次岩溶区地震，可知由于地质灾害而引发上部结构损坏是岩溶区震害的主要特点。

岩溶区地震特点包括：

(1)岩溶塌陷对上部结构的损坏。在岩溶区的红黏土层之下，分布着许多大大小小的溶洞，这些溶洞群自成体系，保持着相对的稳定。但是当地震荷载作用上来，原有的稳定性会被破坏，严重时会产生地震岩溶塌陷。对于桥梁桩基，岩溶地基的失稳会造成其不同程度的倾斜、开裂，严重时甚至会发生倒塌。

地震作用导致的岩溶地基失稳主要有以下两个原因：①经过漫长的地质作用，溶洞顶板虽然处于一个相对稳定的状态,但是当强大的地震波作用上来,会引起岩土体的破裂位移以及土层的压密,使得处于相对稳定状态的溶洞顶板会受到地震波作用上来的动荷载,当溶洞顶板受到的总荷载超过其能承受的最大荷载时就会失稳,引起塌陷。②地震波的传递主要是依靠岩土体之间的剪切作用,这种作用会降低土颗粒之间的黏聚力,严重时还会使其产生液化效应,降低其抗剪强度。同时地震也会使地下水产生水动力变化,从而造成土体的液化,引发塌陷(贺可强,2005)。

(2)地裂缝对上部结构的损坏。地裂缝的产生是构造应力和地震波作用于地壳表层的结果。地裂缝的产生,会使岩溶地基产生垂向和水平向的相对位移。若位移过大,会使得上部结构产生剪切和张拉破坏。同时地震波产生的地裂缝是水流向地下的良好渠道,水的渗入会使得地下的土体含水率增大,从而导致其承载力和稳定性降低,上部的结构更加容易失稳(纪万斌,1998)。

(3)岩溶区地震灾害容易相互诱发。岩溶区的震害可能导致岩体塌陷、边坡失稳或者泥石流等次生灾害,同时这些次生灾害又可能造成进一步的地震。由此可知,地质灾害通常是环环相扣的,会进一步加剧了上部结构的损坏(覃子建,1996)。

对于岩溶区地震特点原因分析中,认为由于岩溶地区的地质构造特殊,岩体内存在溶洞这种特殊地质体,使得岩溶区发生小震级的地震,通常能引起严重的后果,这就是岩溶地区的"小震级高烈度"现象。龙安明(2000)把这种"小震级高烈度"的地震称为特殊地震($M_s < 3.0, M > \mathrm{IV}$)。其中产生特殊地震的原因之一,就是当地震作用于岩溶地区时,该地区的地震波传播介质层对其在传播过程中进行了放大。梁鸿光(1985)认为,造成"小震级高烈度"现象的主要原因之一就是岩溶地区丰富的地下水储备以及由于地下水冲刷而产生的充满泥沙的溶洞。钟新基(1996)在文章中指出,岩溶区发生的地震一般震级小,震源浅,但是烈度都普遍偏高,这与岩溶介质有关。廖建裕(1987)对岩溶地区的地震进行了系统性的分析,总结出造成"小震级高烈度"这种特殊现象的原因:首先,岩溶区溶洞的分布较广,并且分布形式复杂,在地震的作用下溶洞之间容易发生相对运动,使得岩溶地基发生失稳,从而导致地基的塌陷,进一步加大了上部结构的破坏;其次,地震波经过岩溶区介质的放大,其卓越周期(0.2s 左右)又与当地低矮建筑物的固有周期(0.1~0.3s)相接近,从而产生共振现象,使得震动幅度变大,进一步加重了上部结构物的破坏。张永兵等(2014)利用数值计算的方法,对岩溶地区的地震波进行反演计算和分析,从理论上证实了岩溶地区的介质层对地震波具有放大的作用这一结论。

以上分析可知,造成岩溶地区地震"小震级高烈度"特殊现象的原因,首先在于充满水和泥沙的溶洞以及上部的红黏土层相当于一个地震波放大器,地震波经过这个放大器的作用之后传到地面,会造成更加严重的破坏。另外,岩溶地基本身也具有不稳定性,在地震作用下会发生一系列的次生灾害,这又进一步增加了岩溶地区的地震烈度。最后,经过对历次岩溶地区地震灾害的总结,发现岩溶地区的地震通常都是浅源地震,从而造成了岩溶地区的地震烈度偏高。

2.1.3 地震波的选取与调整

对地震作用下岩溶地区桩基的稳定性进行研究,首要目标就是选择合适的地震波。在基岩中输入不同的地震波可能会得到不同的结果,选择的地震波应该与实际情况的差别尽可能小,这样有助于提高结果的准确性。有研究资料表明(杨溥,2000),在基岩中输入的地震波的未知性是对地基—基础—上部结构地震响应未知性影响最大的因素,因此,选择合理的地震波是研究地震作用下地基—基础—上部结构整体稳定性的关键问题之一。有研究资料表明,虽然很难得到研究场地的真实地震动记录,但是只要将已有的地震动记录的相关参数调整到与研究场地的相应参数基本一致,这样得到的计算结果仍然满足精度要求。

(1)地震波选取需考虑的因素

选取地震波时考虑的因素主要有三个(白峻昶,2007):地震的振幅、持续时间以及频谱特性。地震的振幅可以用地震动加速度(PGA)、速度(PGV)或者位移(PGD)三条曲线中的某一条的极值来表示,按照规范的要求,通常取加速度峰值来表示地震动的振幅极值。地震动的振幅越大,对结构的影响就越严重,除此之外,地震的持续时间也是一个影响很大的因素(刘探梅,2010),持续时间越长,结构的破坏越严重。在地震作用开始时,只有局部会出现微小的损伤,随着这些微小损伤的累积结构就会开裂甚至倒塌。但是在数值模拟中,地震动持续时间不可能选得过长,因此在选择地震动持续时间时应满足以下两个要求:①地震动的持续时间通常为结构周期的5到10倍;②所选取的时间段内须饱含此次地震最强烈的部分。地震动的频谱即地面震动的频率以及频率和振幅的关系,它包括谱形状、卓越周期、峰值等,对结构的动力响应影响较大。

(2)地震波的选取

在研究中选取地震动记录的方法主要有三种:①研究场地实际测得的地震动记录;②在其他地点测得的地震动记录;③按照相应规则人工模拟的地震动记录。

用研究场地实际测得的地震动记录作为数值模拟的地震动输入是最好的选择,但通常情况下研究场地并没有地震动记录,因此这种情况在现实中很难实现。目前使用最广泛的方法是直接使用已知的地震动记录,在研究中利用最多的地震动记录有EI-Centro波、Taft波、Yerba波、Treas波以及天津波等。人工模拟地震动记录是人工模拟出的符合地震波三个特性的地震加速度时程,是由已知的大量地震动记录、现场特征以及地震的危险性,按照概率方法产生的随机波。随着人工模拟地震波技术的成熟,这种方法现在已经广泛的应用到实际的研究当中。

(3)地震波的调整

对地基—基础—上部结构进行地震分析时,选取的地震波的最强部分是由加速度峰值反映的,故地震作用分析中选取加速度峰值最为标准。在其他地点测得的地震动记录进行调整时,其目的是使得选取的地震波加速度的峰值与研究场地的抗震烈度相对应,本文选用国内最常用的“比例调幅法”,其公式为:

$$a'(t) = \frac{A_{max}a(t)}{A'_{max}} \tag{2-1}$$

式中:$a'(t)$——调整后地震波的加速度曲线;

A_{max}——选取地震波的加速度峰值;

$a(t)$——选取地震波的加速度曲线;

A'_{max}——调整后地震波的加速度峰值。

2.1.4 岩溶区地震波的反演

地震波的输入是桩—土共同作用分析的关键问题之一,选择不同的位置输入地震波,上部结构的响应也有所不同。目前监测地震波记录的位置通常在地表处,而基岩处的地震波记录则相对很少。一些人在做桩—土动力分析时,把地表处监测得到的地震波记录直接加载到基岩上,这明显是不合理的。首先,基岩底部的地震波在传递到地面的过程中会经过溶洞和土层,其振幅等会发生变化。其次,各个场地的地质情况各不相同,采用同一地震波记录是不合理的(张克绪,1989)。因此,对桩—土相互作用体系进行动力分析时,应该综合考虑场地类别的影响(王家全等,2010),根据实际情况把地表的地震波反演到基岩处。通常采用迭代的方法来对地震波进行反演,即在假定阻尼比和剪切模量是剪应变幅值的函数的前提下,通过等效线性的方法来计算。

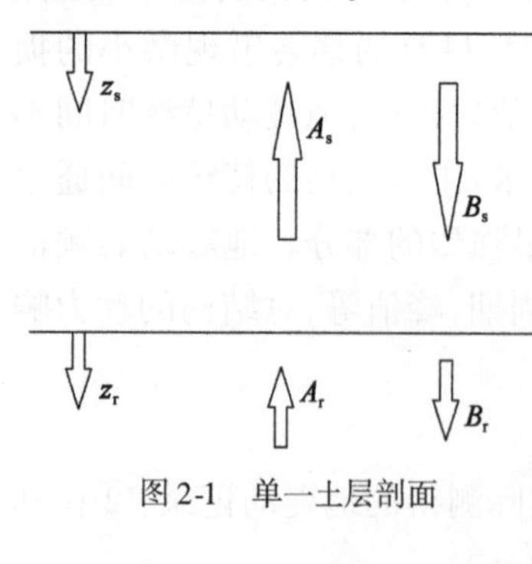

图 2-1 单一土层剖面

1)地震波反演的基本理论

(1)单一土层(图 2-1)

假定计算的土层为半无限体,输入的地震波是在基岩处监测得到的。地震动以剪切波和压缩波的形式由基岩向地表传播,把土体考虑为弹性体和阻尼器的混合体,因此通过岩土体颗粒之间相互的黏弹性作用,地震波被传到地面。一维剪切波引起的水平位移 $u(z,t)$ 应该满足波动方程(袁强等,2000):

$$\rho \frac{\partial^2 u}{\partial t^2} = G \frac{\partial^2 u}{\partial z^2} = \eta \frac{\partial^3 u}{\partial z^2 \partial t} \tag{2-2}$$

式中:ρ——密度;

G——剪切模量;

η——黏滞系数;

z——深度。

假定红黏土层为单一的弹性均质土层,如图 2-1 所示,则土层中的谐波位移满足下式:

$$u_s(z_s,t) = (A_s e^{ik_s^* z_s} + B_j e^{-ik_s^* z_s}) e^{iwt} \tag{2-3}$$

$$u_r(z_r,t) = (A_r e^{ik_s^* z_s} + B_r e^{-ik_s^* z_s}) e^{iwt} \tag{2-4}$$

式中:k——波数,$k = \omega / c$,ω 为频率,c 为波速;

A、B——波幅矢量。

剪应力在 $z_s = 0$ 处,

$$\tau(0,t) = G_s^* \gamma(0,t) = G_s^* \frac{\partial u_s(0,t)}{\partial z_s} = 0 \tag{2-5}$$

式中:$G_s^* = G(1 + 2i\beta)$;

β——黏滞阻尼系数。

将式(2-3)代入式(2-5)得:

$$G_s^* ik_s(A_s e^{ik_s(0)} - B_s e^{-ik_s(0)}) e^{iwt} = G_s^* ik_s(A_s - B_s) e^{iwt} = 0 \tag{2-6}$$

由于位移和应力的连续性,在土岩交界面处:

$$u_s(z_s = H) = u_r(z_r = 0) \tag{2-7}$$

$$\tau_s(z_s = H) = \tau_r(z_r = 0) \tag{2-8}$$

将式(2-3)代入式(2-6)得:

$$A_s(e^{ik_s^* H} + e^{-ik_s^* H}) = A_r + B_r \tag{2-9}$$

由式(2-7)及剪应力的定义($\tau = G_s^* \partial u/\partial z$):

$$A_s iG_s^* k_s^* (e^{ik_s^* H} - e^{-ik_s^* H}) = iG_r^* k_r^* (A_r - B_r)$$

或

$$\frac{G_s^* k_s^*}{G_r^* k_r^*} A_s (e^{ik_s^* H} - e^{-ik_s^* H}) = A_r - B_r \tag{2-10}$$

$$\frac{G_s^* k_s^*}{G_r^* k_r^*} = \alpha_z^*$$

式中:α_z^*——复阻抗比。

联立式(2-8)和式(2-9)求解,可得:

$$A_r = \frac{1}{2} A_s [(1 + a_z^*) e^{ik_s^* H} + (1 - a_z^*) e^{-ik_s^* H}] \tag{2-11}$$

$$B_r = \frac{1}{2} A_s [(1 - a_z^*) e^{ik_s^* H} + (1 + a_z^*) e^{-ik_s^* H}] \tag{2-12}$$

假定垂直传播的波振幅为 A,则:

$$2A_s = \frac{4A}{[(1 - a_z^*) e^{ik_s^* H} + (1 + a_z^*) e^{-ik_s^* H}]} \tag{2-13}$$

可得地震波由基岩传至地表振幅的转换函数 $F(\omega)$:

$$F(w) = \frac{2}{[(1 + a_z^*) e^{ik_s^* H} + (1 - a_z^*) e^{-ik_s^* H}]} \tag{2-14}$$

根据欧拉法则可得:

$$F(\omega) = \frac{1}{\cos k_s^* H + ia_z^* \sin k_s^* H} \tag{2-15}$$

(2)多个土层(图 2-2)

多个土层中地震波反演与单个土层中地震波反演相比,需要处理地震波通过不同界面的情况,如图 2-2 所示。第 j 层谐波位移处满足:

$$u_j(z_j, t) = (A_j e^{ik_j^* z_j} + B_j e^{-ik_j^* z_j}) e^{iwt} \tag{2-16}$$

在第 j 层和 j + 1 层,位移满足:

$$A_{j+1} + B_{j+1} = A_j e^{ik_j^* z_j} + B_j e^{-ik_j^* z_j} \tag{2-17}$$

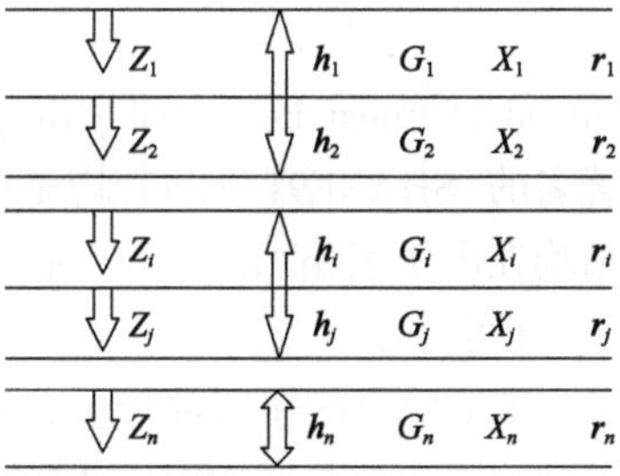

图 2-2　多个土层剖面

在第 j 层和第 $j+1$ 层,应力满足:

$$A_{j+1} + B_{j+1} = \frac{G_k^* k_j^*}{G_{j+1}^* k_{j+1}^*}(A_j e^{ik_s^* h_j} - B_j e^{-ik_s^* h_j}) \tag{2-18}$$

对式(2-16)和式(2-17)进行处理可得:

$$A_{j+1} = \frac{1}{2}A_j(1 + a_j^*)e^{ik_j^* h_j} + \frac{1}{2}B_j(1 - a_j^*)e^{-ik_j^* h_j} \tag{2-19}$$

$$B_{j+1} = \frac{1}{2}A_j(1 - a_j^*)e^{ik_j^* h_j} + \frac{1}{2}B_j(1 + a_j^*)e^{-ik_j^* h_j} \tag{2-20}$$

其中:$a_j^* = \dfrac{G_k^* k_j^*}{G_{j+1}^* k_{j+1}^*}$。

$z_1 = 0$ 表示处于地表处,此时剪应力为0,意味着 $A_1 = B_1$;根据式(2-18)和式(2-19)递推可得:

$$A_{j+1} = a_{j+1(w)} A_1 \tag{2-21}$$

$$B_{j+1} = b_{j+1(w)} B_1 \tag{2-22}$$

其中:$a_{j+1(w)}$ 和 $b_{j+1(w)}$ 为剪切波在第 $j+1$ 土层的作用,则在第 i 层与第 j 层传递函数关系式为:

$$F_{ij} = \frac{a_{i(w)} + b_{i(w)}}{a_{j(w)} + b_{j(w)}} \tag{2-23}$$

2)地震波反演分析

对图2-3所示的地震波进行反演,场地为渝黔铁路第十一标段周家湾双线大桥D2K309 + 229.9至D2K309 + 329,场地土层情况以及参数见表2-2。

岩溶场地土层参数 表2-2

土层编号	土层名称	土层厚度(m)	弹性模量(MPa)	泊松比	密度(kg/m³)	内摩擦角(°)	黏聚力(kPa)	剪切速度(m/s)
1	红黏土	1.64	30	0.35	1830	12	45	313
2	泥灰岩	13.52	—	0.23	2250	—	—	672
3	石灰岩	—	—	0.23	2660	—	—	869

本节选用的地震波反演程序是由美国加州伯克利大学开发的等效线性地震反应分析(Equivalent-linear Earthquake Response Analysis,EERA)程序。该地震波反演程序的计算内核与著名的“SHAKE91”相同,均是基于等效线性理论。核心计算部分采用Fortran 90编制,输入输出均在电子表格“Excel”中完成,从而避免了SHAKE91程序界面刻板,输出数据复杂的缺点,极具实用性。

EERA程序的输入部分包含以下四点:

(1)输入地震波:输入选取的地震波,设置地震波参数。

(2)输入土层剖面参数:输入场地土层信息。

(3)设置土体材料本构关系:设置土体动力本构模型的参数。

(4)设置迭代计算控制参数:根据计算精度要求设置迭代次数。

EERA 程序输出部分包括:加速度时程、速度时程、位移时程、应变时程、放大系数以及反应谱等。

将 EI Centro 波反演到基岩处,具体操作如下。

(1)在 Earthquake 工作簿中输入地震波参数:时间步距为0.02s,设计最大加速度为0.1g,在输入外部地震波处选择"否",即直接在地震波加速度数据处进行修改,完成后点击加载项中的 Process Earthquake Data,则在右侧的地震波加速度时程曲线显示框中得到图 2-3。

(2)在 Profile 工作簿中输入表 2-2 中的土层信息,包括土层编号、土体材料编号、土层厚度、最大剪切模量、重度、剪切波速等。完成后点击加载项中的 Calculate Compatible Strain,得到剪切模量、剪切波速以及重度随深度变化曲线(图 2-3 ~ 图 2-5)。

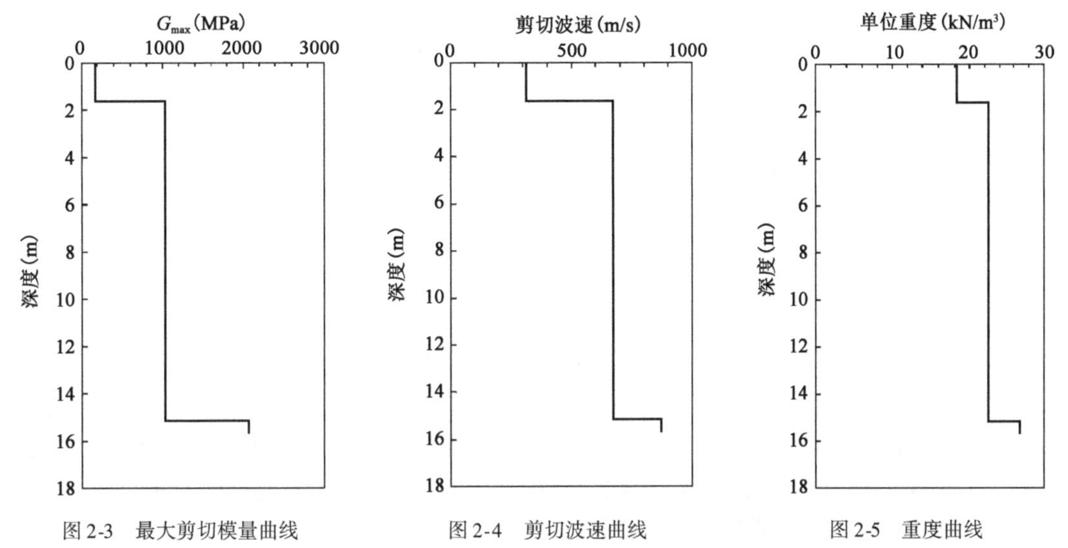

图 2-3　最大剪切模量曲线　　图 2-4　剪切波速曲线　　图 2-5　重度曲线

(3)在 Mat 1(红黏土)、Mat 2(泥灰岩)、Mat 3(石灰岩)工作簿中设置土体材料的动本构关系如图 2-6 ~ 图 2-8 所示。

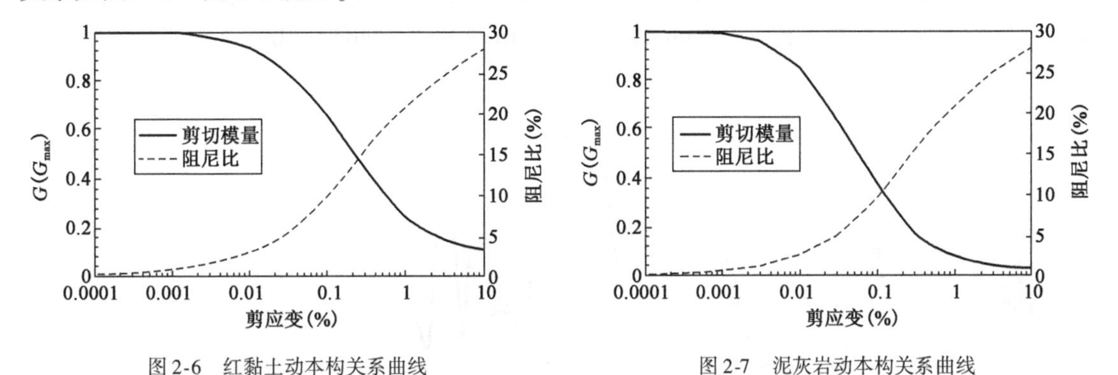

图 2-6　红黏土动本构关系曲线　　图 2-7　泥灰岩动本构关系曲线

(4)在 Acceleration 工作簿中设置地震波需要反演到的土层,完成后点击加载项中 Calculate Output 选项下的 Acceleration,得到反演后的地震波。将地表的地震波与反演后的地震波进行对比如图 2-9 所示。

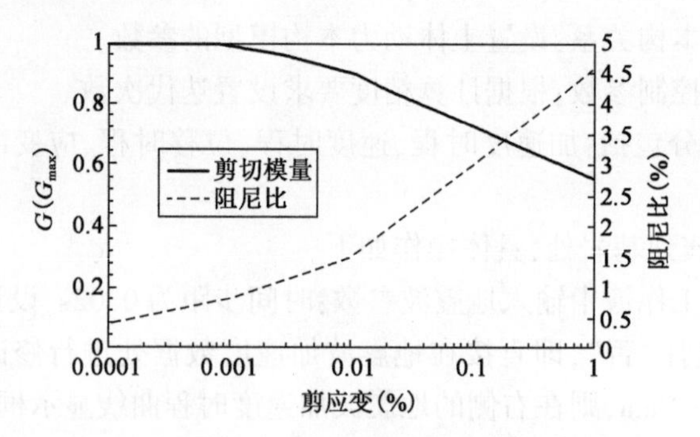

图 2-8　石灰岩动本构关系曲线

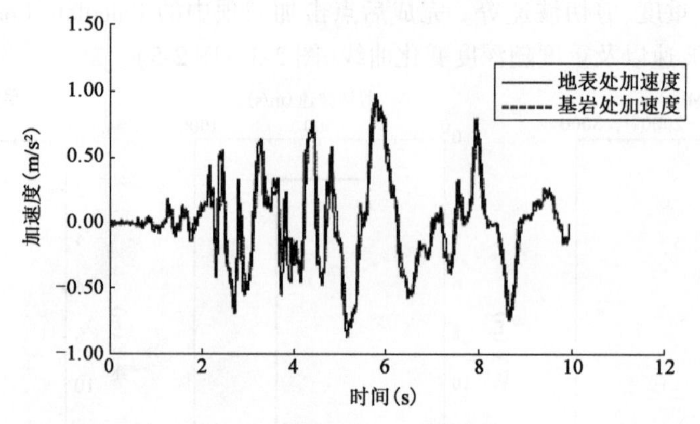

图 2-9　Acceleration 波加速度时程曲线

由图可知,地震波加速度在地表处的峰值为 0.98m/s²,地震波加速度在基岩处的峰值为 0.924m/s²,说明经过岩溶区的地层,地震波由基岩处传播到地表处其加速度峰值增大了 6.6%。且由图可知,基岩处地震波加速度时程曲线明显较地表处加速度时程曲线偏大。可知,岩溶区地基对地震波有明显的放大作用。

由于地震峰值加速度主要由高频振动部分决定,具有较大的离散型,本文以周锡元院士(2006)提出的加速度短时均方根 SRSTMS 衡量地震动强度,选取的时间间隔为 0.5s,数据点数目为 25 个。通过计算可得 EI Centro 波的 SRSTMS 时程曲线如图 2-10 所示。

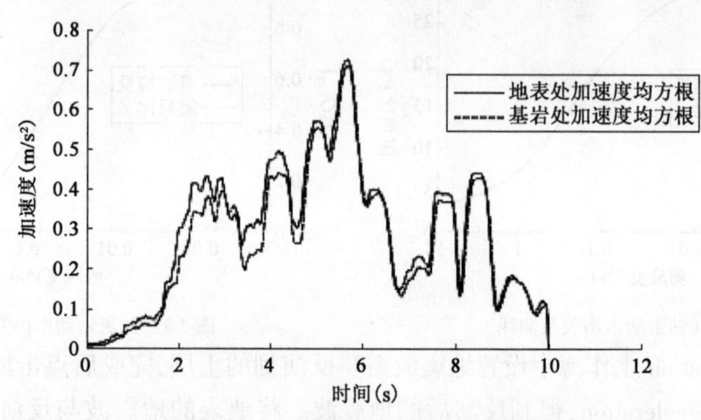

图 2-10　EI Centro 波的 SRSTMS 时程曲线

由图2-10可见，地表和基岩处的地震波加速度短时均方根SRSTMS曲线变化规律基本一致，但是在持续时间的85.4%内地表的地震加速度均方根时程曲线处于基岩之上，说明地震波时程加载的大部分持续时间内，地表处的地震波加速度均方根时程均大于基岩处。地表处加速度均方根时程与基岩处的最大差值出现在1.98s，此时的地表加速度均方根时程被放大了37.5%，由此进一步证明岩溶区地基对地震波的放大作用。

2.2　相似理论及模型配比试验

2.2.1　工程概况

新建渝黔铁路全长432.190km，设计时速200km/h，为客货共线I级铁路，其地形起伏较大，地质条件复杂，桥隧比例占全长的75.385%，其中中铁十一局施工的龙场坝双线特大桥和周家湾双线大桥地质尤为复杂，桩基础全部采用钻孔桩。龙场坝双线特大桥全长634.8m，起止里程为D2K311+598.35~D2K312+233.15，共19跨32米预置后张法简支T梁，下部结构为桩基础及扩大基础，其中Φ1.25m桩基124根1985m，单桩长度为8~24m。依照设计图纸，该特大桥全桥共19跨20个墩台，15个墩身的下部结构为桩基础，其中12个墩的桩基础的地质钻孔存在溶洞，墩身桩基础施工时需进行溶洞处理。周家湾双线大桥0~6号墩基本在岩溶地层之中，其中4号墩（图2-11）桩基下岩溶发育最为显著，在工程设计时采用多根不等长桩基进行处理，其中穿过多层溶洞之后的最长桩基达到了43m，若在施工阶段对溶洞的处理不到位，极易对大桥整体的稳定性造成影响。

1）工程地质条件

由桩基地质勘探资料可知，该地区上部为红黏土，嵌岩桩桩端持力层为白云质灰岩，其主要物理参数见表2-3。桥位地区地震动峰值加速度小于0.05g，地震动反应谱特征周期为0.35s。通过钻孔探测，桩基下部溶洞极为发育，分布复杂，溶洞层数多达5层，给施工造成极大麻烦。

2）模型的简化

此次试验以周家湾双线大桥为依托，重点研究地震动力过程中溶洞顶板的破坏模式，得到岩溶顶板最小安全厚度的计算方法，并对桩基础的整体稳定性作出评价。根据前人的试验结果和工程实例可知，影响岩溶区桩基稳定性的因素主要包括：溶洞直径、顶板厚度、溶洞位置等。考虑到试验的可行性，对其进行了简化。

根据勘测资料，简化后的模型地层厚度为20~25m，上部有3.5m深的红黏土，下部为白云岩，桩基为圆柱形嵌岩桩，桩直径为1.5m，长10m。由于嵌岩桩承载能力强，单桩沉降少，无群桩效应，抗震性能优越，且施工周期短，不受气候条件的影响（刘金励，1996）（林天健，1999），因此岩溶区的桩基础大多采用嵌岩桩，但是工程上对于嵌岩桩的嵌岩深度以及岩溶顶板的安全厚度一直存在较大分歧，不少专家学者也都对最佳嵌岩深度和最大嵌岩深度提出了看法（刘松玉等，1998）（明可前，1998）。其中明可前（明可前，1998）在试验的基础上认为嵌岩深度为4倍桩径时承载力达到最大，桩端嵌固力也接近最大。试验简化嵌岩深度取3倍桩径（4.5m），溶洞为规则型球体空洞，直径在2~5倍桩径之间，位于桩基正下方。试验考虑不同溶洞大小和顶板厚度条件下桩基的地震影响效应，分为两个工况：①溶洞直径为3倍桩径时，顶板厚度在1 ~4 倍桩径内变化;②顶板厚度为 2 倍桩径时,溶洞直径在 2 ~5 倍桩径内变化。此外,为了减少桩端反射波的影响,桩端至箱底的距离要到达 2 倍的桩长以上,模型的具体尺寸根据实际情况进行调整。

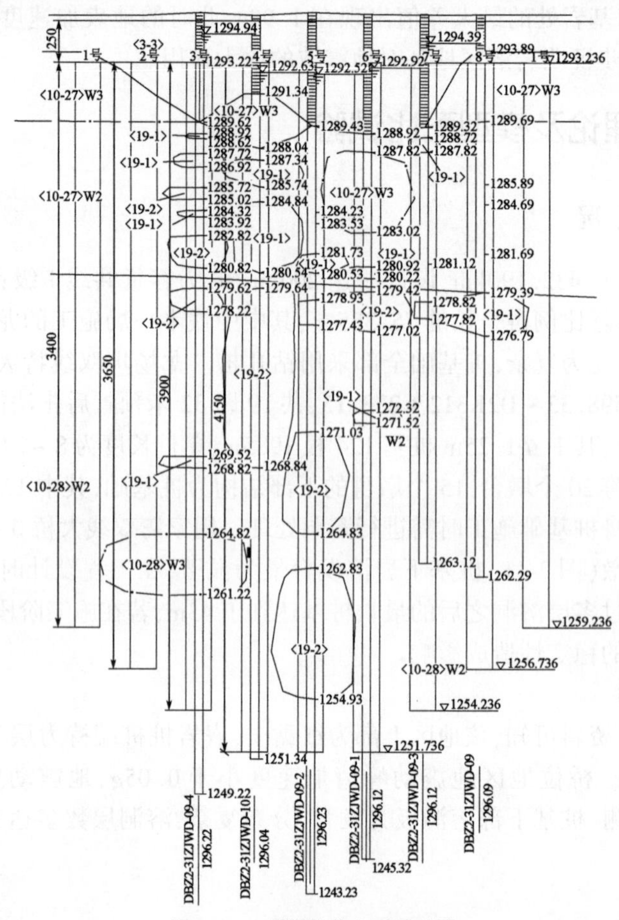

图 2-11　4 号墩桩位立面展示图

岩土层的主要物理参数　　表 2-3

岩土层	密度 ρ ($g \cdot cm^{-3}$)	黏聚力 c (kPa)	内摩擦角 φ (°)	变形模量 E (MPa)	抗压强度 R (MPa)	抗拉强度 σ_t (MPa)
红黏土	1.83	45	12	—	—	—
灰岩	2.7	1600	39	8.94×10^3	105.5	7.0

2.2.2　相似关系

相似现象是普遍存在的。在几何相似系统中,对于同一性质的物理过程,若其所有有关的物理量在相应的几何对应点上都保持一定的比例关系,这样的物理过程即为相似现象(吴磊,2015),同一物理量的比值即为相似常数,通常用带下标的 C 表示,例如几何长度的相似常数记为 C_L。常见的相似现象包括几何相似、质量相似、荷载相似、物理相似、时间相似以及边界条件和初始条件相似等。

1)相似三定理

(1)相似第一定理(陈兴华,1984)(李德寅等,1996)(E Fumagalli,1979)(左东启,1984)(B 基尔皮契夫 M,1955)(袁文忠,1998)

相似第一定理是由法国科学家 Bertrand 在 1848 年首先提出来的,如果两个物理现象相似,则它们的相似指标等于 1,当该物理现象的方程式已知时,将各物理量的相似常数代入方程式即可得到相似指标。用"C"表示模型和原型各物理量之间的相似比例,上角标"m""p"则分别表示模型和原型结构符号,以牛顿第二定律为例,原型的质量运动系统:

$$F^{\mathrm{p}} = m^{\mathrm{p}} a^{\mathrm{p}} \tag{2-24}$$

式中:F^{p}——原型的力;

m^{p}——原型的质量;

a^{p}——原型的加速度。

模型的质量运动系统:

$$F^{\mathrm{m}} = m^{\mathrm{m}} a^{\mathrm{m}} \tag{2-25}$$

式中:F^{m}——模型的力;

m^{m}——模型的质量;

a^{m}——模型的加速度。

由于原型和模型的质量运动现象相似,因此它们所对应的牛顿第二定律中其他物理量也成比例:

$$F^{\mathrm{p}} = C_{\mathrm{F}} F^{\mathrm{m}} \tag{2-26}$$

$$m^{\mathrm{p}} = C_{\mathrm{m}} m^{\mathrm{m}} \tag{2-27}$$

$$a^{p} = C_{\mathrm{a}} m^{\mathrm{m}} \tag{2-28}$$

式中:C_{F}、C_{m}、C_{a}——力、质量和加速度的相似常数。

联立式(2-25) ~ 式(2-27)可知

$$\frac{C_{\mathrm{F}}}{C_{\mathrm{m}} C_{\mathrm{a}}} F^{\mathrm{m}} = m^{\mathrm{m}} a^{\mathrm{m}} \tag{2-29}$$

已知相似指标等于 1,对比(2.24)与(2.28),可以得到相似关系:

$$\frac{C_{\mathrm{F}}}{C_{\mathrm{m}} C_{\mathrm{a}}} = 1 \tag{2-30}$$

(2)相似第二定理

相似第二定理也称作 π 定理,是由俄国的 A. 费捷尔曼于 1911 年提出,它是量纲分析法中一个重要定理,即如果物理系统的现象相似,则其相似模数方程就相同。相似第二定理表明任何物理方程均可转换为无量纲量间的关系方程,可以采用量纲分析法对物理量进行推导。

量纲间的相互关系可简要归结如下(江宏,2008):

①两个相等的物理量,其数值和量纲均要相等。

②两个量纲相同的物理量之间的比值是无量纲,且比值不受单位的影响。

③一个物理方程式的量纲必须和谐,即左右各项的量纲必须相同,之后才能做加、减运算

并用等号连接起来。

④导出量纲可与基本量纲组成无量纲组合，但是基本量纲之间不能组成无量纲组合。

⑤如果一个物理方程中存在几个不同的物理参数 a_1、a_2、…、a_n 以及 x 个基本量纲，则可组成 $(n-x)$ 个独立的无量纲组合。这一性质称为 π 定理。

由于振动台模型试验通常采用缩尺模型，因此原型和模型的相似不仅是几何形状的相似，还包括质量、荷载、物理、时间以及边界条件的相似。各相似关系如下：

①几何相似。几何相似是指模型和原型之间对应位置的尺寸成比例。几何相似常数为：

$$\begin{cases} C_L = \dfrac{L^p}{L^m} \\ C_A = \dfrac{A^p}{A^m} = \dfrac{b^p h^p}{b^m h^m} = C_L^2 \end{cases} \tag{2-31}$$

②质量相似。在对模型进行动力计算时，为了更好地模拟真实状态，模型的质量要与原型保持相似，质量相似常数为：

$$C_M = \frac{M^p}{M^m} = \frac{\rho^p}{\rho^m} C_L^3 = C_\rho C_L^3 \tag{2-32}$$

③荷载相似。集中荷载 C_p、线荷载 C_ω、面荷载 C_q 相似常数分别为：

$$\begin{cases} C_p = \dfrac{p^p}{p^m} = \dfrac{A^p \sigma^p}{A^m \sigma^m} = C_\sigma C_L^2 \\ C_\omega = C_\sigma C_L \\ C_q = C_\sigma \end{cases} \tag{2-33}$$

④物理相似。物理相似主要是指模型内部的各力学参数(应力和刚度)以及变形特征(应变和变形)等与原型各相应点的相似。

$$\begin{cases} C_\sigma = \dfrac{\sigma^p}{\sigma^m} = \dfrac{E^p \varepsilon^p}{E^m \varepsilon^m} = C_E C_\varepsilon \\ C_\tau = \dfrac{\tau^p}{\tau^m} = \dfrac{G^p \gamma^p}{G^m \gamma^m} = C_G C_\gamma \\ C_\kappa = \dfrac{C_P}{C_X} = \dfrac{C_\sigma C_L^2}{C_L} = C_\sigma C_L \end{cases} \tag{2-34}$$

式中：C_σ、C_ε、C_E、C_τ、C_G、C_γ 和 C_κ——应力、应变、变形模量、剪应力、剪切模量、剪切角和刚度系数的相似常数。

⑤时间相似。在研究动力条件下的模型试验时，需要时间参数相似，以便研究某一时刻原型的破坏模式。

$$C_t = \sqrt{C_L} \tag{2-35}$$

⑥边界条件和初始条件相似。对某一工程进行模型试验时，需要对试验过程中模型的边

界条件和初始值进行设定，使其尽可能地与实际情况相似。其中最主要的边界条件是模型与外界接触部分的约束、受力情况等；而初始条件相似包括了初始应力场、结构各部分的位置，以及模型各点的初始位移、速度和加速度等条件。

(3)相似第三定理

相似第三定理是由苏联学者基尔皮契夫和古赫曼在1930年提出的。它描述的是现象相似的充分必要条件，其要求在整个几何相似的系统中，不仅表达物理过程的微分方程要相同，还要求包括各单值量构成的模数数值在对应部分也应相等。相似第三定理所说的单值量条件就是得以从许多现象中把某个具体现象区分出来的条件(张强勇等，2012)，包括：

①几何条件。凡参与物理过程的物体，都必须给出其几何大小的单值量条件。

②物理条件。凡参与物理过程的物质，都必须给出其物理性质的单值量条件，例如材料的抗压强度、变形模量、泊松比、容重、重力加速度等。

③边界条件。自然界的具体现象都和其他相邻事物相互影响，因此，在边界的情况应当给出单值量条件，例如：梁的支承情况，边界荷载分布情况，研究热现象时的边界温度分布情况等。

④初始条件。初始状态决定着事物现象的发展，因此，在初始状态应当给出单值量条件，例如，振动问题中的初相位、运动问题中的初速度等。

相似三定理是进行模型试验的理论基础，在设计模型试验的过程中必须保证在理论上始终满足三个基本定理的要求。

2)模型试验的分离相似设计方法

对于大部分的模型试验来说，原型和模型之间的相似关系都是基于量纲分析法和控制方程法建立的。Kana等(1986)采用了量纲分析法对地震作用下的桩—土模型相似关系进行了推导，得到了各参数的无量纲方程和相似常数；Lin Iai(Iai S，1989)、Bathurst(Bathurst R J，2007)、Li(Lin M L，2006)通过控制方程法，推导了各个试验参数的相似比；林皋(2000)对模型试验的动力相似关系换算进行了详细的介绍，并利用控制方程法提出了重力相似律、弹性相似律、重力-弹性相似律，满足了主要因素的相似条件。

这两种相似关系的确定方法均可确定出各参数之间的相似比，其中量纲分析法可以计算出原型和模型之间比较复杂的相似关系，得出各个参数的无量纲方程和相似常数，但是在试验操作的过程中，由于参数众多，特别是涉及动力作用下模型的结构破坏时，不可能完全满足相似要求；而控制方程法可以分别对模型的各个结构以及地震波进行相似设计，使得每一部分都满足相似要求，但是不能区别同一方程中各参数对模型设计的重要程度。针对这一现象，王志佳等(2016)提出了模型试验的分离相似设计办法，该方法在量纲分析法的基础上克服了传统的分析方法中无法区分土与结构相似设计不同点的缺陷，可分别对模型内部的各种材料以及地震波进行相似设计，并且在设计时优先满足关键参数的相似关系，在此基础上尽可能地满足其他参数的相似要求。

根据模型分离相似设计办法，选定试验控制因素。其中几何相似比是其他相似比确定的前提，一般根据振动台的尺寸和承载能力来确定模型箱的大小，从而可确定几何相似比，因此将几何相似比 C_L 作为一个控制因素；由于模型和原型同处于一个重力场，其重力相似比 $C_g=1$ 可作为一个控制因素；此外，适合的相似材料是试验的一个重要环节，在 $C_g=1$ 的前提下，

$C_\rho=1$ 可使模型更好地模拟试验的自重应力场，且密度在相似材料的配比试验中容易控制，在试验中可根据试验条件对密度相似比进行调整，因此也将其作为一个控制因素。

试验中的模型包括桩、模型土、模型岩、地震波，其相关参数包括几何尺寸 L、密度 ρ、重力加速度 g、正应力 σ、应变 ε、剪应力 τ、剪切模量 G、变形模量 E、横截面积 A、抗弯刚度 EI、剪应变 γ、阻尼比 λ、剪切波速 v_s、动黏聚力 c、动内摩擦角 φ、力 F、质量 m、加速度 a、位移 u、时间 t、频率 ω。

当控制几何尺寸相似比、密度相似比和重力加速度相似比之后，可对特征方程进行一次分离，其余参数可由这三个参数计算求得，因此可定义一级特征方程：

$$f(L,\rho,g/\tau,\sigma,E,I,A,G,\gamma,\varepsilon,\lambda,v_s,c,\varphi,u,F,M,m,a,t,\omega)=0 \tag{2-36}$$

方程自变量中，竖线之前的变量为控制参数，之后的变量为待确定参数，根据桩、模型土、模型岩、地震波各自的相关参数，可以将式(2-35)进行二次分离，求得二级特征方程：

$$f'_{土}(L,\rho,g/\sigma,\varepsilon,\tau,E,\gamma,\lambda,v_s,c,\varphi,u,F,m,a)=0 \tag{2-37}$$

$$f'_{岩}(L,\rho,g/\sigma,\varepsilon,\tau,E,\gamma,\lambda,v_s,c,\varphi,u,F,m,a)=0 \tag{2-38}$$

$$f'_{桩}(L,\rho,g/\sigma,\varepsilon,\tau,EI,\gamma,M)=0 \tag{2-39}$$

$$f'_{波}(L,\rho,g/a,t,\omega)=0 \tag{2-40}$$

二级特征方程给出了模型不同部分与之相关的参数，其中式(2-39)中几何尺寸、密度、重力加速度只作为推导地震波待确定参数的控制参数，对地震波本身没有影响。式(2-36)~式(2-38)虽然给出了满足模型土、模型岩和模型桩的各自相关参数，但是同时满足二级特征方程推导得到的所有相似常数仍然比较困难。考虑到不是每个参数都对试验设计起到决定性的作用，且模型试验旨在通过模型的性质在某些关键的地方精确预测原型的性质，因此有必要对其进行进一步的简化设计。

对于模型试验整体，主要考虑重力场相似，其主要由几何尺寸、密度、重力加速度决定，因此几何尺寸 L、密度 ρ、重力加速度 g 作为模型设计的主要参数；对于结构面相似材料模型土和模型岩的设计，选择莫尔—库仑模型准则，即 $\tau=c+\sigma\tan\varphi$，可确定主要参数为：结构面抗剪强度 τ、黏聚力 c、变形模量 E、内摩擦角 φ；对于模型桩的设计，主要考虑桩的抗弯，其主要参数为：抗弯刚度 EI、弯矩 M。

根据以上分析，模型试验以几何尺寸 L、密度 ρ、重力加速度 g 为控制参数，将对试验各部分其重要作用的参数从二级特征方程中分离出来，定义为主要参数，则可得出三级特征方程：

$$f''_{土}(L,\rho,g/\tau,E,c,\varphi)=0 \tag{2-41}$$

$$f''_{岩}(L,\rho,g/\tau,E,c,\varphi)=0 \tag{2-42}$$

$$f''_{桩}(L,\rho,g/EI,M)=0 \tag{2-43}$$

$$f''_{波}(L,\rho,g/a,t,\omega)=0 \tag{2-44}$$

由三级特征方程可得出控制参数和各主要参数的相似常数，见表2-4。

模型试验各物理量相似常数　表2-4

组成部分	物理量	相似常数
控制参数	L:长度	C_L
	ρ:密度	C_ρ
	g:重力加速度	C_g
模型岩、土主要参数	φ:动内摩擦角	$C_\varphi=1$
	E:变形模量	$C_E=C_LC_\rho C_g$
	τ:剪应力	$C_\tau=C_LC_\rho C_g$
	c:黏聚力	$C_c=C_LC_\rho C_g$
模型桩主要参数	I:惯性矩	$C_I=C_L^4$
	M:弯矩	$C_M=C_L^4C_\rho C_g$
地震波主要参数	a:加速度	$C_a=C_g$
	t:时间	$C_t=C_L^{0.5}C_g^{-0.5}$
	ω:频率	$C_\omega=C_L^{-0.5}C_g^{0.5}$
相关参数	G:剪切模量	$C_G=C_LC_\rho C_g$
	σ:正应力	$C_\sigma=C_LC_\rho C_g$
	F:力	$C_F=C_L^3C_\rho C_g$
	m:质量	$C_m=C_L^3C_\rho$
	ε:应变	$C_\varepsilon=1$
	u:变形	$C_u=C_L$

3)相似关系的确立

振动台模型试验是按照相似理论将原型同比例缩小,通过对缩尺模型的测量岩溶顶板在地震作用下的物理变化和规律,研究桩端和顶板的破坏模式,因此必须综合考虑缩尺模型和原型的相似性。

试验采用北京波普公司生产的WS-Z30-50型振动台系统(图2-12),该系统由功率放大器、振动台、电磁式激振器、振动台控制传感器、教学建筑模型、振动台控制仪(含数据采集、程控信号源)、计算机和教学软件组成,可用于小型仪器的振动考核试验;地震模拟、人工模拟地震波生成与应用、地震反应谱测试;白噪声激励与结构振型测试;拍波实验模拟;等幅值正弦扫频控制与结构振型测试;随机波实验模拟。主要技术指标见表2-5。

由模型的分离相似可知,取模型试验中几何尺寸L、密度ρ、重力加速度g为控制参数,推导其他参数的相似比。由表2-5可知,振动台台面尺寸516mm×380mm,水平最大荷载为35kg,由于模型和原型处于同一重力场,因此需保证$C_g=1$;简化后的桩径为1.5m,其影响范围取以桩为中心,边长20m的区域,地层厚度为20~25m,因此根据振动台台面的尺寸,取$C_L=100$,即地层厚度取200mm~250mm,桩径取15mm,其影响范围为以桩为中心,边长200mm的区域,结合振动台的水平承载,材料的密度取2.25g·cm^{-3},则$C_\rho=1.2$。由此,可以计算得出其他参数的相似常数值,见表2-6。

a)振动台控制仪

b)振动台

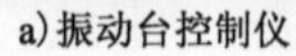

图2-12　振动台系统

振动台的主要技术指标(型号:WS-Z30-50)　　表2-5

技术指标	参数	单位
激振器自重	50	kg
功率放大器功率	500	W
水平台尺寸	516×380×22	mm
垂直台	ϕ100×10	mm
台体材料	铝合金	
水平台体自重	11.4	kg
垂直台体自重	350	g
工作频率	0.5～2500	Hz
最大电流	16	A
最大位移	±8	mm
水平最大加速度	±2	g
垂直最大加速度	±5	g
水平最大荷载	35.0	kg
垂直最大荷载	3.5	kg
供电	200V/50Hz	
适用工作范围	传感器标定、教学、电子仪器振动考核试验	

试验模型的动力相似常数值　　表2-6

项目	物理量	关系式	模型	备注
材料特性	应变 ε	$C_{\varepsilon}=1$	1	
	应力 σ	$C_{\sigma}=C_L C_{\rho} C_g$	120	
	变形模量 E	$C_E=C_L C_{\rho} C_g$	120	
	密度 ρ	C_{ρ}	1.2	模型设计控制

续上表

项　　目	物 理 量	关 系 式	模　　型	备　　注
几何特性	长度 L	C_L	100	模型设计控制
	面积 A	$C_A = C_L^2$	10000	
	线位移 X	$C_X = C_L$	100	
	角位移 β	$C_\beta = 1$	1	
荷载	力 F	$C_F = C_L^3 C_\rho C_g$	1.2×10^6	
动力特性	质量 m	$C_m = C_L^3 C_\rho$	1.2×10^6	
	时间 t	$C_t = C_L^{0.5} C_g^{-0.5}$	10	
	频率 ω	$C_\omega = C_L^{-0.5} C_g^{0.5}$	0.1	
	重力加速度 g	$C_g = 1$	1	模型设计控制
	加速度 a	$C_a = C_g$	1	

4)模型箱的设计及边界处理

考虑到振动台的承载以及模型的可视性,模型箱采用有机玻璃制作,有机玻璃密度为 $1.2\text{g} \cdot \text{cm}^{-3}$,且强度高,耐久性和耐冲击性好,模型桩和桩帽均采用有机玻璃制作。根据缩尺模型的几何相似比,利用两块 26cm×25cm×1cm 和两块 20cm×25cm×1cm 的有机玻璃板作为侧面,一块 26cm×22cm×1cm 的有机玻璃作为底板,底板内部打孔,组合成一个没有盖子的有机玻璃箱,箱子的内部几何尺寸为 20cm×24cm×5cm,试验时利用提前打好孔的 42cm×36cm×0.8cm 的有机玻璃板作为连接平台,配合振动台面预留的螺栓孔与振动台连接。模型箱三视图如图 2-13 所示。

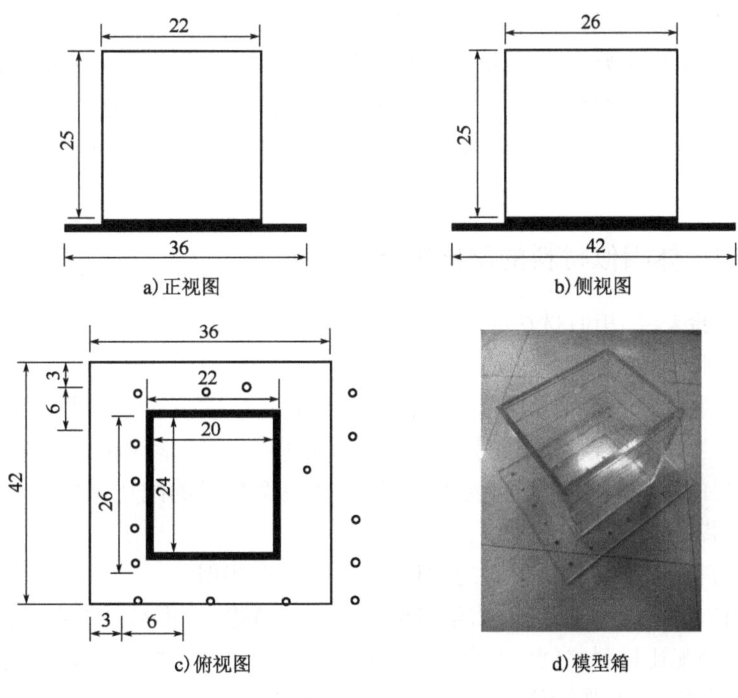

图 2-13　模型箱(尺寸单位:cm)

对于振动台实验来说,模型箱边界处理方式的选择十分重要,由于在试验过程中,地震波可能会在模型箱边界发生反射,从而对试验的结果产生影响;此外,模型材料与箱体之间的摩擦力,会使得模型岩土不能产生自由的变形,影响试验数据的采集和岩体变形的观测,因此在试验开始之前必须对模型箱的边界进行处理,最大限度地减少边界效应的影响。

常见的模型箱边界有四种(刘晓敏等,2015):①刚性模型箱边界;②层状剪切模型箱边界;③柔性容器边界;④黏滞液体人工阻尼边界。其中本次试验使用的为矩形有机玻璃箱,属于刚性模型箱,而刚性模型箱经常用于岩土质模型试验,且使用内侧加聚苯乙烯泡沫板的方式来减小边界效应,因此选择合适尺寸的聚苯乙烯泡沫板就显得尤为重要。

刘晶波等(2006)提出的黏弹性人工边界单元方法,巧妙地将刚度相同原理推导边界单元的等效弹性模量法引用到模型箱柔性边界的处理中,可以求出聚苯乙烯泡沫板的厚度:

$$\tilde{E} = a_{\mathrm{N}} h \frac{G}{R} \frac{(1+\tilde{\mu})(1-2\tilde{\mu})}{1-\tilde{\mu}} \tag{2-45}$$

式中:a_{N}——法向黏弹性人工边界参数;

$\tilde{E}$ 和 $\tilde{\mu}$——等效黏弹性边界单元的等效弹性模量和等效泊松比;

R——波源至人工边界点的距离;

G——介质剪切模量;

h——等效单元的厚度。

其中按推荐系数,取 $a_{\mathrm{N}}=1$,$\tilde{\mu}=0$。

已知 $\tilde{E}=2.4\mathrm{MPa}$,波源至人工边界的距离为 12cm,则由式(2-44)可知,等效单元的厚度 $h=0.967\mathrm{cm}$。本次试验取聚苯乙烯泡沫板厚度为 1cm。

将模型箱四周和内部用螺栓固定于振动台上,确保模型箱的稳定,而且内部螺帽也可阻止模型的相对滑移,使其连为一个整体。模型的长边方向为振动方向,为了减少在实验过程中边界对模型的影响(主要是波的反射),试验时在模型箱垂直于波的传播方向的两侧内面上放置 1cm 厚的聚苯乙烯泡沫板;在箱子另两侧与模型土直接接触的两侧面上涂上凡士林,减少两者之间的摩擦。

2.2.3 岩土体相似材料的配比试验

对于模型试验来说,相似材料的配比是决定试验成功与否的关键,但是无论经过怎样的调整,都不可能配制出与实际工程中完全相似的材料,特别是对于力学参数众多的岩土材料,要使每种参数均满足试验要求不太现实,因此需要分清主次,实现主要参数的相似,这样的实验结果才会对实际工程有指导意义。另外,本次模型试验为动力学问题,需要的条件更加苛刻,这就给岩土材料的配比提出了更高要求。因此,在模型材料的配比试验中,需要遵循以下守则,使得配比结果更加接近理论值。

(1)模型材料要保证与原型材料的物理、力学性质上相似;

(2)模型相似材料的物理性能、力学参数等性质保持稳定,不易受外界条件变化的影响;

(3)改变各种配比材料之间的比例关系,可使模型的力学参数在较大范围内发生变化;

(4)易于模型加工、制作和实施量测(包括粘贴应变片等);

(5)原材料的来源广泛,便于取材,且价格必须适中。

配比材料的选择和试验方法的设计是模型配比成功的前提,好的设计方案可以达到事半功倍的效果。配比试验需要多种材料相互混合,从而测试其力学强度参数,工作量巨大,因此找出每种材料含量的大小对模型各力学参数的影响就显得尤为重要。常用的设计方法是正交设计法,它可以从整体设计的试验中选出部分"均匀分散,齐整可比"的点,这些点的代表性强,分析结果准确可靠,能够很好地解决多因素多水平的试验问题,突出每种配比材料对模型力学参数的影响程度,通过后期对某种配比材料含量的调整,得出符合试验要求的材料含量配合比。

试验拟采用正交试验法设计多组试验,对不同配比的结果进行综合评价,分析每种配比材料对模型力学参数的影响程度和趋势,并在其基础上进行二次细化试验,从而选出所有配比中最符合所需物理力学参数的作为论文模型试验相似材料的配比。鉴于模型的尺寸,考虑到试验的简化,此次试验只进行岩质材料的模拟。

1)岩体相似材料正交试验

岩体是一种性质复杂的各向异性材料,其种类丰富,力学性质差异很大,为了尽可能地满足相似准则,所研制的材料必须具备力学特性变化范围广且性能稳定的特点。刘晓敏等(2015)选用铁精粉、重晶石粉和石英砂作为骨料,石膏为胶凝材料,甘油为调节剂,以相似材料的密度、抗压强度和变形模量为控制指标进行了大型地下洞室群地震模拟振动台模型试验研究;李光等(2015)选择河砂、石膏和水泥作为配比材料,研究了不同配和比条件下模型材料的物理性质、力学参数的变化特征;张强勇(2012)根据模型试验的相似条件和模型材料的配制方法,经过300多组的力学参数试验,研制出了由铁精粉、重晶石粉、石英砂、石膏粉和松香酒精溶液按规定配比均匀拌合压实而成的一种复合材料。该材料具有力学参数变化范围广、性能稳定、价格低廉、干燥速度快、无毒无害等优点。

本试验在文献相似材料研究的基础上(张强勇,2012),应用正交试验方法设计了相似材料的试验方案,进行了不同配比材料的室内物理力学指标试验,得到了不同配比相似材料的物理力学参数,并通过极差分析法,分析各因素对物理力学参数的敏感性和影响规律(董金玉等,2012)。

根据对原型的简化,桩基的嵌入层为白云质灰岩。本次试验重晶石粉[图2-14a)]和铁精粉[图2-14b)]由河北灵寿县明江矿产有限公司生产,重晶石粉规格为400目,密度约为$4.2g \cdot cm^{-3}$,硫酸钡含量为98%;铁精粉规格为100目,铁含量≥95%;石英砂[图2-14c)]选用上海津沅有限公司生产的高纯度石英砂,规格为40~70目,SiO_2≥99.5%~99.9% Fe_2O_2≤0.015%,密度为$1.6g \cdot cm^{-3}$;松香[图2-14d)]选用一级松香粉,便于溶于酒精;酒精[图2-14e)]选用郑州六顺化工产品有限公司生产的医用酒精,乙醇浓度为95%;石膏粉[图2-14f)]选用应城金龙膏业公司生产的模型石膏粉,抗折强度为2.7~3.3MPa,初凝时间约为4~7min,终凝时间约为12~15min。各组材料见图2-14。

根据勘探资料中岩石的物理性质,可通过相似材料配合比试验配制出符合试验需要的模型材料,使其主要的物理参数相似关系满足表2-7的要求。

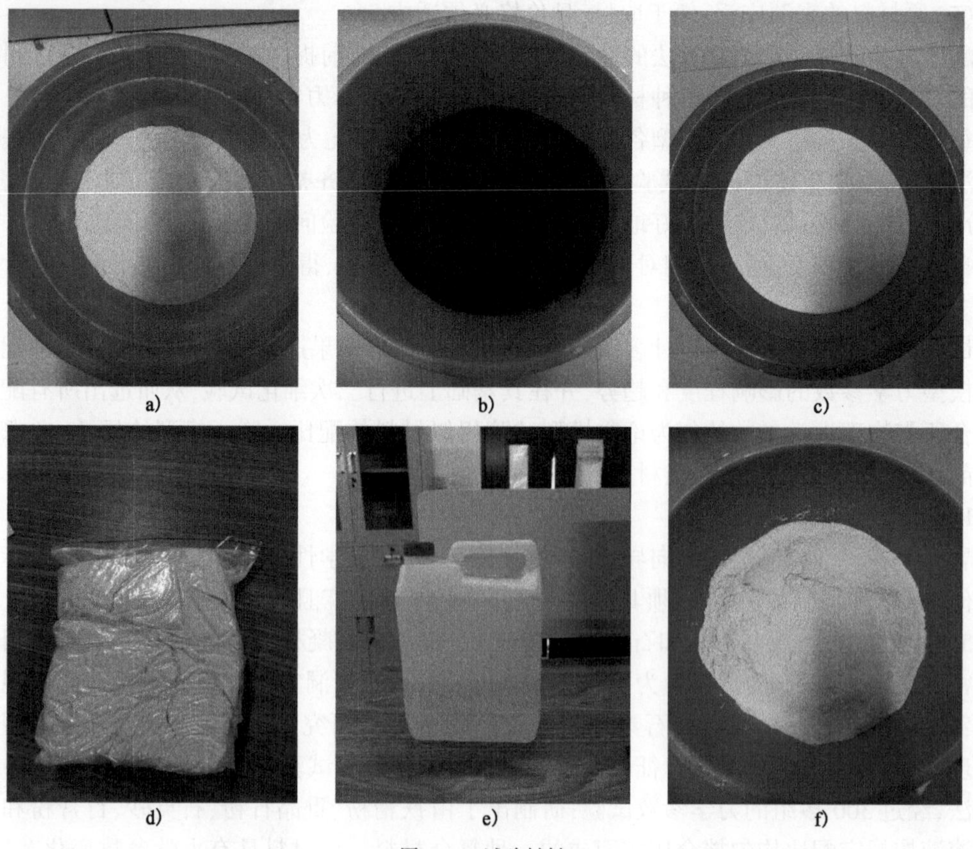

图2-14 试验材料

岩质相似材料的相似关系

表2-7

物理量	密度ρ($g\cdot cm^{-3}$)	黏聚力c(kPa)	内摩擦角φ(°)	变形模量E(MPa)
比例关系	$C_\rho=1.2$	$C_c=120$	$C_\varphi=1$	$C_E=120$
岩石	2.7	1600	39	8.94×10^3
目标值	2.25	13.33	39	74.5

试验选取的材料以铁精粉、重晶石粉、石英砂为骨料，松香、酒精为胶结剂，石膏为调节材料，按质量配合比进行设计。在试验设计中，以铁精粉/重晶石粉(A)、石英砂/(铁精粉+重晶石粉)(B)，石膏/骨料(C)，松香/(松香+酒精)(D)作为正交设计的4个因素，每个因素设置4个水平，见表2-8，设计了16组材料配比方案，见表2-9。

相似材料正交设计水平

表2-8

水平组	A 铁精粉/重晶石粉	B 石英砂/(铁精粉+重晶石粉)	C 石膏/骨料	D 松香/(松香+酒精)
1	0	10%	2%	6
2	1:4	20%	4%	12
3	2:3	30%	6%	18
4	3:2	40%	8%	24

试验选用 **5** 因素 **4** 水平的正交设计方案 **L16**(4^5)　　表 2-9

因　素	A 铁精粉/重晶石粉	B 石英砂/ (铁精粉+重晶石粉)	C 石膏/骨料	D 松香/(松香+酒精)
实验 1	0	10%	2%	6
实验 2	0	20%	4%	12
实验 3	0	30%	6%	18
实验 4	0	40%	8%	24
实验 5	1:4	10%	4%	24
实验 6	1:4	20%	2%	18
实验 7	1:4	30%	8%	12
实验 8	1:4	40%	6%	6
实验 9	2:3	10%	6%	12
实验 10	2:3	20%	8%	6
实验 11	2:3	30%	2%	24
实验 12	2:3	40%	4%	18
实验 13	3:2	10%	8%	18
实验 14	3:2	20%	6%	24
实验 15	3:2	30%	4%	6
实验 16	3:2	40%	2%	12

2)岩质相似材料物理参数试验

由表 2-2 所示,模型的主要物理参数有密度、黏聚力、内摩擦角和变形模量,可通过直剪试验和变形模量试验来进行测试。模型的制作过程如下:

①控制松香酒精溶液的浓度,配置质量浓度为 6%、12%、18%、24% 的松香酒精溶液。

②控制材料的总质量为 1000g,其中松香酒精溶液 50g。

③将重晶石粉、铁精粉、石膏粉、石英砂和松香酒精溶液按表 2-8 进行称量混合,将材料搅拌均匀后,加入相应的松香酒精溶液并再次充分搅拌,然后称取一定质量的混合材料倒入模具中,保证密度为 $2.25\mathrm{g\cdot cm^{-3}}$。

④施加一定的压力使其成型,之后取出模型并贴上标签,常温下干燥 48~60h,待其干燥完全后对其进行力学实验,测定其物理参数。

(1)直接剪切试验

抗剪强度的测试方法有很多,通常实验室中都是利用直剪试验和三轴剪切试验来进行测试,其中直剪试验操作方便且每组试验的时间较短,考虑到试验设备操作和试验周期等因素,试验采用直接剪切试验方法研究岩质相似材料的抗剪强度,得到其黏聚力 c 值和内摩擦角 φ 值。

试验使用的直剪仪为南京宁曦土壤仪器有限公司生产的 SD-JⅡ型三速电动等应变直剪仪(图 2-15),试样用内径为 6.18cm,高 2.0cm 的环刀制备(图 2-16),将制备好的试样装入直剪仪的剪力盒中,试样上下两面均为透水石。试样装好后分别加载,每组试验取四个试样,根据《公路土工试验规程》JTG E40—2007 的规定,分别在 100kPa、200kPa、300kPa 和 400kPa 的垂直压力下,以 0.8mm/min 的速率进行剪切,使试样在 3 ~ 5min 内剪损,获得每级垂直荷载下的最大剪力,将得到的数据根据库仑定律通过直线拟合得到 c、φ 值。

图 2-15　SD-JⅡ型三速电动等应变直剪仪

图 2-16　环刀及直剪试件

考虑到仪器设备和测量误差等因素的影响,每一组配合比的直剪试验试件制备 6 ~ 8 个,试验中采取多次测量取平均值的方法来提高试验精度。

(2)变形模量测试试验

岩石在载荷作用下,会发生变形,主要有弹性、塑性和黏性三种变形。载荷越大岩石的变形越大,而在恒定载荷作用下,变形将随着时间的增加而增大,最终失稳破坏。岩石的变形模量是指岩石在弹性变形阶段其应力与应变变化值之比。

试样用 ϕ50mm × 100mm 的圆形双开钢模具制备(图 2-17)。由于材料的变形模量 E 较小,用电阻应变片进行测量的结果会受到刚化效应的影响。因此,论文采用 WDW-5 微机控制电子万能试验机(图 2-18)自动测量分级荷载作用下试样的位移,可绘制出的压力-位移曲线。而将压力 P 除以试样截面积 A 可得到 σ,轴向压缩量 ΔH 除以试件高度 H 可得到 ε,这样就把压力-位移曲线转化为 σ-ε 曲线,即可求出试样的变形模量 E。

图 2-17　模具及模型的制备

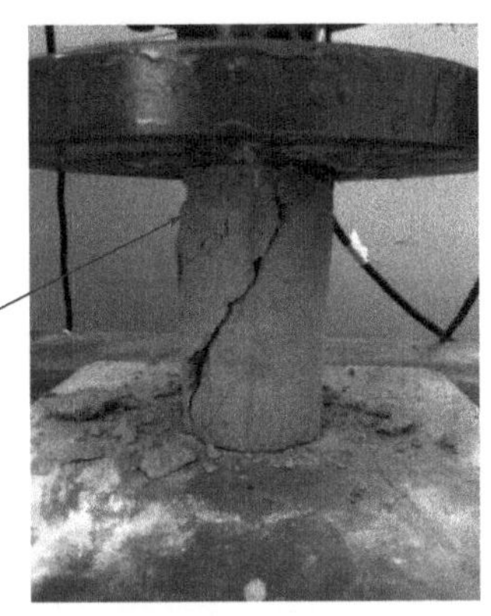

图 2-18　微机控制电子万能试验机

在测量之前，在万能试验机与模型相接处的上下面涂上凡士林，减小相互之间的摩擦，防止模型发生圆锥形破坏。

(3)试验结果及物理参数影响分析

对模型试样进行称重、直接剪切实验以及变形模量测试实验，获得16组不同配比材料的主要物理参数，见表2-10。以试验四为例，直剪试验的抗剪强度—正应力和变形模量测试实验的应力—应变曲线如图2-19所示。

岩质相似材料配合比试验结果　　表2-10

序号	因　素							
	A 铁精粉/ 重晶石粉	B 石英砂/(铁精粉+ 重晶石粉)	C 石膏/骨料	D 松香/(松香+ 酒精)	c (kPa)	φ (°)	E (MPa)	ρ ($g \cdot cm^{-3}$)
1	0	10%	2%	6%	7.981	29.19	10.720	1.934
2	0	20%	4%	12%	24.935	27.00	42.330	1.974
3	0	30%	6%	18%	49.681	26.33	52.340	2.054
4	0	40%	8%	24%	55.348	29.46	49.995	1.965
5	1:4	10%	4%	24%	109.23	24.98	57.775	2.014

续上表

序号	因素							
	A 铁精粉/ 重晶石粉	B 石英砂/(铁精粉+ 重晶石粉)	C 石膏/骨料	D 松香/(松香+ 酒精)	c (kPa)	φ (°)	E (MPa)	ρ $(g \cdot cm^{-3})$
6	1:4	20%	2%	18%	56.198	29.83	34.305	2.024
7	1:4	30%	8%	12%	33.057	27.64	20.085	2.027
8	1:4	40%	6%	6%	10.862	35.29	13.860	2.012
9	2:3	10%	6%	12%	28.335	37.11	20.210	2.112
10	2:3	20%	8%	6%	7.3199	34.11	8.057	2.097
11	2:3	30%	2%	24%	18.182	46.52	73.380	2.188
12	2:3	40%	4%	18%	22.196	37.88	52.535	2.162
13	3:2	10%	8%	18%	76.032	28.42	25.840	2.215
14	3:2	20%	6%	24%	90.200	41.60	56.745	2.226
15	3:2	30%	4%	6%	27.391	30.75	14.165	2.255
16	3:2	40%	2%	12%	43.447	34.48	34.100	2.270

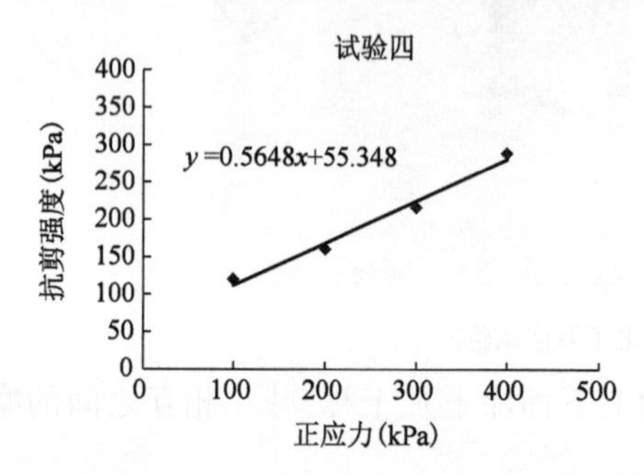

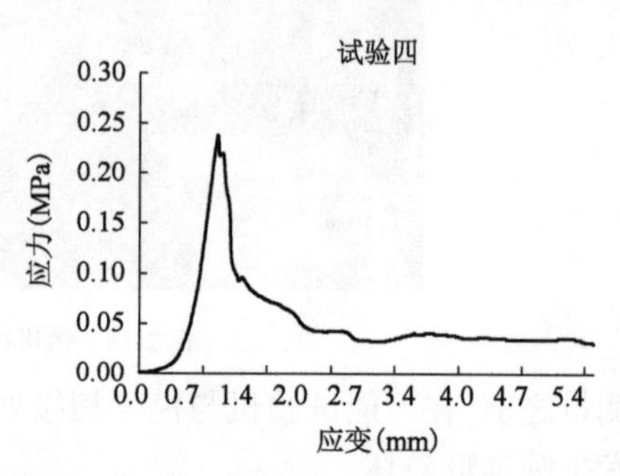

图 2-19　试验数据

①影响黏聚力的因素敏感性分析

对黏聚力正交试验结果进行极差分析，表 2-11 给出了各影响因素的主效应相对指标 K_{ij} 及极差 R_i，将极差从大到小排列，就可以确定各因素对试验结果影响大小的主次顺序，同时也说明了因素对于试验结果的重要程度。由表可知松香酒精溶液的浓度对黏聚力影响最大，而石膏的含量对其影响最小，其影响程度为 D > A > B > C。

黏聚力极差分析　　　　表 2-11

因素水平	因素			
	A 铁精粉/重晶石粉	B 石英砂/(铁精粉+ 重晶石粉)	C 石膏/骨料	D 松香/(松香+酒精)
$K1$	137.945	221.578	125.808	53.554
$K2$	209.347	178.653	183.752	129.774
$K3$	76.033	128.311	179.078	204.107

续上表

因素水平	因素			
	A 铁精粉/重晶石粉	B 石英砂/(铁精粉+重晶石粉)	C 石膏/骨料	D 松香/(松香+酒精)
*K*4	237.070	131.853	171.757	272.961
极差 *R*	161.037	93.267	57.944	219.406

②影响内摩擦角的因素敏感性分析

表2-12给出了内摩擦角各影响因素的主效应相对指标 K_{ij} 及极差 R_i，由表可知铁精粉和重晶石粉的相对含量对内摩擦角的影响最大，石英砂含量、石膏含量以及松香酒精溶液的浓度对内摩擦角的影响基本一致，总体的影响程度为A>C>D>B。

内摩擦角极差分析　　表2-12

因素水平	因素			
	A 铁精粉/重晶石粉	B 石英砂/(铁精粉+重晶石粉)	C 石膏/骨料	D 松香/(松香+酒精)
*K*1	111.981	119.712	140.021	129.342
*K*2	117.743	132.542	120.614	126.231
*K*3	155.620	131.241	140.332	122.464
*K*4	135.253	137.115	119.634	142.563
极差 *R*	43.645	17.412	20.713	20.121

③影响变形模量的因素敏感性分析

表2-13给出了变形模量各影响因素的主效应相对指标 K_{ij} 及极差 R_i，由表可知对变形模量影响最大的是松香酒精溶液的浓度，影响最小的是铁精粉与重晶石粉的相对含量，总体的影响程度为D>C>B>A。

变形模量极差分析　　表2-13

因素水平	因素			
	A 铁精粉/重晶石粉	B 石英砂/(铁精粉+重晶石粉)	C 石膏/骨料	D 松香/(松香+酒精)
*K*1	155.385	114.545	152.505	46.802
*K*2	126.025	141.437	166.805	116.725
*K*3	154.182	159.971	143.155	165.021
*K*4	130.853	150.492	103.977	237.895
极差 *R*	29.362	45.425	62.828	191.093

综上所述，调整松香酒精溶液的浓度可以调节材料的变形模量和黏聚力，溶液的浓度越

高,相似材料的变形模量和黏聚力就越大,但是其对内摩擦角的大小基本没有影响,如图 2-20a)所示;铁精粉除了调节模型容重之外,还可以对材料的内摩擦角产生影响,当铁精粉含量与重晶石粉含量的比值达到 0.6 左右时,主效应的相对指标达到最大,说明其对内摩擦角的影响也达到最大,随着两者比值的下降或是上升,内摩擦角均逐渐降低,但是其对黏聚力的影响却与内摩擦角相反,其影响结果如图 2-20b)所示,因此在二次细化试验过程中,可根据需要配合不同浓度的松香酒精溶液对其结果进行调整;随着石英砂含量的增加,模型的黏聚力会随之降低,变形模量则有小幅的上涨,两者的影响正好相反,而其对内摩擦角的大小基本没有影响,如图 2-20c)所示,因此在二次细化试验的过程中,可不对石英砂的含量进行调整;当石膏的含量占骨料含量的 4% 时,其对黏聚力和变形模量的影响达到最大,随着其含量的增加或降低,黏聚力和变形模量均随之下降,而其对内摩擦角的影响则会呈现不规则波动,如图 2-20d)所示,因此在二次试验中,可不对其进行调整。

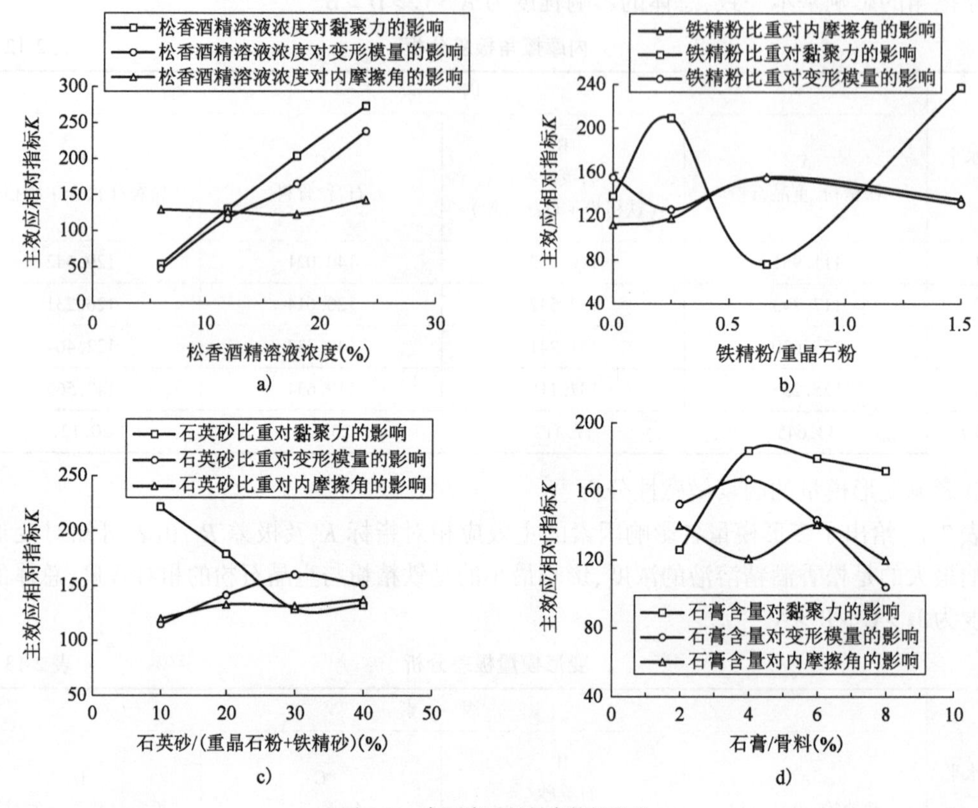

图 2-20　各因素对材料参数的影响

(4)试验材料的确定

结合表 2-10 和表 2-11,发现目标值所在的位置与实验 11 比较接近,与目标值相比,实验 11 的黏聚力和内摩擦角均偏大,变形模量基本一致,因此可在实验 11 的基础上对其配比进行二次细化。

二次细化试验应保证变形模量不变,降低材料的黏聚力和内摩擦角。由极差分析可知,铁精粉与重晶石粉的比重对变形模量的影响程度最小,但是对黏聚力和内摩擦角却有很大的影响,因此可以通过调节铁精粉和重晶石粉之间的比重来达到最优的效果。具体方案见表 2-14,

试验结果见表2-15。

二次细化试验　　表2-14

因素	A 铁精粉/重晶石粉	B 石英砂/ (铁精粉+重晶石粉)	C 石膏/骨料	D 松香/(松香+酒精)
实验17	3:5	30%	2%	24
实验18	1:2	30%	2%	24
实验19	2:5	30%	2%	24

二次细化相似材料配合比试验结果　　表2-15

因素	A 铁精粉/ 重晶石粉	B 石英砂/(铁精粉+ 重晶石粉)	C 石膏/骨料	D 松香/ (松香+酒精)	c (kPa)	φ (°)	E (MPa)	ρ ($g\cdot cm^{-3}$)
实验17	3:5	30%	2%	24	18.33	43.46	73.211	2.173
实验18	1:2	30%	2%	24	20.15	43.10	72.193	2.151
实验19	2:5	30%	2%	24	21.46	40.13	70.861	2.149

由图2-20b)可看出铁精粉与重晶石粉的比重对黏聚力的影响效果与对内摩擦角的影响效果正好相反,二次试验结果也基本上验证了这个结论,综合一次实验和二次试验结果,选用试验19作为本次相似试验的配合比。

试验桩的选择也需要根据相似比来确定,由于此次试验是以研究溶洞的破坏为主,加之地震波的作用,因此主要以抗弯刚度作为衡量标准。

由表2-15可知,$C_E=C_LC_\rho C_g$,$C_I=C_L^4$,则$C_{EI}=C_EC_I=C_L^5C_\rho C_g=1.2\times10^{10}$。

钢筋混凝土桩的抗压强度主要来源于混凝土,因此根据《混凝土结构设计规范》(GB 50010—2010),取混凝土变形模量为3.25×10^4MPa,已知工程桩直径为1.5m,试验模型桩直径为1.5cm。

$$I=\frac{\pi\times d^4}{64} \tag{2-46}$$

$$C_{EI}=\frac{(EI)^p}{(EI)^m}=\frac{E^p}{E^m}\cdot\frac{I^p}{I^m} \tag{2-47}$$

则由式2-45和式2-46可得:

$$E^m=\frac{E^p}{C_{EI}}\cdot\frac{I^p}{I^m}=\frac{E^p}{C_{EI}}\cdot\left(\frac{d^p}{d^m}\right)^4=\frac{3.25\times10^4}{1.2\times10^{10}}\left(\frac{1.5}{0.015}\right)^4=2.7\times10^2\text{MPa} \tag{2-48}$$

根据资料显示,有机玻璃的变形模量在0.3GPa左右,因此本次试验选用有机玻璃作为桩体的试验材料。模型桩的长度为10cm,直径1.5cm。

2.3　试验模型的制作与动力加载

在满足相似理论的前提下采用合适的配合比材料,制作岩溶桩基的相似模型,结合选定的地震波加载工况，对模型关键部位布置测点进行数据的测量和分析，从而真实地反映溶洞顶板及周边岩体的破坏情况。为了更好地观测加载时模型的破坏情况，本次采用中心对称模型，且分为静载和动载的对比试验。中心对称模型与整体模型试验相比，可以清晰地看到溶洞顶板的破坏模式，且测试所需的应变片等测量设备可以在可视的条件下进行操作，避免了整体模型试验应变片粘贴质量不合格引起测量数据不可靠的情况。试验之前，需要对模型进行一些假设简化：①桩为简单的嵌岩桩；忽略岩溶顶板上部桩周土层侧摩阻力的影响；②基岩和溶洞构造完整，均为均匀连续体，溶洞形状为规则的球形；③不考虑地下水的影响。

2.3.1 模型的制作

试验重点考虑顶板厚度和溶洞大小对桩基稳定性的影响，且分为两个工况进行试验，工况一如图 2-21a）所示，研究顶板厚度对桩基稳定性的影响，其中溶洞大小为 3 倍桩径，而顶板厚度在 1 ~4 倍桩径变化；工况二如图 2-21b）所示，研究溶洞大小对桩基稳定性的影响，其中顶板厚度保持在 2 倍桩径，而溶洞大小在 2 ~5 倍桩径变化。模型制作过程中，最关键的部位是溶洞的制作，由于溶洞处于模型正中间，考虑到溶洞的完整性，采用提前预置的办法进行制作。

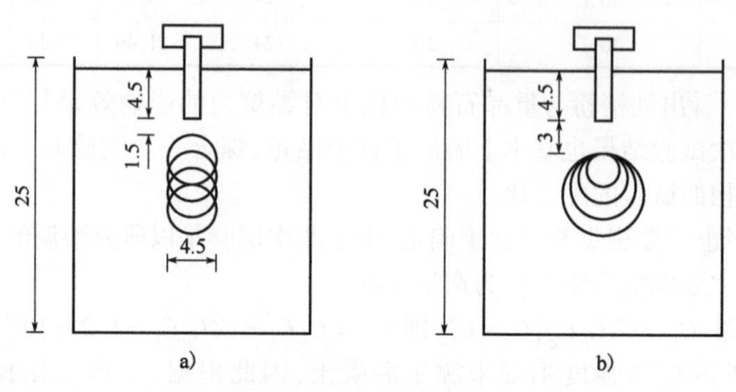

图 2-21 工况（尺寸单位：cm）

以工况二中直径为 4 倍桩径（6cm）的溶洞为例。制作过程如下：

（1）为了保证溶洞的完整性，采用有机玻璃制作 15cm × 15cm × 6cm 的模具盒，该模具盒没有上下两面，如图 2-22a）所示。

a) b)

图 2-22 溶洞模型

(2)将模具盒固定在桌面上,选择直径为6cm的半球形泡沫固定于模具盒正中间,泡沫距离周边各有机玻璃板的长度在下方A4纸上进行标定,保证其中一侧距离为3cm(顶板厚度)。按照模型尺寸计算并称量一定质量配比的原料,将其混合均匀后加入松香酒精溶液,继续搅拌混合,之后将混合材料倒入模具盒中,在保证模型密度的前提下进行分层压实,且模型表面要保持平整,之后拆分模具盒,取出半球形泡沫即可形成半个溶洞模型,将模型在通风处干燥48h备用,如图2-22b)所示。

(3)一切准备就绪后,开始对模型箱进行填充,填充之前在模型箱振动方向的两个面铺设一层厚1cm的聚苯乙烯泡沫塑料板,以减少地震波的反射对试验的影响,如图2-23所示。之后在与溶洞模型接触的侧壁上涂上凡士林,减小其与有机玻璃之间的摩擦系数,同时连接模型箱与振动台之间的螺丝,在模型箱底部与岩质材料相接触,起到了固定模型的作用,防止在振动过程中模型整体出现相对滑动。为了使模型更加均匀,这里以加速度计等传感器以及预置溶洞所在的位置为标准,采取分层填充的方法,首先按照之前所得的最优配合比,称取一定量的重晶石粉、铁精砂、石膏、石英砂并混合均匀,之后称取定量的松香酒精溶液与干骨料进行充分搅拌即可,将所得相似材料倒入模型箱进行压实磨平。

(4)在传感器填埋之前采用万用表对其进行检查和矫正,确保连线无损坏且与采集仪连接良好,如图2-24所示;此外,由于本次模型试验采用了酒精,因此需要对传感器进行保护处理,为了不影响传感器测量的敏感性,将加速度传感器用保鲜膜进行2~3层的包裹,起到了很好的保护作用,如图2-25a)所示,且在加速度计填埋的过程中,应尽量使测试线沿模型箱内壁排列,如图2-25b)所示,减小对试验模型的影响。

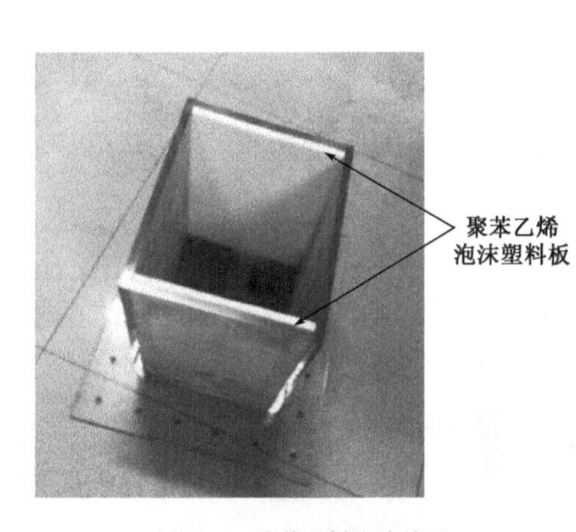

图2-23　聚苯乙烯泡沫处理

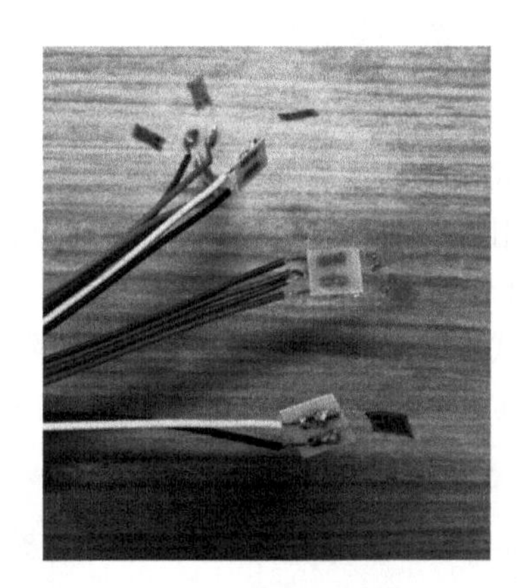

图2-24　焊接的应变片

(5)预置溶洞模型固定之后,根据周边空间的几何尺寸计算所需模型材料的质量,根据计算结果称取提前拌制好的模型材料将空间填满压实,之后将有机玻璃桩固定于溶洞顶板中央位置,继续填充模型材料,使嵌岩深度为4.5cm。这里填充部分的模型材料也是根据空间的大小按相同的配合比配置出来的,只有严格控制各空间填充的质量,才能保证填充部分与预置部分相同的材料密度和力学强度。待整体模型填充完毕后,将其置于干燥通风处48h,之后可加上桩帽并施加一定荷载进行试验,如图2-26所示。

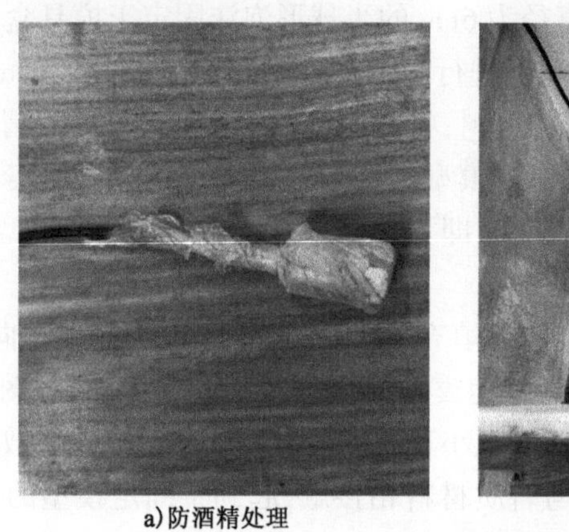

a)防酒精处理　　b)埋设

图 2-25　速度计的保护和埋设

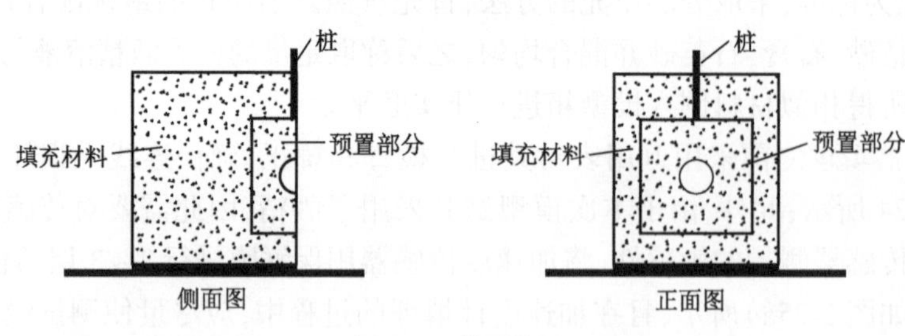

图 2-26　模型简图

2.3.2　静载试验

1)仪器的选取

静载试验的目的是观察溶洞顶板在逐级荷载作用下的破坏模式,为动载试验提供参照,本次试验采用百分表和应变片对模型进行测试。

(1)百分表

本次试验采用四川成都成量工具有限公司生产的测量行程为 0 ~ 30mm 的百分表,精度达 0.01mm,其主要是用来测试桩顶的沉降,如图 2-27a)所示。

a)

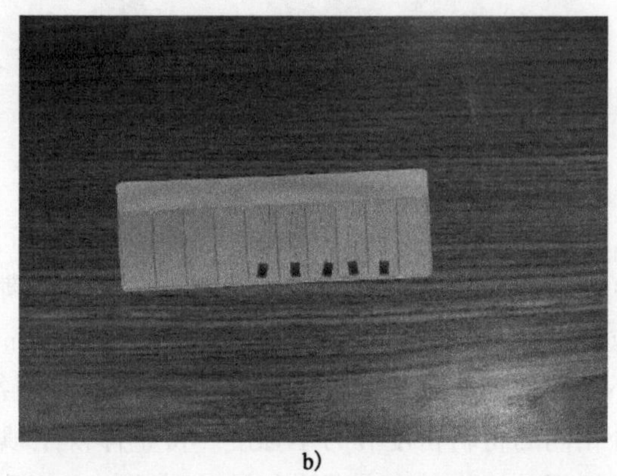

b)

图 2-27　传感器

(2)电阻应变片

根据模型大小,电阻应变片的尺寸和精度是主要考虑的重点,应变片采用浙江壕科电子公司生产的高精度电阻式应变片,如图2-27b)所示,其型号为BHF350－3AA,该应变片敏感栅尺寸为3mm×3mm,基底尺寸为7.5mm×4.5mm,灵敏系数为0.5%。

2)传感器的布置

静载试验主要测试荷载与位移的Q-S曲线,因此位移计一侧固定在模型箱上,另一侧与桩端的承台接触,记录桩的沉降数据。应变片则布置于溶洞的顶板和两侧,测试土体的变形破坏,且应变片体积较小,粘贴较为不易,在粘贴之前采用环氧树脂对模型表面进行处理。具体布置如图2-28所示。

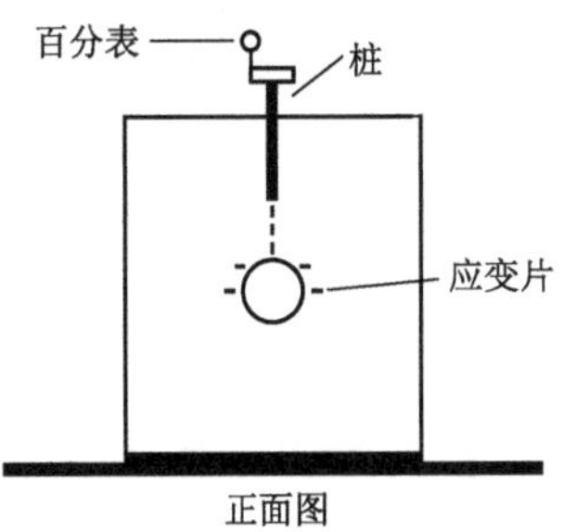

图2-28　传感器布置

3)加载方式

由《桩基工程手册》可知,单桩的竖向承载能力与桩的几何尺寸、外形、桩周土的性质有关;而桩的竖向极限承载能力不仅是指桩基结构自身的极限承载能力,还与支撑桩基结构的地基土极限承载力息息相关。

由《铁路桥涵地基和基础设计规范》可知,嵌岩桩的单桩承载能力标准值为

$$[P] = R(C_1A + C_2Uh) \tag{2-49}$$

式中:$[P]$——桩及管桩的承载力;

U——嵌入岩石层内的桩及管桩的钻孔周长;

h——自新鲜岩石面(平均高程)算起的嵌岩深度;

R——岩石单轴抗压强度;

C_1、C_2——系数,可根据岩石层破碎程度和清底情况决定,见表2-16。

系数 C_1、C_2　　表2-16

岩石层及清底情况	C_1	C_2
良好	0.5	0.04
一般	0.4	0.03
较差	0.3	0.02

注:当$h \leqslant 0.5m$时,C_1应乘以0.7,C_2采取为0。

根据工程实际,该工程桩基所处岩石层为完整的灰岩,故C_1取0.4,C_2取0.03,灰岩的单轴抗压强度R为105.5MPa,h按经验取$0.5d$为0.75m,满足构造要求的0.5m。则

$$[P] = R(C_1A + C_2Uh) = 105.5 \times \left(0.4 \times \frac{\pi \times 1.5^2}{4} + 0.03 \times \pi \times 1.5 \times 0.75\right)$$
$$= 8.58 \times 10^4\text{kN} \tag{2-50}$$

由表2-16可知,荷载相似常数$C_F = 1.2 \times 10^6$。

由式$F^p = C_F F^m$可得:

$$F^m = \frac{F^p}{C_F} = \frac{[P]}{C_F} = \frac{8.58 \times 10^7}{1.2 \times 10^6} = 71.5\text{N} \tag{2-51}$$

考虑此次试验为中心对称模型,桩的单桩承载能力为总承载力的一半$0.5F^m$,即35.75N。

由于本次试验的目的在于观测不同顶板厚度和溶洞大小时岩层的破坏形式,因此施加荷载的大小要远高于单桩承载能力,且本次静载试验采用人工等时距加载法,通过在桩端承台上施加砝码来控制荷载的大小,每级荷载25N。各级荷载持续时间为10min,每隔2min记录一次。当出现以下情况之一时,停止加载。

(1)模拟的溶洞坍塌;

(2)在某级荷载的作用下,桩顶的沉降量大于前一级荷载作用下沉降量的2倍;

(3)总沉降超过5mm。

由《建筑桩基技术规范》(JGJ 94—2008)可知,单桩竖向承载能力特征值:

$$R = \frac{1}{K}Q_{uk} \tag{2-52}$$

式中:Q_{uk}——单桩竖向极限承载能力标准值;

K——安全系数,取 $K=2$。

2.3.3 振动台动载试验

1)传感器的选取

本次模型试验采用加速度计、应变片和土压力盒进行测试。

(1)加速度计

加速度计为振动台自带的WS-ICP-8 ICP加速度传感器放大器,ICP放大器有8个通道,模拟输出信号幅值为±10V,供电电压为200VAC/50Hz,如图2-29a)所示。

(2)电阻应变片

由于模型较小,电阻应变片的尺寸和精度是主要考虑的重点,应变片采用浙江壕科电子公司生产的高精度电阻式应变片,如图2-27b)所示,其型号为BHF350-3AA,该应变片敏感栅尺寸为3mm×3mm,基底尺寸为7.5mm×4.5mm,灵敏系数为0.5%。

(3)薄膜式土压力传感器

鉴于模型尺寸较小,土压力盒的尺寸效应会影响模型的变形与破坏,因此土压力的测量采用Interlink Electronics公司生产的Force Sensing Resistor的薄膜式Arduino FSR402 0.5" 压力传感器,如图2-29b)所示。这款压力传感器是将施加在FSR传感器薄膜区域的压力转换成电阻值的变化,从而获得压力信息。该传感器重量轻,体积小,感测精度高,可忽略尺寸效应的影响。

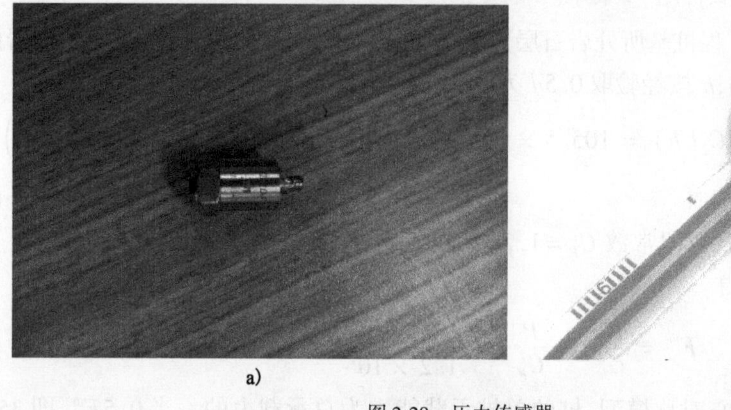

a) b)

图2-29 压力传感器

2)传感器的布置

岩溶桩基模型试验中,容易发生破坏的部位是岩溶顶板,且破坏发生在模型内部,不易观察。因此测得的数据越多,内部的破坏模式就越容易被计算出来,但是,过多的传感器和预埋线路会破坏模型的完整性,从而影响试验的效果,结合这两者的矛盾性,尽可能减少传感器的布设,只在关键部位进行测试。以工况二中直径为4倍桩径(6cm)的溶洞为例。

(1)加速度计的布置

加速度计的布置如图2-30所示,其中A2、A3、A5沿溶洞中轴线从上而下布置(其间隔与溶洞的大小有关),主要为了测得不同高程加速度的变化规律,同时观察溶洞对地震波加速度的影响,A5与A4均设置于模型表面,且A4距离A5较远,主要用于对比有无溶洞对加速度传递的影响,台面上A1主要是检测模型的振动加速度与地震波的激励加速度是否相等。

(2)应变片的布置

模型试验的重点在于测试岩溶顶板的破坏规律,因此应变片主要布置于岩溶顶板,待预置溶洞干燥后进行。由于应变片体积较小,粘贴较为不易,在粘贴之前采用环氧树脂对模型表面进行处理。

压力传感器可以测得上部土体的压力,特别是桩端对岩溶顶板的作用力,此次试验只在桩基底部布置一个压力传感器。应变片的位置如图2-31所示。

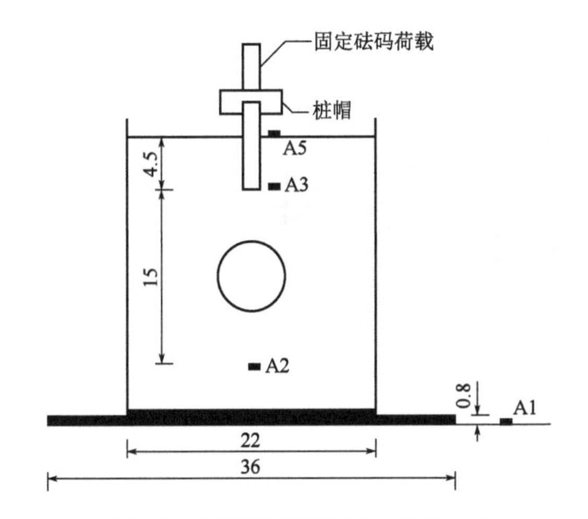

图2-30 加速度计的布置(尺寸单位:cm)

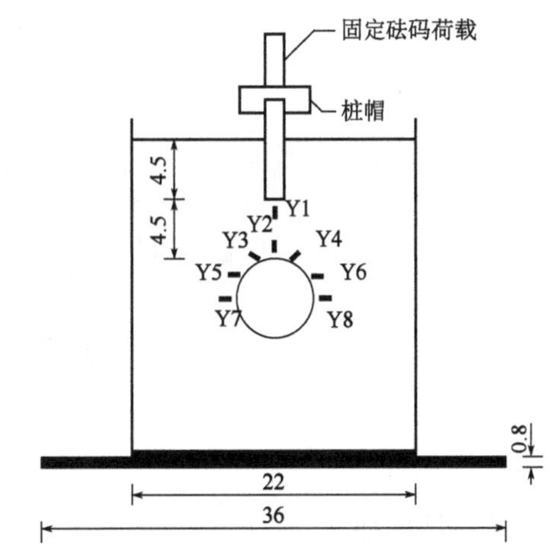

图2-31 应变片的布置(尺寸单位:cm)

3)地震波的选取

模型试验在选择地震波时,主要考虑地震强度、地震动频谱特性和地震持续时间三个主要因素。由勘测资料可知,周家湾双线特大桥所在地区的设防烈度属于6度区,桥位地区地震动峰值加速度小于0.05g,即峰值加速度A=0.05g,地震动反应谱特征周期为0.35s。为了尽可能全面真实地反映地震动作用下岩溶桩基的破坏与对比研究,本次试验选取了常用的EL-Centro波、汶川波以及一条人工地震波。通过振动台自带的Vib′SQK控制软件,将输入波的加速度峰值调整为0.05g,振动时间按照相似比例$C_t=10$进行调整,可得地震波加速度时程曲线。地震波的时程曲线如图2-32所示。

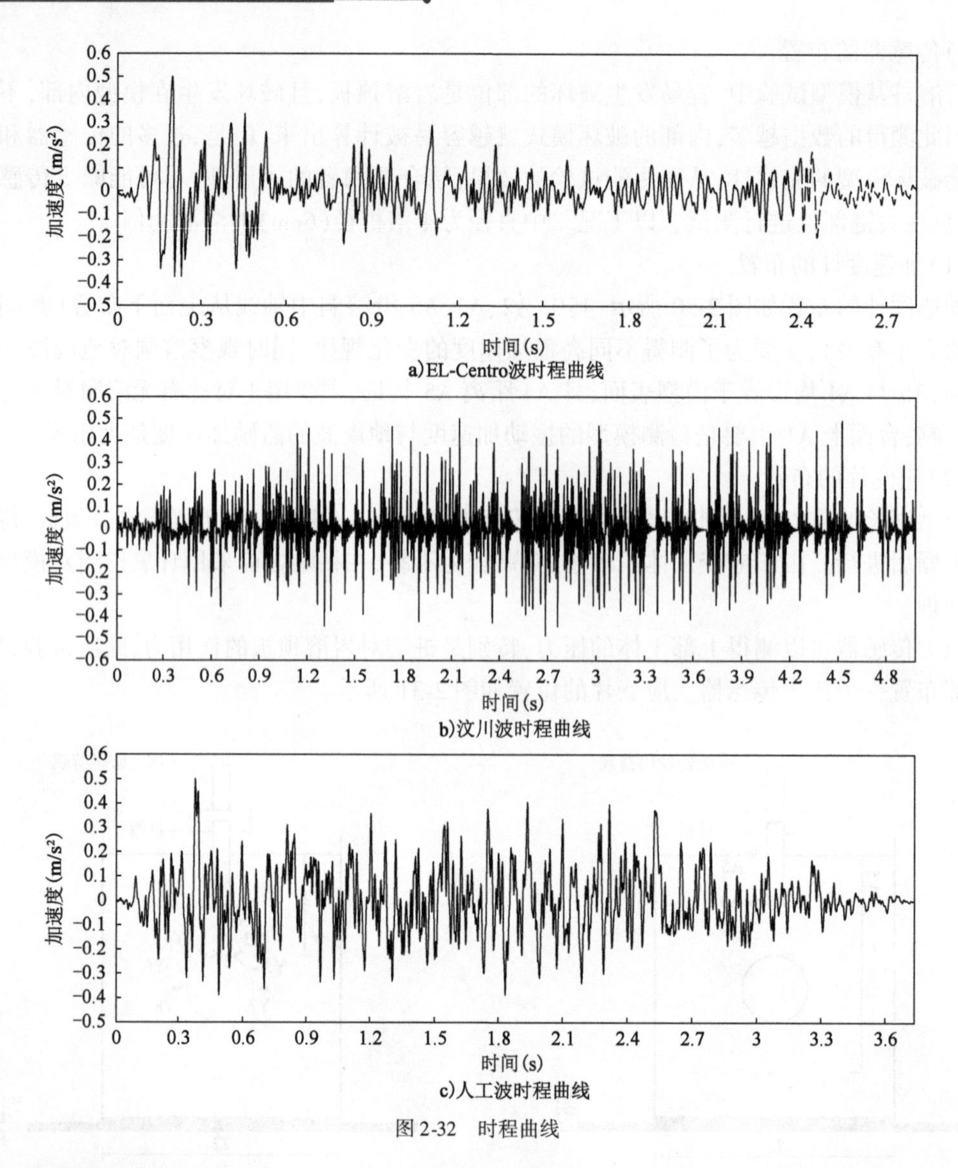

图 2-32 时程曲线

4)地震波的加载

根据《建筑抗震设计规范》(GB 50011—2001)规定的抗震设防烈度和设计基本地震加速度取值的对应关系,见表2-17。为了对比不同工况下岩溶顶板的破坏模式,本次试验考虑了加速度峰值为0.05g、0.1g、0.2g、0.3g的情况。

抗震设防烈度和设计基本地震加速度值的对应关系　　表2-17

地震基本烈度(°)	6	7	9
水平向 A_h(g)	≥0.05	0.10(0.15)	≥0.40

注:括号内数字对应于水平向设计基本地震动峰值加速度为0.15g和0.30g地区,也属7°和8°区。

振动台只有水平方向的地震动输出,试验之前要先进行一次白噪声激励,根据输出结果可以算得模型箱的自振频率。试验先进行0.05g的加载,之后依次进行0.1g、0.2g、0.3g的地震波加载。每次加载之前都要进行一次白噪声激励(白噪声的频率范围为1～200Hz,持续时间为10s),对模型地震响应进行扫描存盘,用来对比模型的地震反应。具体加载工况如表2-18所示。

岩溶桩基模型试验加载工况　　表2-18

序　　号	输入波型	代　　号	原型加速度(g)	模型加速度(g)	烈度(°)
第一组	白噪声	BZ-1			6
	正弦波	ZX-1			6
	白噪声	BZ-2			6
	EL-Centro 波	EI-1	0.05	0.05	6
	白噪声	BZ-3			6
	汶川波	WC-1	0.05	0.05	6
	白噪声	BZ-4			6
	人工波	RG-1	0.05	0.05	6
第二组	白噪声	BZ-5			7
	正弦波	ZX-2			7
	白噪声	BZ-6			7
	EL-Centro 波	EI-2	0.1	0.1	7
	白噪声	BZ-7			7
	汶川波	WC-2	0.1	0.1	7
	白噪声	BZ-8			7
	人工波	RG-2	0.1	0.1	7
第三组	白噪声	BZ-9			8
	正弦波	ZX-3			8
	白噪声	BZ-10			8
	EL-Centro 波	EI-3	0.2	0.2	8
	白噪声	BZ-11			8
	汶川波	WC-3	0.2	0.2	8
	白噪声	BZ-12			8
	人工波	RG-3	0.2	0.2	8
第四组	白噪声	BZ-13			9
	正弦波	ZX-4			9
	白噪声	BZ-14			9
	EL-Centro 波	EI-4	0.3	0.3	9
	白噪声	BZ-15			9
	汶川波	WC-4	0.3	0.3	9
	白噪声	BZ-16			9
	人工波	RG-4	0.3	0.3	9

本章参考文献

[1] 白峻昶，靳金平. 时程分析用地震波选取的探讨[J]. 山西建筑，2007:01-20.

[2] 陈兴华. 脆性材料结构模型试验[M]. 北京:水利电力出版社，1984.

[3] 董金玉，杨继红，杨国香，等. 基于正交设计的模型试验相似材料的配比试验研究[J]. 煤炭学报，2012，37(1):44-49.

[4] 高丽霞，周锡元，董娣，等. 加速度均方根地震动统计研究[J]. 防灾减灾工程学报，2006，26(3):251-256.

[5] 龚晓南. 桩基工程手册[M]:第2版. 北京:中国建筑工业出版社，2016.

[6] 贺可强，王滨，杜汝霖. 中国北方岩溶塌陷[M]. 北京:地质出版社,2005.

[7] 黄明，付俊杰，陈福全，等. 桩端岩溶顶板的破坏特征试验与理论计算模型研究[J]. 工程力学，2018，35(10):172-182.

[8] 黄明，付俊杰，陈福全，等. 桩端岩溶顶板地震动力特性的振动台试验研究[J]. 哈尔滨工业大学学报，2019，51(02):126-135.

[9] 黄明,付俊杰,陈福全，等. 桩端荷载与地震耦合作用下溶洞顶板的破坏特征及安全厚度计算[J]. 岩土力学，2017，38(11):3154-3162.

[10] 黄明，王元清，张光武，等. 一种基于小型振动台模型的岩溶桩基抗震测试试验装置[P]. 中国专利:CN205483465U，2016-08-17.

[11] 黄明，王元清，张光武，等. 一种基于小型振动台模型的岩溶桩基抗震测试试验方法[P]. 中国专利:CN105571801A，2018-01-02.

[12] 黄明，王元清，张光武，等. 一种岩溶桩基抗震测试试验装置的制作方法[P]. 中国专利:CN105547626A，2016-05-04.

[13] 江松，黄明，付俊杰，等. 岩溶桩基振动台试验中岩体相似材料的配比研究[J]. 工程地质学报，2017，25(03):671-677.

[14] 纪万斌. 塌陷与建筑[M]. 北京:地质出版社,1998.

[15] 江宏. 振动台模型试验相似关系若干问题研究[D]. 武汉:武汉理工大学，1998.

[16] 李德寅，王邦楣，林亚超. 结构模型试验[M]. 北京:科学出版社，1996.

[17] 梁鸿光. 国南方岩溶区高烈度的小地震初探[M]. 北京:科学出版社，1985.

[18] 廖建裕. 罕见的小震级高烈度地震[J]. 华南地震，1987,7(3).

[19] 林天健. 桩基础设计指南[M]. 北京:中国建筑出版社，1999.

[20] 刘金励. 桩基工程技术[M]. 北京:中国建材工业出版社，1996.

[21] 刘松玉，季鹏，杰韦. 大直径泥质软岩嵌岩灌注桩的荷载传递性状[J]. 岩土工程学报，1998，20(4):58-61.

[22] 刘探梅. 框架—剪力墙结构弹塑性地震反应分析[D]. 太原:太原理工大学，2010.

[23] 龙安明. 广西地震的特点[J]. 广西日报，2000，09-14(005).

[24] 明可前. 嵌岩桩受力机理分析[J]. 岩土力学，1998，19(1):65-69.

[25] 覃子建. 中国岩溶区的地震及其震害特征[J]. 地震学刊，1996(4):34-38.

[26] 铁道第三勘察设计院. 铁路桥涵地基和基础设计规范:TB 10002. 5—2005[S]. 北京:中

国铁道出版社,2005.
[27] 王家全, 张信贵, 易念平, 等. 场地土卓越周期变化的试验分析[J]. 广西大学学报:自然科学版, 2010,35(4).
[28] 杨溥, 李英民, 赖明. 结构时程分析法输入地震波的选择控制指标[J]. 土木工程学报, 2000, 33(6).
[29] 袁道先. 中国岩溶学[M]. 北京:地质出版社, 1993.
[30] 袁强, 凌道盛, 周迪永等. 非线性分层地基地面运动反演分析[J]. 振动工程学报, 2000, 13(3):426-433.
[31] 袁文忠. 相似理论与静力学模型试验[M]. 西安:西安交通大学出版社,1998.
[32] 张克绪, 谢君斐. 土动力学[M]. 北京:地震出版社, 1989.
[33] 张美良, 刘功余, 邓自强, 等. 广西晚白垩世古岩溶与成矿研究[M]. 北京:地质出版社, 2010.
[34] 张强勇, 李术才, 李勇, 等. 地下工程模型试验新方法、新技术及工程应用[M]. 北京:科学出版社, 2012.
[35] 张永兵, 黎茂, 郭鑫桥, 等. 岩溶区地震波的反演分析[J]. 广西大学学报, 2014, 39(03).
[36] 中华人民共和国交通部. 公路土工试验规程:JTG E40—2007[S]. 北京:人民交通出版社, 2007.
[37] 中华人民共和国住房和城乡建设部. 混凝土结构设计规范:GB 50010—2010[S]. 北京:中国建筑工业出版社, 2010.
[38] 中华人民共和国住房和城乡建设部. 建筑抗震设计规范:GB 50011—2010[S]. 北京:中国建筑工业出版社, 2010.
[39] 钟新基. 广西岩溶区烈度异常地震[J]. 地震学刊,1996.
[40] 朱俊峰. 超深层岩溶基础高层建筑上部结构与桩筏基础共同作用研究[D]. 上海:上海交通大学, 2012.
[41] 左东启. 模型试验的理论与方法[M]. 北京:水利电力出版社, 1984
[42] B 基尔皮契夫 M. 相似理论[M]. 沈自求, 译. 北京:科学出版社, 1955.
[43] Bathurst R J, Zarnani S, Gaskin A. Shaking table testing of geofoam seismic buffers. Soil Dynamics and Earthquake Engineering[J]. 2007, 27(4):324-332.
[44] E Fumagalli. 静力学与地力学模型[M]. 北京:水利电力出版社, 1979.
[45] Iai S. Similitude for shaking table tests on soil-structurefluid model in 1g gravitational field. Soils and Foundations[J]. 1989, 29(1):105-118.
[46] Kana D D, Boyce L, Blaney G W. Development of a scale model for the dynamic interaction of a pile in clay[J]. Journal of Energy Resources Technology, 1986, 108(3):254-261.
[47] Lin M L, Wang K L. Seismic slope behavior in a large-scale shaking table model test[J]. Engineering Geology, 2006, 86(2):118-133.

第3章 岩溶桩基地震稳定性试验结果分析

3.1 试验破坏特征

溶洞静载试验采用人工等时距加载法，随着荷载的不断增加，桩端沉降也不断加大，溶洞顶板岩层也相继产生变形破坏。澳大利亚的 I. W. Johnston（1987）通过室内试验得出了典型桩端岩石破坏曲线和破坏过程，如图 3-1、图 3-2 所示。

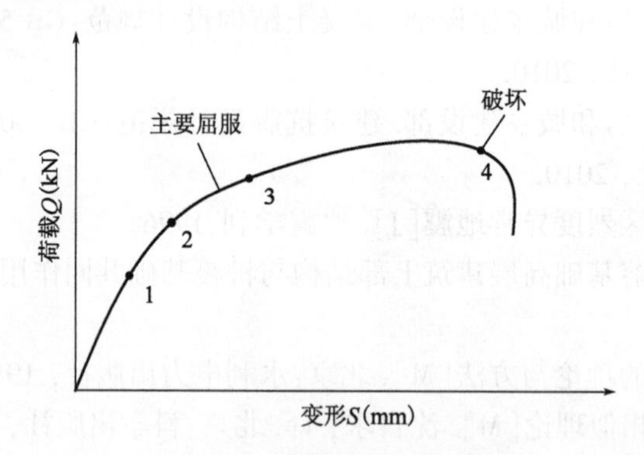

图 3-1 桩端岩石破坏曲线

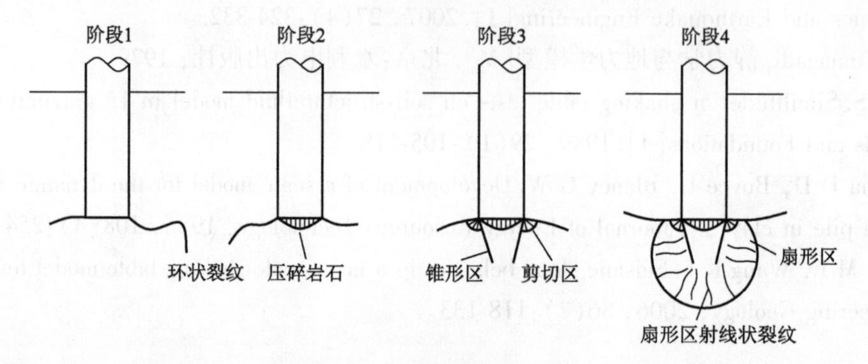

图 3-2 桩端岩石破坏过程示意图

把桩端岩石的变形破坏曲线分为4个阶段(刘明维,2015):①线弹性变形曲线,桩端岩层在荷载的作用下产生小的环状裂纹,随着荷载的增加,变形进一步加大,环状裂纹在岩石未达到主要屈服之前会进一步向周边扩展;②屈服前塑性变形阶段,桩端岩体出现明显的裂纹,随着荷载的增加,裂纹逐渐扩大,在桩端产生一个岩石压碎区域;③岩石屈服后的变形阶段,桩端裂纹随荷载的增加不断扩展,且速率加快,主屈服产生后的锥体和早期产生的环状裂纹间存在一个剪切区,随着荷载的进一步加大,岩石变形朝着破坏点逼近,在早期形成锥形体外面的剪应力区快速扩展成剪切扇形区域,同时环状裂缝进一步贯穿并朝上表面发展;④桩端岩石破坏阶段,随着荷载的增加,变形速度加快,最后变形增大,荷载反而突然减小,在整个扩展的扇形区产生径向裂缝,破坏随之产生。

张四平(1990),黄求顺(1992)通过一系列的试验认为,嵌岩桩的嵌岩部分和岩体是一个咬合的整体,其破坏是沿着某一破裂角产生的,且在桩端应力集中区的周边会出现模糊面,桩两侧宽度约为一倍桩径,桩端深度约为三倍桩径深。虽然模糊面是由岩体沉降过程中与有机玻璃箱壁的摩擦引起,但是却间接表明了岩体的变形范围,如图3-3所示。

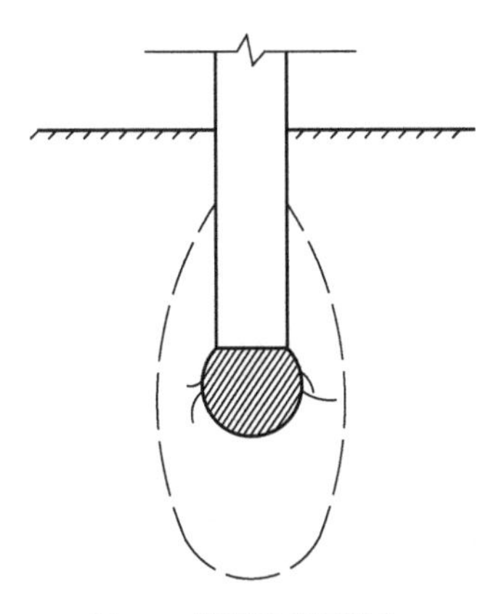

图3-3　嵌岩桩破坏模式

桩端岩层的破坏与岩石强度有很大的关系,常见的岩石强度理论有莫尔强度理论和格里菲斯强度理论,对于嵌岩桩来说,岩石的破坏包括桩端和桩侧两部分,Serrano 等(Serrano A, Olalla C,2002;2004)通过研究认为桩端岩石破坏符合 Hoek-Brown 准则,并基于塑性力学理论得出了桩端极限承载力的详细计算过程,Hoonil Seol 等(2008)通过一系列的直剪试验认为桩侧岩石破坏符合莫尔—库仑准则,并在此基础上得出了桩侧摩阻力的非线性方程。

3.1.1　顶板厚度对桩基承载力的影响

由《桩基工程手册》可知,单桩竖向承载力与位移的 Q-S 曲线分为两种类型,如图3-4所示。其中:①为陡降型曲线,其破坏点明显,属于“突进型”破坏;②为缓变型曲线,没有明显的破坏痕迹,属于“渐进型”破坏。对于陡降型曲线,其拐点处所对应的荷载值即为单桩的极限承载力,而缓变型曲线所对应的桩在达到极限承载力之后继续加载,桩基的沉降并不会明显增大,即未达到真正的极限值,但在试验和工程中不可能无限增大荷载,因此对于 Q-S 缓变型曲线,可通过桩的总沉降量来确定极限荷载值。

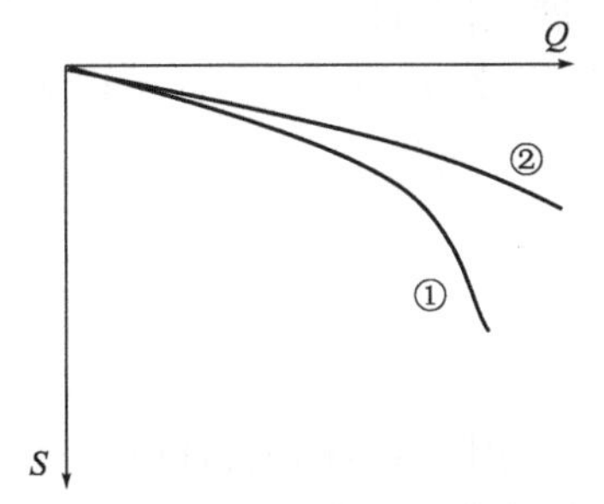

图3-4　单桩竖向承载力与位移的 Q-S 曲线

判断分析岩溶区桩基的稳定性可以考虑以下原则:①通过对比应力值与岩体力学参数的大小来判断围岩是否稳固;②通过塑性区的分布和大小去判断,只要塑性区不贯通则顶板就基本安全;③通过顶板或溶洞的变形来判断,当位移超过一定指标时,即可判断为失稳。本次试验以溶洞顶部位移作为判断标准。

顶板厚度对岩溶区桩基承载力的影响如图3-5所示,在保证溶洞直径为3倍桩径的前提下,分别制作顶板厚度为1~4倍桩径的模型进行加载试验,通过实验绘制岩溶区嵌岩桩荷载作用下的荷载—变形(Q-S)曲线。

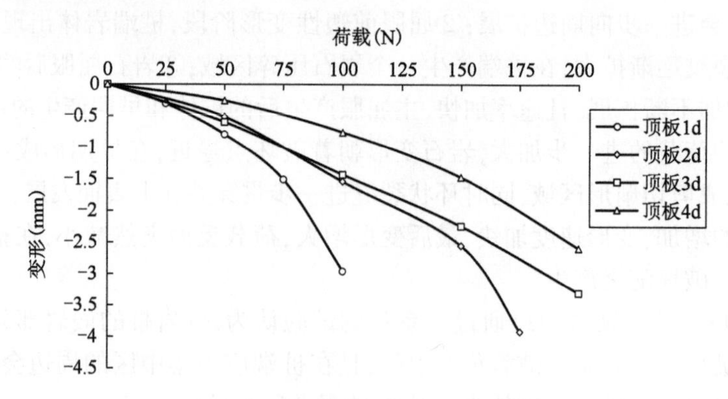

图3-5　顶板厚度变化时的Q-S曲线

由图3-5可知,顶板厚度为1d、2d时,Q-S曲线存在明显的拐点,为陡降型曲线,且破坏突然,极限承载力明显;随着顶板厚度的增加,桩的极限承载力也明显增强,当顶板厚度达3d、4d时,其Q-S曲线呈现缓变型趋势,模型破坏痕迹不明显。

试验目的在于观测岩溶顶板的破坏模式,因此在加载的过程中,当桩顶荷载达到其极限承载力或者沉降量达到标准之后,应继续增加桩顶荷载,直至溶洞顶板发生破坏。在溶洞破坏过程中除了记录桩基的沉降数据外,还应密切注意溶洞顶板的破坏情况,特别是桩端周围岩体以及溶洞正上方岩体,观察裂缝的位置、发展过程以及影响范围,并与之后的动载试验结果做对比。

图3-6给出了溶洞直径为3倍桩径,顶板厚度为1~4倍桩径范围内变化的破坏过程。

由图3-6a)可知,桩端岩层在上部荷载的作用下首先形成了一个范围较小的应力集中区,随着上部荷载的逐渐增大,此时集中区范围逐渐扩大,并在一定边界内自上而下产生了细微的裂纹,此时桩基底部岩层进一步压缩,产生明显的竖向位移;当上部荷载进一步加大,裂纹沿应力集中区逐渐向下传递并不断发展,但由于顶板厚度较小,发展范围有限,最终仅形成一个小半圆形区域,与此同时溶洞顶部岩层已经开始出现了细微的拉裂纹,并与半圆形区域相交。随着荷载的继续施加,桩端应力进一步向下传递,溶洞顶部裂纹愈发明显,与半圆相交处逐渐贯通,并在正上方处形成一个锥型块体,随即产生瞬间脱落,脱落面呈显著的冲切破坏特征。该锥型脱落体的水平跨度约为1.5d,高度约为0.5d。

图3-6b)具有类似的锥形块体脱落,上部应力集中区裂纹发展不够显著,同样呈现出应力集中后的顶板临空面直接冲切破坏。但相比1d情况,其应力集中区域范围大,且应力集中区错动微裂纹较多,剪切破坏趋势更为显著,临空面处冲切锥形块体积相对较小。

随着溶洞顶板厚度的加大,桩基模型的稳定性明显增强,如图3-6c)所示。荷载施加过程中,桩基底部岩层同样最先出现应力集中,并产生明显的压缩变形,但随着加载进行,应力集中区逐渐向周边扩散,两侧边伴有细微裂纹的产生,此时外荷载逐渐由两侧及下部向岩体内渐进性传递。由于该模型顶板厚度较大,荷载渐进性传递历经过程长,且两侧细微裂纹发展范围广并逐渐向下扩展,一定时期以内溶洞上方不会立刻形成类似图3-6a)所示的锥形块体;当荷载继续增大，应力集中区两侧裂纹更加明显并有逐渐贯通的趋势，此时溶洞临空面的锥型块才渐渐显现，其高度约为1d，跨度2d，并在锥形块体上部裂纹贯通后出现塌陷，但坍塌过程较为缓慢，具有明显的裂纹前兆。相对于顶板1d厚度情况，此时3d厚度顶板的破坏应力集中区域面积更大，应力集中区域两侧出现明显的剪切错位，整个破坏过程是由剪切破坏发展至锥形块体上方后，再由锥形块体在临空面处以冲切破来体现，即表现为较为显著的冲剪破坏。图3-6d)与图3-6c)相比，顶板厚度增大到4d，其受力情况与之相似，但应力集中区范围最大，两侧裂纹分布要广。特别值得关注的是，由于桩端两侧剪切面包围的应力集中区的横向尺寸较大，并已接近或超过下伏溶洞的直径。故荷载进一步增大时桩-岩界面将产生错位形成桩基刺穿应力集中区，在桩端界面投影范围内产生剪切破坏，至溶洞顶板临空面时发生冲切破坏，形成剪切错动和锥形冲切混合的脱落体，整体表现出以剪切为主的冲剪破坏。通过分析顶板厚度变化下的破坏特征不难发现，厚度越小溶洞临空面脱落体体积越小，且临空面处的破坏基本为冲切破坏，厚度较大时将同时出现临空面冲切和上部剪切破坏，总体上厚度越大破坏影响范围越大。

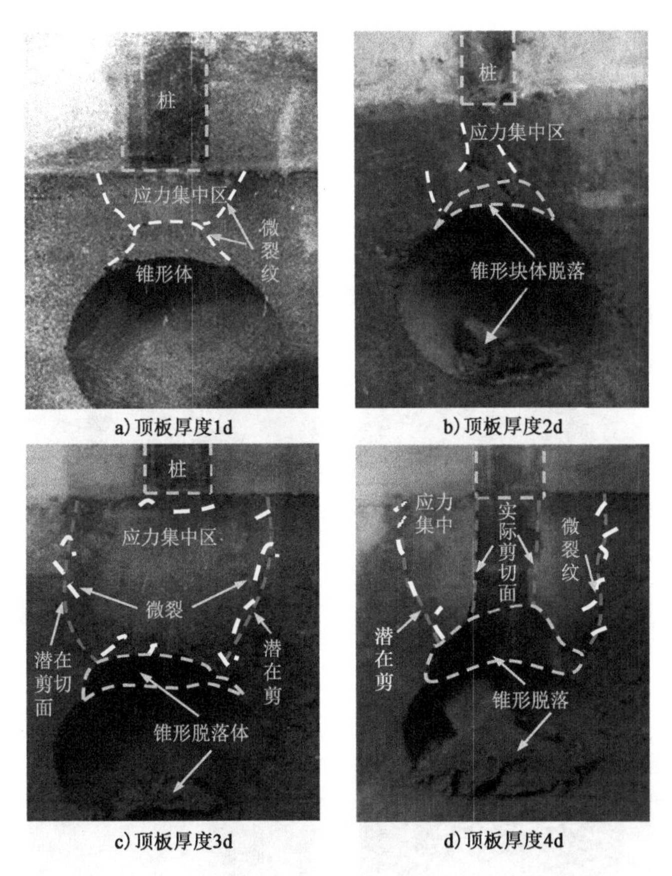

图3-6　溶洞直径为3d，顶板厚度为1～4d变化时的破坏模式

3.1.2　溶洞直径大小对桩基承载力的影响

溶洞的直径大小对桩基的承载力也有很大的影响，如图3-6b)所示，在保证顶板厚度为2

倍桩径的情况下，制作溶洞直径大小分别为 2～5 倍桩径的模型进行试验，通过实验绘制岩溶区嵌岩桩荷载作用下的荷载-位移(Q-S)曲线，如图 3-7 所示。

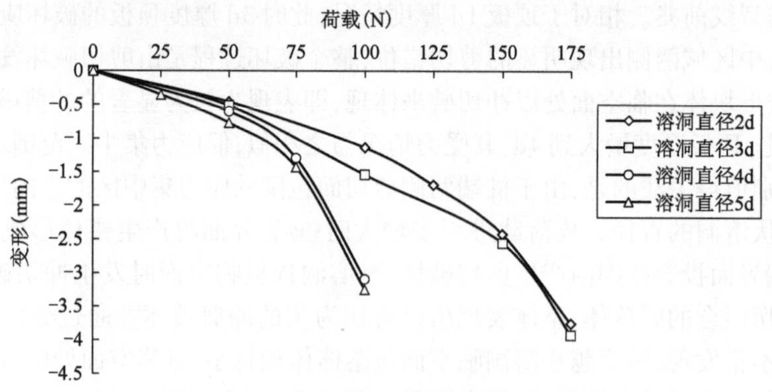

图 3-7 溶洞大小变化时的 Q-S 曲线

由图 3-7 可知，溶洞直径为 2～3 倍桩径时，Q-S 曲线呈现缓变型趋势，岩层没有发生明显的破坏，随着溶洞直径的增大，顶板的承载能力随之减弱，当溶洞直径达 4～5 倍桩径时，其Q-S 曲线出现明显的拐点，呈现陡降型变化趋势，极限荷载明显且趋于稳定。

图 3-8 给出了顶板厚度为 2 倍桩径，溶洞直径在 2～5 倍桩径变化时模型的破坏过程。

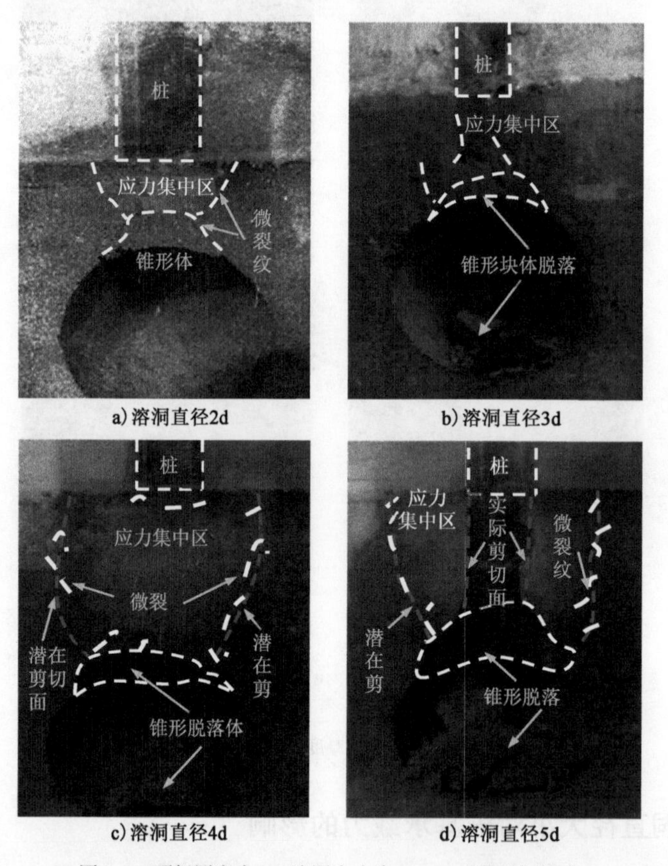

图 3-8 顶板厚度为 2d，溶洞大小为 2～5d 时的破坏模式

当溶洞顶板厚度一定时,对比相同顶板厚度不同溶洞直径的破坏形态可知,洞径较小时桩端剪切变形较为显著,微裂纹的发展以剪切错动型居多,但由于顶板厚度较小,应力扩散空间有限,较小的剪应力扩散后便带动临空面处的冲切块的形成并最终脱落,如图3-8a)所示。

当溶洞直径增大到一定程度时(洞径大于3d),随着荷载的增大,桩端应力集中区还未向两周充分扩散时顶板临空面处便发生锥形冲切破坏;随着洞径的增大,顶板临空面冲切破坏现象越明显,锥形冲切块体积越大,如图3-8c)和图3-8d)所示。由此可见,下伏溶洞尺寸对桩端荷载传递的应力路径同样具有较大影响,尺寸较大时临空面处顶板一旦受到较小外力作用容易产生失稳,此时主要体现为溶洞顶板在较小扰动应力下的冲切破坏,进一步导致上部桩体刺入应力集中区,形成由冲切失稳驱动剪切破坏的情况,最终在溶洞顶端形成跨度约为2d、高度约为1d的破坏体。因此,可以认为溶洞尺寸大小决定了顶板临空面自身的稳定性,洞径越大稳定性越低,在较小应力扰动下即引起抗拉失效的冲切失稳,从而带动上部剪切失稳,其先后发生顺序与厚度变化影响的失稳顺序恰好相反。

综合上述试验可知,岩溶顶板的破坏形式基本上分为三种:

(1)桩径一定、顶板厚度$t \leqslant 1d$时,普遍以顶板在临空面处的冲切破坏为主,此时嵌岩段荷载来不及向两侧充分传递,应力扩散范围较小便产生了1-锥形块体;2-溶洞;3-应力集中区;4-应力影响区;5-剪切错动体。

图3-8a)所示的快速冲切破坏,桩基承载力较小,且此时的破坏机理可解释为:洞室顶板岩层受上部桩基荷载传递过程产生的应力扰动作用而导致的失稳,因此该条件下以溶洞直径大小对其自身顶板稳定性影响为主,溶洞尺寸相比厚度及桩径极小(如$l \leqslant 1d$)时,破坏将由溶洞失稳转化为忽略溶洞影响的桩基自身承载失效,而溶洞直径较大时,则随着洞径的增大,顶板锥形冲切破坏体也越大,该洞径分界值与顶板材料性质及溶洞形状等相关。由上文试验分析可知,所有锥形冲切块的高度基本在0.5~1d,跨度为1.5~2d内变化。

(2)顶板厚度$1.0d < t \leqslant 2.0d$时,桩端应力集中并逐渐向下发展,相比上述模式一,此时顶板内部应力集中区域主要分布在桩端以下宽度较小的区域,裂纹基本上集中在这一区域内,应力进一步扩散并伴随有竖向剪切裂纹的出现,直到应力扩散至溶洞顶板临空面附近时,临空面顶板发生冲切破坏,并连带应力集中区竖向裂纹贯通从而形成冲切块上部的剪切失稳块(如1-锥形块体;2-溶洞;3-应力集中区;4-应力影响范围;5-剪切错动体)。

如图3-8b)所示,可归纳为锥形冲切块的形成驱动剪切错动体产生的失稳破坏,图3-8中的破坏皆为此类模式,但此时随着溶洞尺寸的变化也出现不同的破坏特征:洞径越小冲切锥形体体积越小甚至消失,此时剪切失稳块所占体积越大[图3-8a)];随着洞径的增大锥形冲切块体积越大,但剪切失稳块体积占比相对减小[图3-8c)、图3-8d)]。

(3)顶板厚度$t > 2d$时,荷载作用初期桩端嵌岩段岩体受力变形主要体现为嵌岩桩的基本特征,如1-锥形块体;2-溶洞;3-应力集中区;4-应力影响范围;5-剪切错动体。

如图3-8c)所示,同样在桩端首先产生应力集中,端阻和侧阻同时得到有效发挥,应力集中传递区域已由桩端发展成一定倍数桩径大小的区域,但当荷载进一步加大时,应力扩散区最终将扩散至顶板临空面处形成锥形冲切块,但与上述模式二有所不同的是,剪切破坏体在临空面处冲切破坏体形成之前已经出现,因此这一发展过程为剪切错动体的形成驱动锥形冲切块产生导致的失稳破坏。针对溶洞尺寸的大小也将分为两种情况:当洞径大于剪切破坏体横向尺寸时剪切错动体的下切过程具有足够宽度的临空条件,此时呈现出常规的剪切体-冲切块破坏特征;而当洞径小于剪切错动体的横向尺寸时,下切过程受阻,此时外荷载继续增大,导致上部剪切错动发生在桩-岩界面范围内的刺入破坏,对比图3-8c)和图3-8d)的破坏现象极易验证以上结论,洞室破坏模式如图3-9所示。

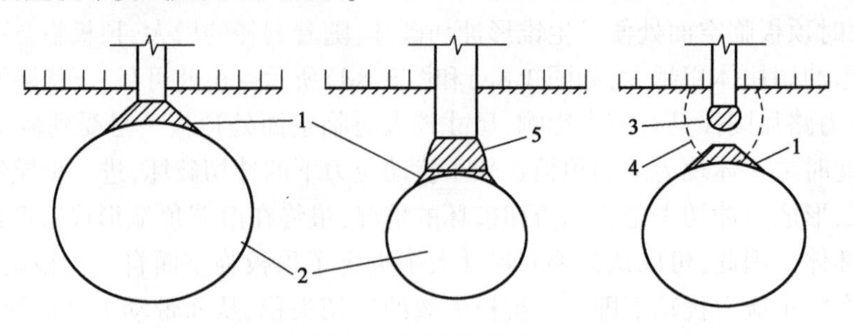

图3-9　溶洞破坏模式

1-锥形块体;2-溶洞;3-应力集中区;4-应力影响范围;5-剪切错动体

3.1.3　振动破坏模式

岩溶区发生的地震一般震级不大,且震源较浅,但烈度普遍较高,存在明显的"低震级,高烈度"现象,研究表明岩体中采空区的存在对地震波有明显的隔震效果(刘书贤,2014)。岩石在动力荷载的作用下,其破坏强度和变形模量相较于静力荷载作用时都有所提高,且岩石的破坏特征与荷载的加载速率、频率、持续时间以及地震波形都有很大关系。

地震作为一种新构造运动的表现形式,有着明显的时间性和突发性,在地震应力场中存在着较大的水平应力,再加上地应力主轴方向上分布的不均匀,会使地下结构产生很大的剪应力和拉应力,拉应力减少了岩块之间、桩与岩体之间的摩擦力,使其更容易产生破坏。

桩基础的抗震性能在历次的地震中得到了检验,据统计唐山地震时,处于8度震害的天津,桩基础的破坏仅有3%,轻微震害占7%,其余均保持完好,但如果设计不当,后果也是相当严重。桩基础在地震过程中主要有以下几种破坏形式:①上部结构晃动产生的惯性力引起桩帽处破坏、或桩身上部产生弯曲破坏;②地震引起桩身与周围岩土体之间的摩阻力下降,使得桩身沉降过大引起上部结构的整体倾斜或坍塌;③由于岩—土分界面上弯矩或剪力的突变引起桩身的折断,这是地震中最常见的破坏形式。而在岩溶地区,由于地下溶洞的存在,以及地下水常年的侵蚀作用,桥梁桩基的稳定性就显得更为脆弱,地基承载力的不足会使桩基整体塌陷,再加上溶洞的存在会对地震波有放大作用,静载作用下的顶板厚度就不足以支撑上部荷载的压力,这就使得对岩溶区桩基础的抗震研究显得十分必要。

动载试验是在静载试验的基础上,确定每种工况下的允许荷载强度值(试验取桩基静载沉降0.5mm时所对应的荷载值),在一切准备就绪后,依照静载试验步骤,分级施加荷载,达到该工况下的允许荷载强度值时停止加载,各级荷载持续时间为10min。待模型稳定之后,依据表2-17开始依次施加地震波,随着地震波加速度幅值的增大,观察溶洞顶板的破坏模式。其破坏过程如图3-10和图3-11所示。

由图3-10a)可知,在地震波施加之前的静载阶段,溶洞顶板逐渐被上部荷载压密,与周围岩体出现明显的对比差异,但此时没有出现裂纹;随着地震波的施加与加速度峰值的加大,溶洞正上方顶板开始出现环向和竖向裂纹，竖向裂纹约与水平方向基本垂直，且在有机玻璃处与顶板环向裂纹相交，如图3-10b)；地震波施加至最大时，裂纹变成裂缝彻底贯通，并在地震及上部桩端荷载共同作用下，顶板发生显著的剪切错动并最终脱落，模型整体呈剪切失稳破坏，如图3-10c)。

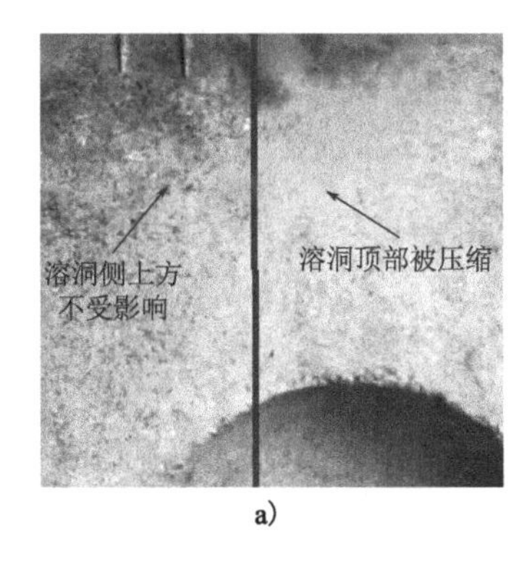

a)

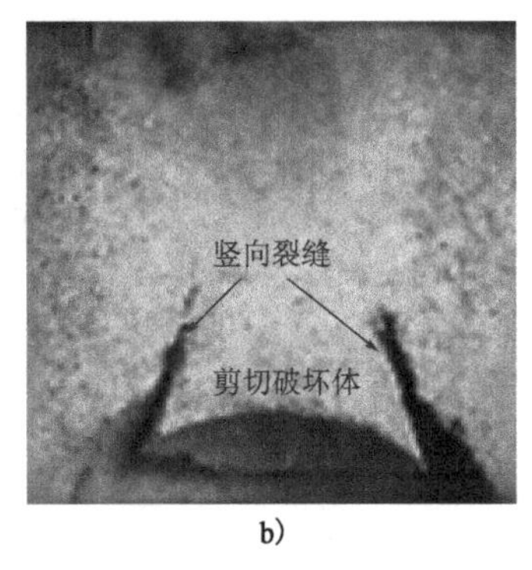

b)

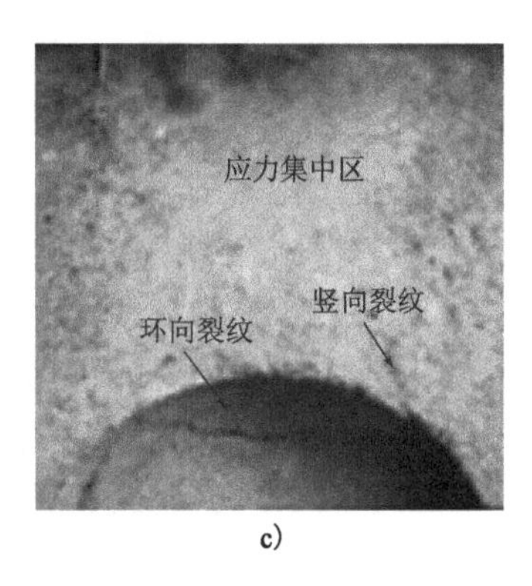

c)

图3-10　顶板厚度2d，溶洞直径2d的破坏过程

图3-11显示了洞径增大至4d后的可知，在上部荷载和地震波的作用下，溶洞顶板出现如图3-11b)侧向的裂缝，裂缝角度与水平方向呈45°左右。与此同时在侧向裂缝与溶洞的交点处的垂直方向上出现一裂缝，该裂缝与桩之间的距离 D 约为0.5倍桩径，该条竖向裂缝是地震初期桩体嵌固力的作用。随着地震波加速度的增大，溶洞顶板破坏加剧，左右两侧向裂缝不断增大，而竖向裂缝则基本保持不变，最终出现如图3-11c)的下部冲切驱动上部剪切的冲-剪破坏。

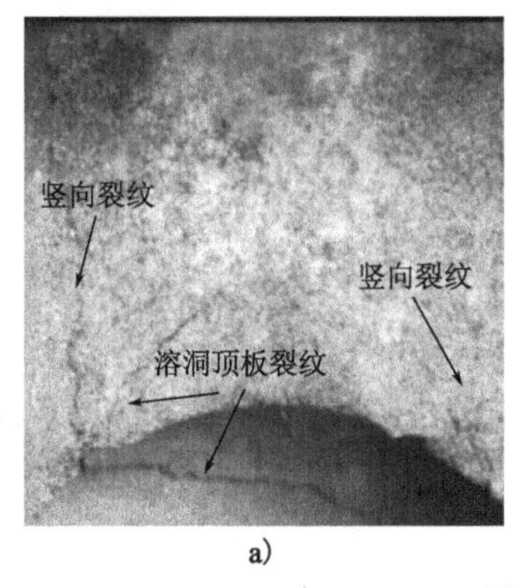

a)

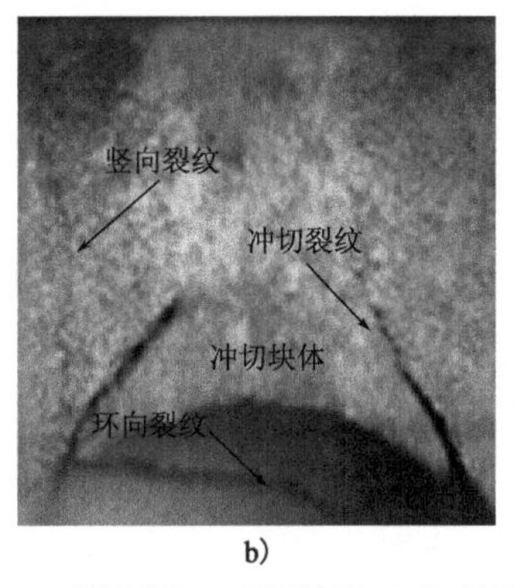

b)

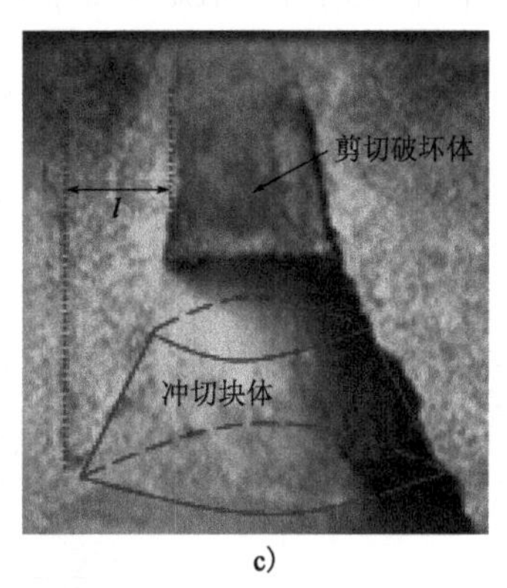

c)

图3-11　顶板厚度2d，溶洞直径4d的破坏过程

以上分析表明，溶洞顶板厚度一定时，顶板的动力破坏模式与洞径大小密切相关，较小洞径时表现为剪切破坏，而较大洞径主要为冲剪破坏。在地震波的作用下，桩体的晃动将使桩-岩界面产生扰动，嵌固强度弱化，上部荷载由开始的桩—岩咬合体共同承担，逐渐转化为由端阻力主要承担，此时桩端下伏顶板的应力集中现象更为显著，当溶洞直径相对较小时(洞径$l \leqslant$ 2d)，溶洞顶部曲率半径很小，拱部相对较稳定，冲切现象不明显，桩体最终直接剪切顶板发生破坏；当溶洞直径相对较大时，溶洞拱部的曲率半径相应增大，溶洞顶板由拱形受力逐渐转化两端固定简支梁模式，临空面处冲切现象明显，由此进一步驱动桩端投影范围内的剪切失稳，

总体表现为冲-剪破坏。对比静载和动载试验,除了模型上部承载能力有差别之外,模型的破坏过程和破坏模式总体相似,但冲切体的规格有所区别,且地震作用下的破坏模式更为明确。

3.2 加速度时域分析

在试验开始之前,需要对地震波进行滤波处理,根据试验需要滤去一些频率成分,且在试验过程中,由于一些外界因素的影响,需要在加速度时域分析之前对采集所得的数据再一次进行滤波处理。试验测试过程中,被直接观察和记录的是测点振动幅值大小随时间变化过程,它是研究对象对地震动的综合响应。这个过程被称为振动时程信号,而描述振动幅度大小随时间变化的曲线被称为振动波形。对振动波形的处理是时域分析的重要体现,通常的做法是对振动波形提取有用信息或转化为其他有用形式。采用不同的时域处理方法,一般能够得到振动波形的幅值及时长,确定出相位滞后及时间滞后。进而有针对性地对实测波形频率进行滤除或保留,将波形的畸变状况降到最低,才能较真实地拟合实际振动波形。

振动信号处理分析中,数字滤波是运用数学运算的方法将实测的离散信号根据研究目的处理所需实测信号的一种数学手段,一般常用时域滤波器中的 FIR 数字滤波器与 IIR 数字滤波器(王济,2006)。分析中,一般将频域中的幅度和相位响应作为数字滤波器的参数指标,一般希望系统的相位响应是线性的。通常采用 FIR 滤波器调教能够得到较为精确的线性相位。而在 IIR 滤波器,精确的线性相位一般不能实现,而是将幅度指标作为评判标准。幅度指标一般分为两种,其一是绝对指标,主要是服务于幅度响应函数 $|H(e^{j\omega})|$,这个指标主要应用在 FIR 滤波器的设计。而 IIR 滤波器的设计则采用相对指标,主要通过分贝(dB)值的形式体现其评判标准,分贝值定义如下式所示:

$$\mathrm{dB} = -20\lg \frac{|H(e^{j\omega})|}{|H(e^{j\omega})|_{\max}} \geqslant 0 \tag{3-1}$$

3.2.1 数据验证

以溶洞顶板厚度为 2 倍桩径为例,研究岩溶区桩基模型在地震作用下的 PGA 放大系数及其响应规律。并从两个角度对试验结果进行可靠性验证分析:首先是单一地震波在不同工况下振动台台面测试加速度值与设计值的对比,如图 3-12 所示;其次是同一峰值加速度下不同地震波台面加速度与设计值的对比,如图 3-13 所示。

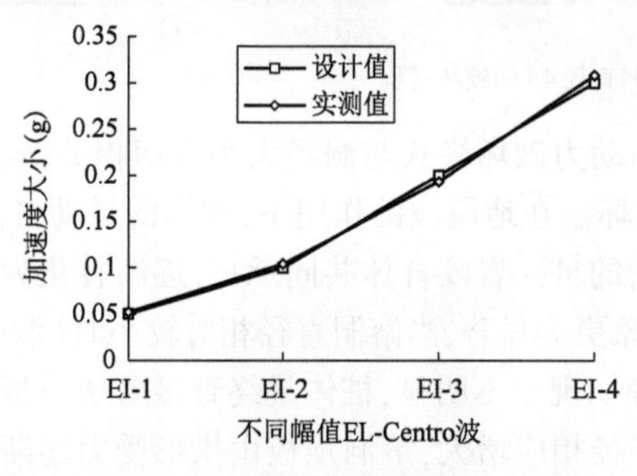

图 3-12 不同幅值下的加速度值对比

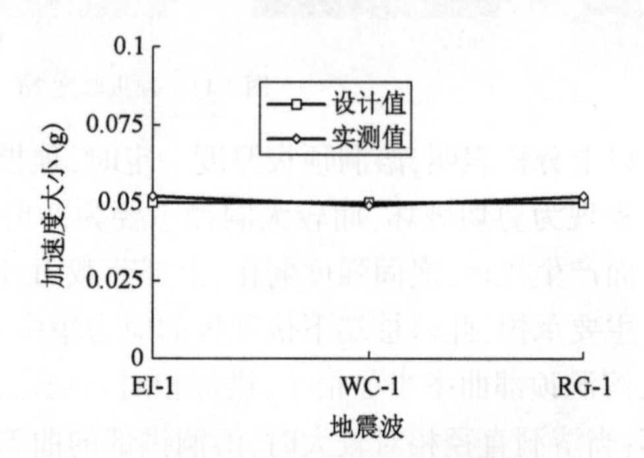

图 3-13 不同波作用下的加速度值对比

以顶板厚度为2倍桩径，溶洞大小为4倍桩径模型为例，其台面加速度实测值与设计值数据见表3-1。其中E-(1、2、3、4)分别代表EL-Centro波加速度峰值为0.05g、0.1g、0.2g、0.3g。汶川波简化为WC波，人工波简化为RG波，其表示方法与EL-Centro波一致。

台面加速度与设计值对比　　表3-1

波号	E-1	E-2	E-3	E-4	W-1	W-2	W-3	W-4	R-1	R-2	R-3	R-4
设计实测误差	0.05	0.10	0.20	0.30	0.05	0.10	0.20	0.30	0.05	0.10	0.20	0.30
	0.052	0.104	0.193	0.308	0.049	0.098	0.193	0.301	0.052	0.111	0.196	0.307
	4%	4%	-3.5%	2.7%	-2%	-2%	-3.5%	0.3%	4%	1%	2%	2.3%

从表3-1可知，单一地震波情况下，振动台台面实测加速度值与设计值的相对误差很小，保持在5%以下，且汶川波的相对误差比较小，而人工波则出现较大波动；此外，同一峰值作用下，不同波的加速度峰值相对误差同样保持在5%以下，说明此次试验的地震波输入条件很好，达到设计要求。

3.2.2 加速度时程曲线

图3-14～图3-16给出了“顶板厚度2倍桩径，溶洞尺寸4倍桩径”模型条件下，加速度为0.05g条件下EL-Centro波、汶川波和人工波各测点的时程曲线，由此可知在同一地震波作用下，不同测点的地震波形保持一致，只是幅值会由于测点位置的不同而有所差别。

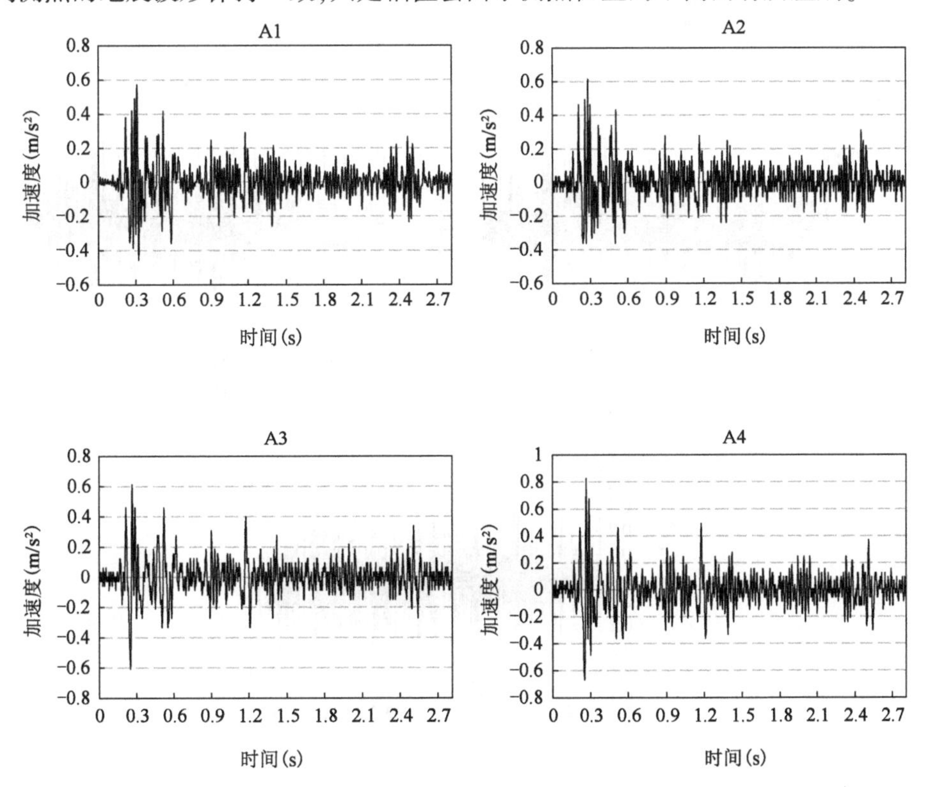

图 3-14

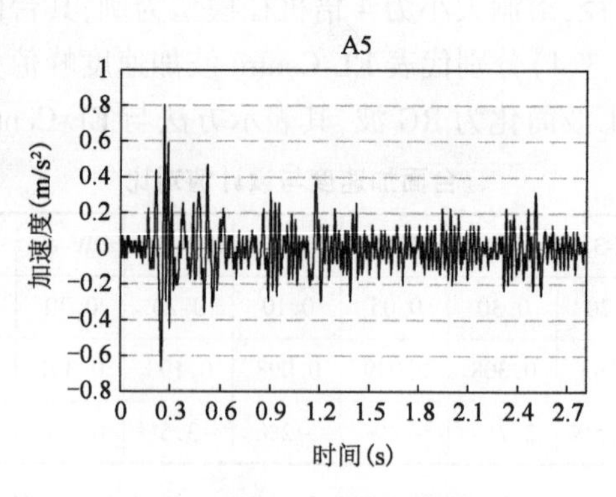

图 3-14　0.05g-EL 波各点加速度时程曲线

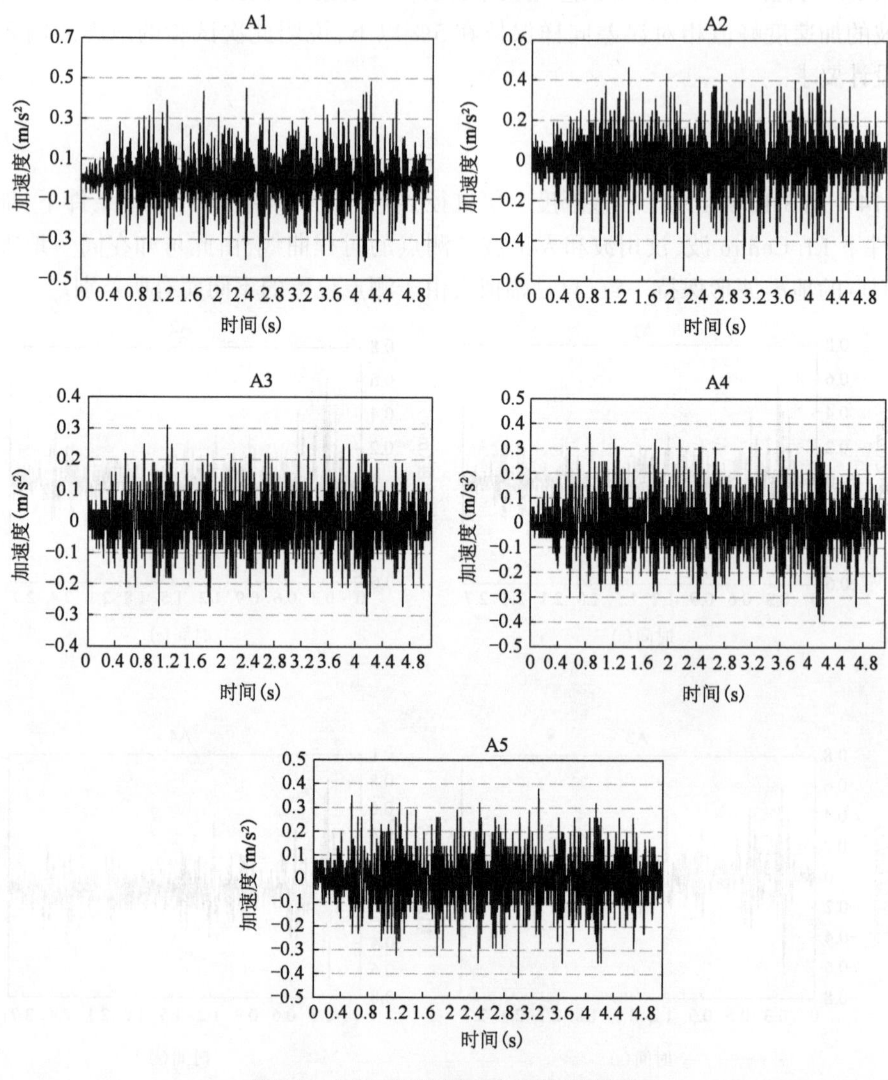

图 3-15　0.05g-汶川波各点加速度时程曲线

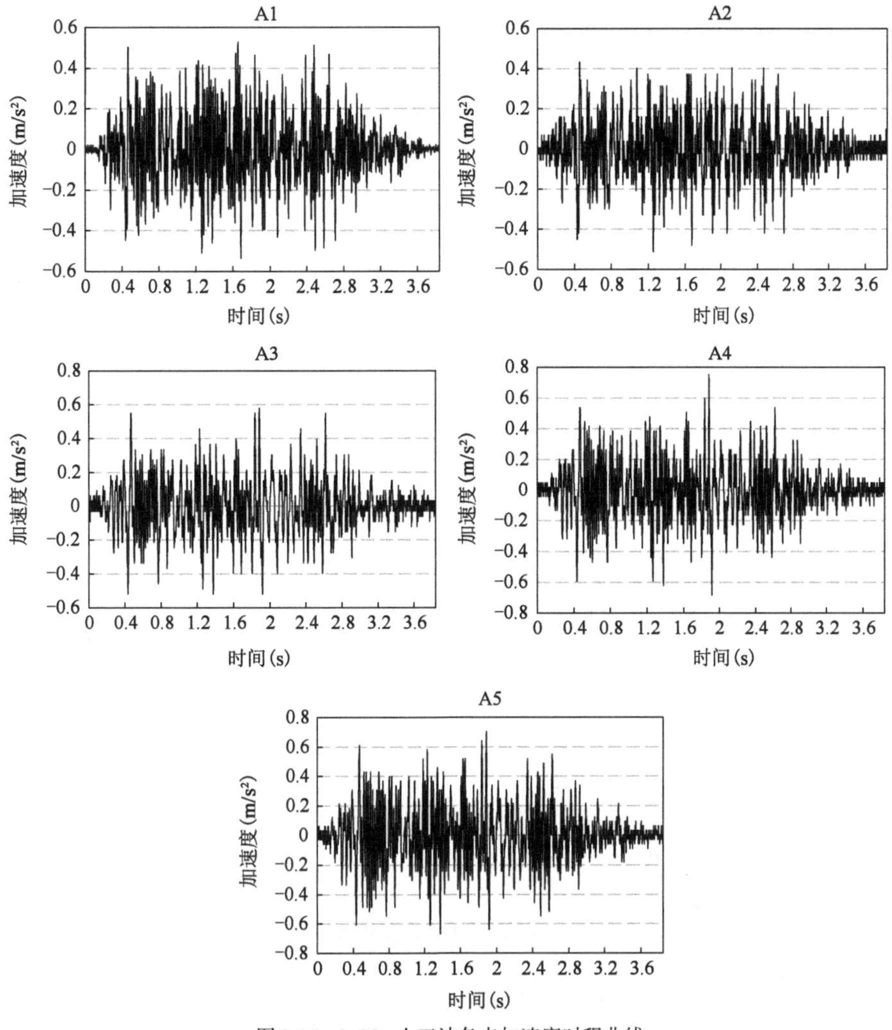

图 3-16 0.05g-人工波各点加速度时程曲线

3.2.3 地震波动强度的影响

图 3-17 ~ 图 3-22 给出了"相同溶洞尺寸,不同顶板厚度"模型在不同地震波作用下各测点的加速度值。图 3-18 ~ 图 3-20 为大小模型在不同地震波作用下各测点的加速度值。

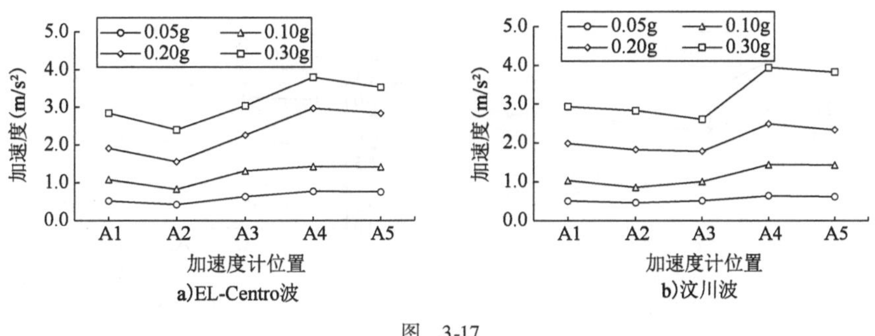

图 3-17

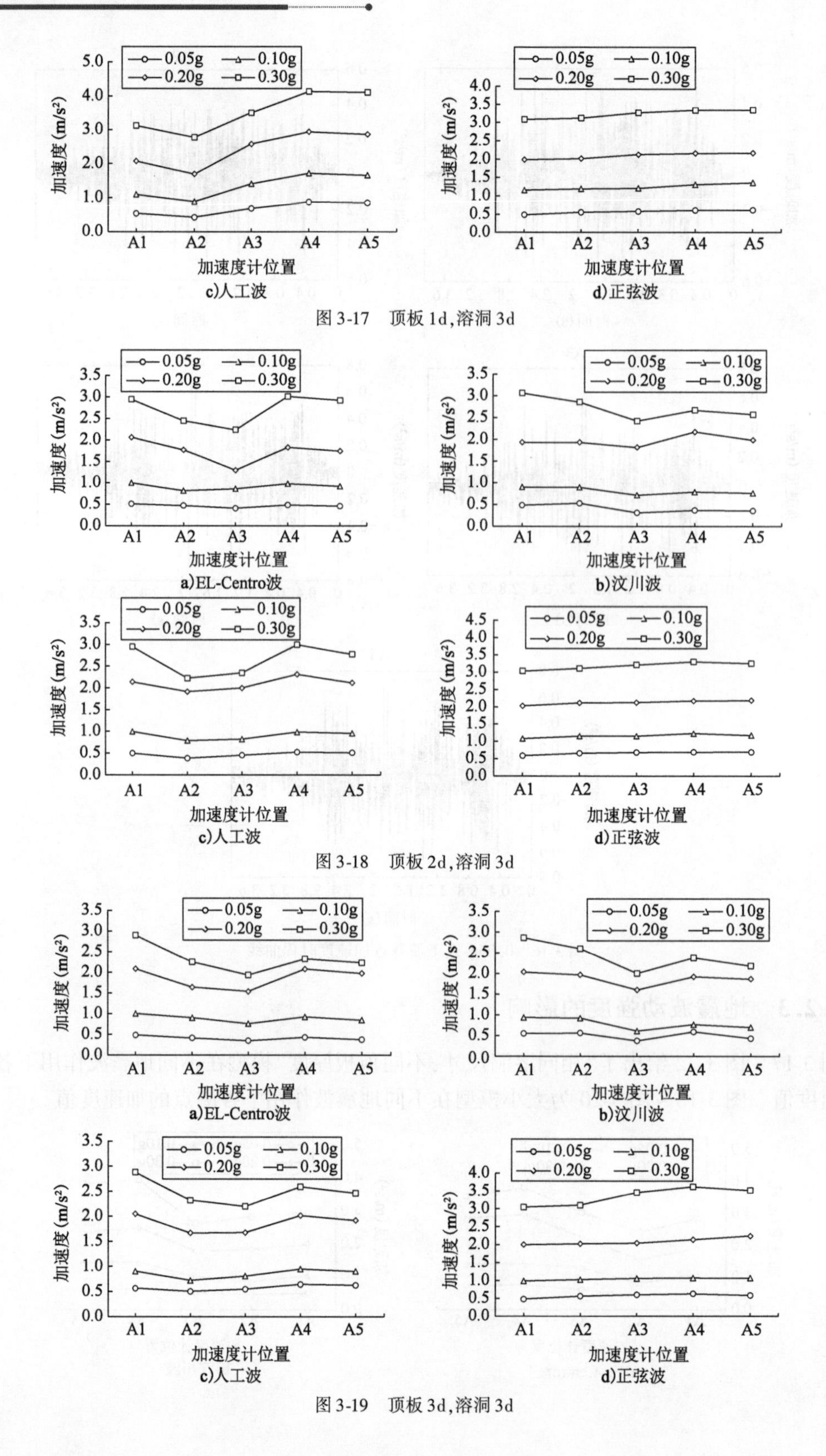

图 3-17 顶板 1d,溶洞 3d

图 3-18 顶板 2d,溶洞 3d

图 3-19 顶板 3d,溶洞 3d

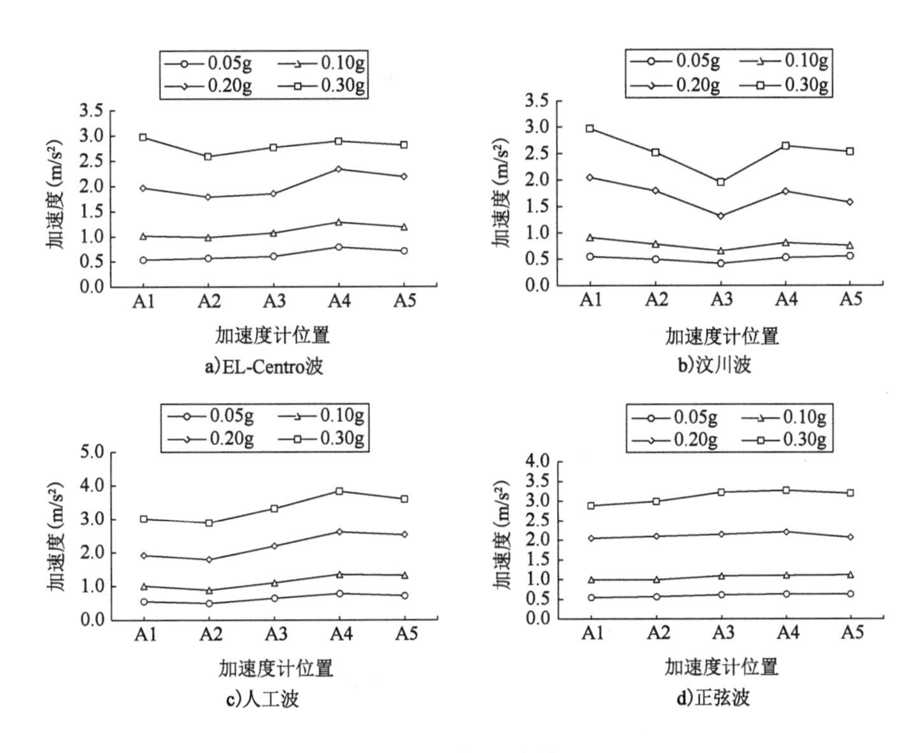

图3-20　顶板2d,溶洞2d

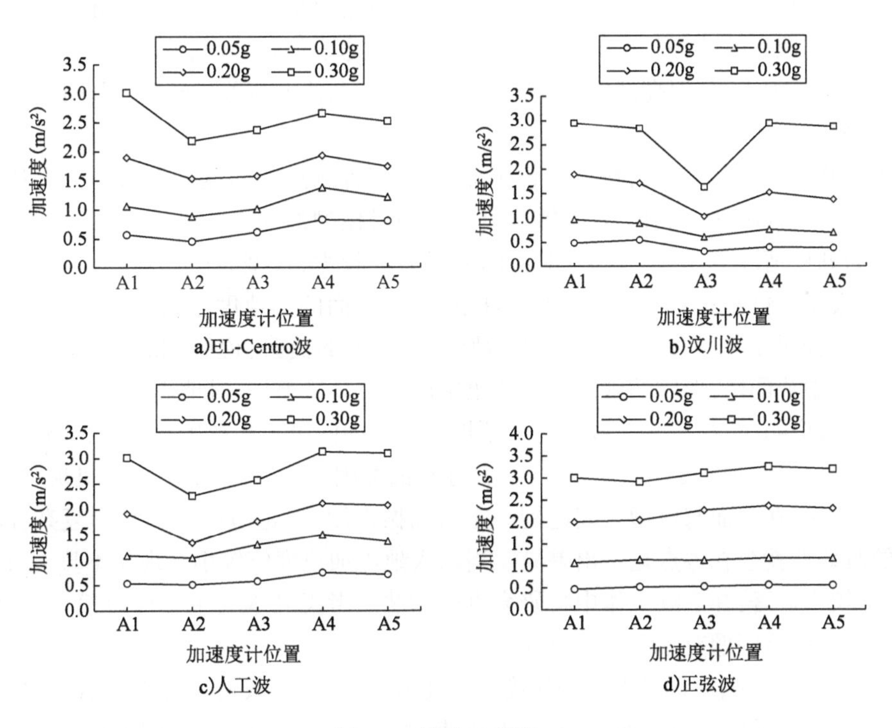

图3-21　顶板2d,溶洞4d

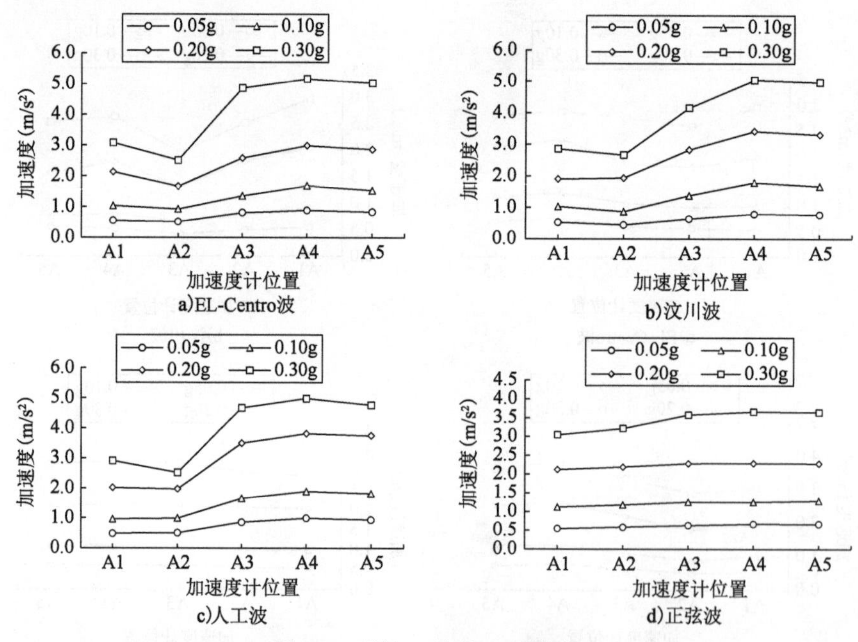

图 3-22　顶板 2d,溶洞 4d(无荷载)

对比不同条件下各测点的地震波加速度可知:

(1)正弦波作用下,各点的加速度峰值与地震波保持一致,分布十分均匀,不受上部荷载的影响;而地震波则由于波形、模型尺寸等的差异,不同点的峰值大小会产生相应的变化,但同一模型下的不同地震波趋势基本一致。输入地震波加速度值较小时,模型各测点实际加速度差异较小,曲线较为平缓,而高烈度地震作用下,各测点加速度值差异较大,且不同测点间的变化规律较为显著。

(2)对比图 3-21 和图 3-22,在无荷载状态下,模型各测点的加速度值自下而上逐渐增大,在地震烈度较小时(0.10g 以下)有无桩端荷载作用对模型的动力特性影响较小,曲线分布基本相似,而高烈度情况下(0.2g 以上)对应的曲线差异较大,模型表面的加速度普遍比输入波的加速度放大了一倍左右。在有荷载的条件下,模型表面的加速度与输入波的加速度基本持平,模型中 A3 点处的加速度相对较小,之后则会有较大的提升,说明加载条件下桩端溶洞顶板内部应力集中范围广,形成的细观裂纹使集中区存在介质差异,对地震波的上传路径存在阻碍作用,吸能效应明显,相比无荷载情况下顶板应力集中区更容易产生动力失稳破坏。

(3)其中 A1-A2 加速度普遍降低,分析其存在的原因可能有两个,一是有机玻璃材料影响了地震波的传递,在台面与模型之间起到一定的隔振作用;二是地震波的波形复杂,随高度的增加,波的时效性就会在各点显示出差异。当输入地震加速度值较小该现象不显著,而加速度较大时影响较为显著,在后续工作中将研究克服方法。考虑到本文主要探讨模型内部地震波的传播规律,因此该问题对本文研究目的影响较小。

(4)以人工波为例,对比模型的加速度的变化规律,绝大多数表现为 A5 > A3 > A2,说明地震传播加速度值随深度的减小而增大,传至地表时将达到极大值,但是图 3-19 中地震烈度较小时,A3 处加速度始终大于 A2,而输入波加速度达到 0.3g 时,A3 处实测加速度值突然小于

A2，说明此时 A3 点处岩体在地震作用下已经破坏，裂纹的产生导致该点加速度值有所减小。

（5）A5 位于溶洞正上方的地表处，A4 同样位于地表，但与 A5 存在一定距离，且水平向偏离下方溶洞较远。对比两点加速度值可知，A5 点均小于 A4，说明下方溶洞的存在，在地震波向上传播的过程中，洞体中空气介质与岩体介质分界面的腔壁对上传波的反射及折射作用，使洞周岩体吸收了部分能量，削弱了地震波对地表的影响，具有一定的减隔震作用，但此时溶洞腔壁岩体自身极易产生动力破坏。相比之下，A4 点下方无溶洞且岩体介质均一，地震波上传路径明确，地层吸能效应不明显，导致地表处地震波加速度值普遍较大。

（6）由图 3-17～图 3-19 可知，顶板厚度越大，桩端测点 A3 的加速度值越小，说明顶板厚度越大，桩端处地震波作用影响越小。当顶板厚度足够大时，溶洞对桩基的稳定性影响就越小，此时就可以将其考虑为单纯的桩基抗震问题。对比图 3-20、图 3-21 可知，溶洞直径越大，其减震效果越好，且地表测点 A4 和 A5 受溶洞大小的影响规律与 A3 测点一致。

为了更直观详细地反映地震波对模型的影响规律，取顶板厚度 2 倍桩径，溶洞大小 4 倍桩径模型，在有无荷载的情况下，采用加速度放大系数（即水平向相应峰值与台面实测峰值之比）来对其进行描述。

对比图 3-23、图 3-24 可知：

（1）无论有无荷载，各模型对正弦波的放大系数均维持在 1～1.2 左右，即正弦波条件下，各测点的加速度与地震波保持一致，不受荷载的影响。

（2）在无荷载作用下，放大系数 A4 > A3 > A2，说明随着高程的增大，岩土体对地震波有一定的放大作用，与图 3-22 中结论一致。测点 A4 的放大系数要略高于 A5，说明了溶洞的存在对地震波的隔震作用。

（3）在有桩基荷载的作用下，由于 A3 点应力比较集中，三种地震波的加速度放大系数由图 3-23 中的 1.2～1.7，降至图 3-24 中的大部分小于 1，说明荷载对地震波的加速度有很大影响。

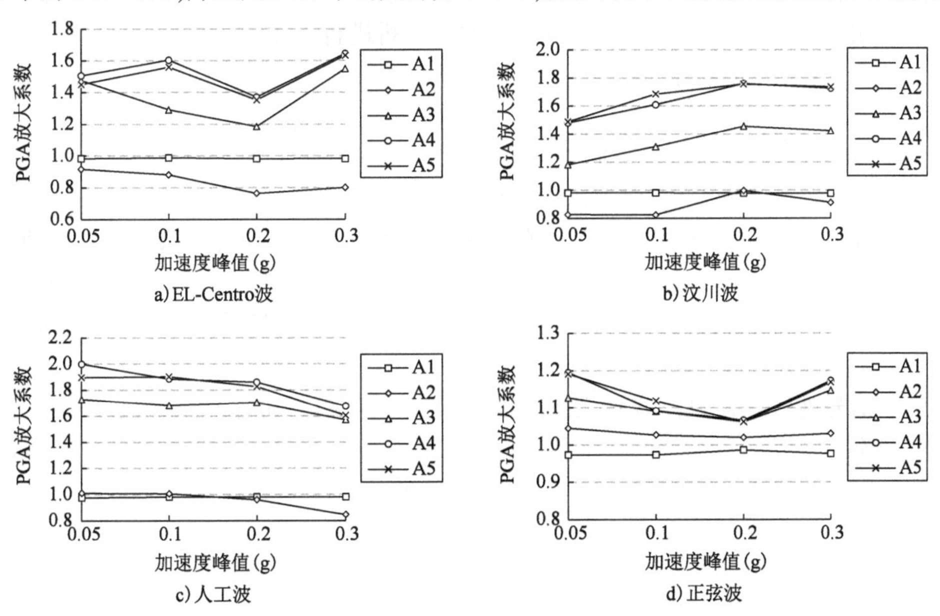

图 3-23　顶板 2 倍桩径，溶洞大小 4 倍桩径模型无荷载条件下地震波放大系数图

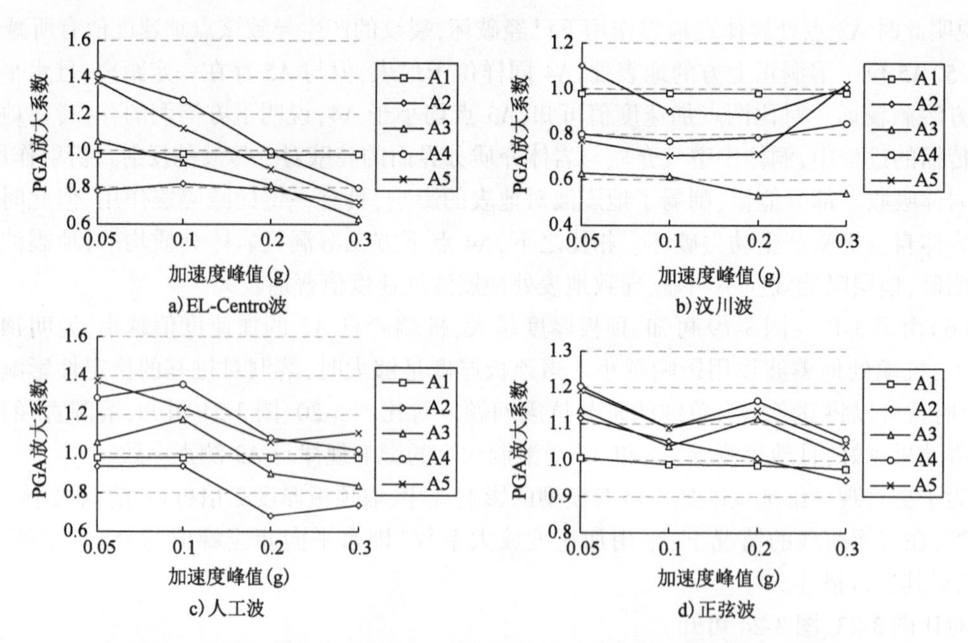

图 3-24　顶板 2 倍桩径,溶洞大小 4 倍桩径模型有荷载条件下地震波放大系数图

3.3　加速度频域分析

地震对模型的影响并不仅仅在于加速度幅值的高低,地震波作为一种频率复杂的波,其在传播过程中很容易出现与建筑物自身频率相同的波段,即使此时地震的烈度、级别不是很大,但是由于共振的原因,建筑物本身也会产生很大的破坏。而大多数对于地震波的分析通常只限于时域分布,对于频率的影响作用分析甚少,这就使得对地震的三要素分析并不健全,进一步说明了对实验模型进行频谱分析、并使之与时域分析进行对比的必要性。

3.3.1　频域分析方法

1)傅里叶变换(王济、胡晓,2006)

振动信号一般随时间变化。但是,对振动信号进行处理过程中时常利用频域的分析方法对信号进行描述,将一个复杂的振动信号分解成 n 个不同频率的简谐振动信号的叠加。信号处理中把频率作为自变量的方法,称之为信号的频域描述。而将信号的处理从时域描述转化为频域描述,称作时频域变换。在时频域变换法中,周期振动信号采用傅里叶级数展并法,而非周期振动则是采用傅里叶积分法,统称为傅里叶变换。

在数字信号处理过程中,一般采用离散算法,时频域的变换亦采用该算法。

采样频率:

$$f_s = \frac{1}{\Delta t} = \frac{N}{T} \tag{3-2}$$

频率分辨率:

$$\Delta f = \frac{f_s}{N} = \frac{1}{T} \tag{3-3}$$

采样周期：

$$T = N\Delta t = \frac{N}{f_s} \tag{3-4}$$

采样时间间隔：

$$\Delta t = \frac{T}{N} = \frac{1}{f_s} \tag{3-5}$$

式中：N——样本数量（信号的数据采样点数）；

T——采样周期（信号采样的时间长度）；

Δf——频率分辨率（分辨两个不同频率信号的最小间隔）；

f_s——采样频率（信号每秒采样的次数）；

Δt——采样时间间隔（数据采样点与点间的时间间隔长度）。

2）传递函数

现实结构中，系统结构简化成单自由度体系是比较少见的，绝大部分结构主要还是简化为多自由度体系，因而分析多自由度系统的动力特性显得尤为重要。

在典型的多自由度线性非时变物理坐标系统中，运动微分方程可以表示为：

$$[M]\{\ddot{x}(t)\} + [C]\{\dot{x}(t)\} + [K]\{x(t)\} = \{f(t)\} \tag{3-6}$$

式中：　$[M]$、$[C]$和$[K]$——系统的质量矩阵、阻尼矩阵和刚度矩阵；

$\{f(t)\}$——激振力；

$\{x(t)\}$、$\{\dot{x}(t)\}$和$\{\ddot{x}(t)\}$——结构的位移响应、速度响应与加速度响应向量。

对公式3-6的两边进行拉氏变换可以得到：

$$([M]s^2 + [C]s + [K])\{X(s)\} = \{F(s)\} \tag{3-7}$$

式中：$\{F(s)\}$和$\{X(s)\}$——$f(t)$和$\{x(t)\}$的拉氏变换。

由公式3-7可以得出

$$\{X(s)\} = [H_d(s)]\{F(s)\} \tag{3-8}$$

其中

$$[H_d(s)] = ([M]s^2 + [C]s + [K])^{-1} \tag{3-9}$$

式中：$[H_d(s)]$——体系结构的位移传递函数矩阵。

综上可知，假设一个系统输入函数为$x(t)$，输出函数为$f(t)$，则$f(t)$的拉氏变换$F(s)$与$x(t)$的拉氏变换$X(s)$的商：$H_d(s) = F(s)/X(s)$，称之为该系统的传递函数。它的主要物理意义是，用一个函数（通常是输出波形的拉普拉斯变换与输入波形的拉普拉斯变换之比）来表示具有线性特性的对象的输入与输出间的关系。

3）阻尼系数的半功率宽带法

半功率带宽法（陈奎孚和张森文，2002）是依据系统简谐振动共振时的振幅放大因子曲线推算出阻尼系数。先通过自功率谱的共振峰找到系统的第一主频f，再依据功率谱曲线寻找半功率点，即过共振峰值的$1/\sqrt{2}$处作一条水平线，与曲线的交点则为半功率点，半功率点有两个（图3-25中A点和B点），各自对应的横坐标值分别为f_1与f_2，如图3-25所示。

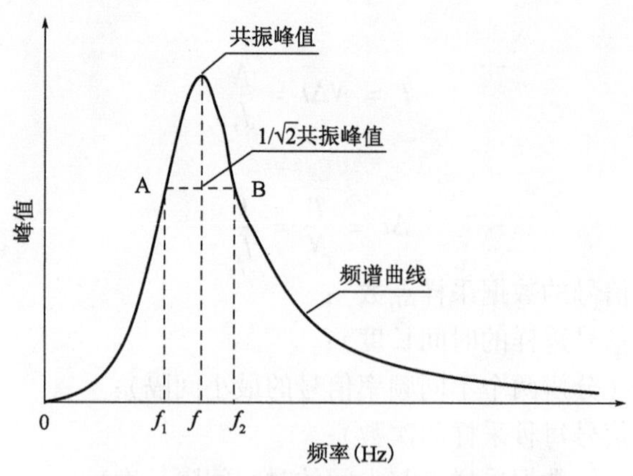

图 3-25 频谱图半功率带宽计算阻尼系数示图

根据频谱图半功率带宽法阻尼系数的计算公式为：

$$\xi = \frac{1}{2f}(f_2 - f_1) \times 100\% = \frac{\Delta f}{2f} \times 100 \tag{3-10}$$

$$\Delta f = f_2 - f_1 \tag{3-11}$$

式中：ξ——阻尼系数；

f_1, f_2——两个半功率点对应的横坐标频率值；

f——共振峰值对应的横坐标，即体系结构的第一主频。

采用傅里叶变换，确定地震波的主要频率以及特征频率，并在此基础上比较同一幅值作用下，不同地震波对模型同一测点的加速度影响情况。三种地震波的特征频率如图 3-26 所示。

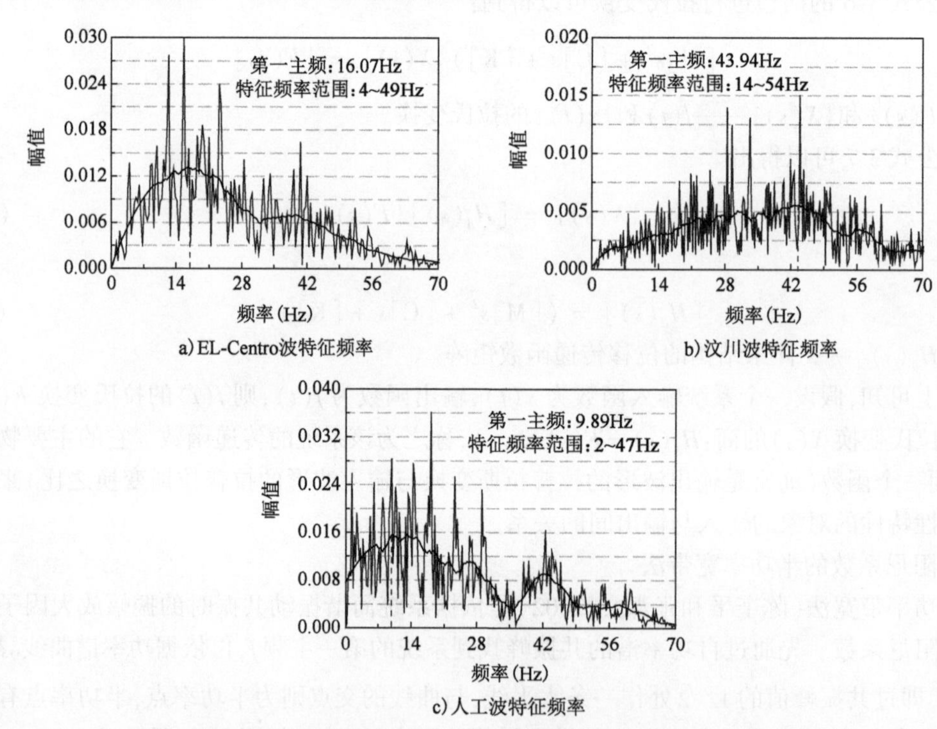

图 3-26 试验所用三种地震波的特征频率

地震波的特征频率是在数值上对地震的能量分布区间的一种显示，代表了地震波能量的集散程度和范围，由图3-26可知，汶川波的频率范围较大，能量分布比较分散，而人工波频率范围较小，能量相对比较集中，EL-Centro波处于两者之间。此外，试验所选的三种地震波的主频比较分散，分别为9.89Hz、16.07Hz、43.94Hz，这样有利于试验的对比分析。

3.3.2　白噪声的基频分析

试验分析仍以顶板厚度为2倍桩径，溶洞大小为4倍桩径的模型为例，分析在有无荷载情况下的模型基频（图3-27、图3-28）。

由图3-27和图3-28可知，随着输入白噪声幅值的增加，无论有无荷载，模型的主频均逐渐下降，且施加荷载之后的模型，由于其整体质量的增加，固有频率也有一定程度的降低。

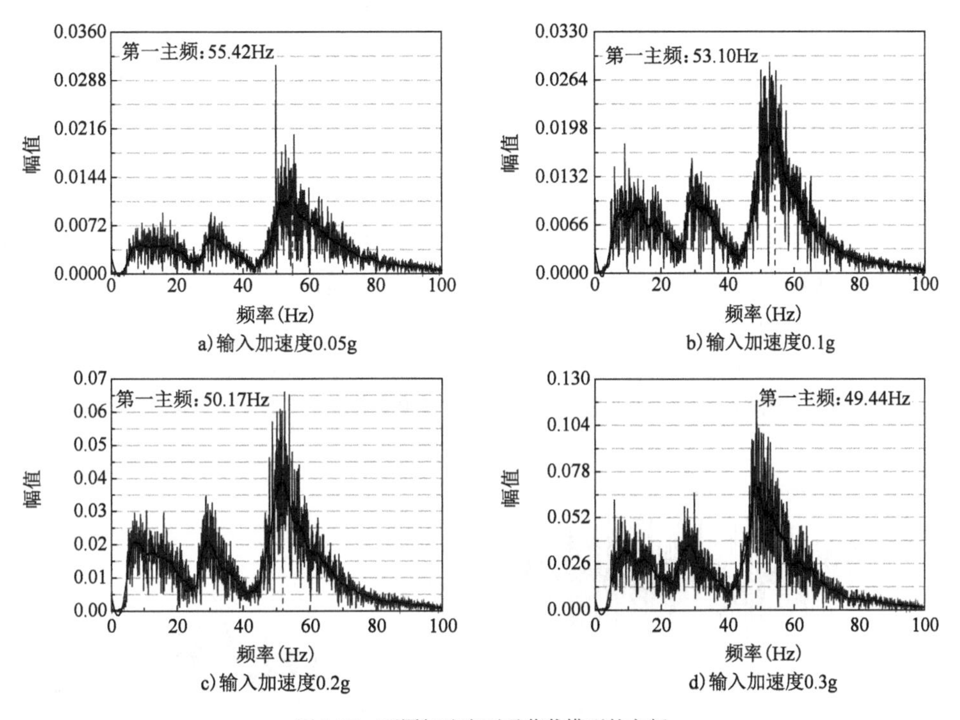

图3-27　不同加速度下无荷载模型的主频

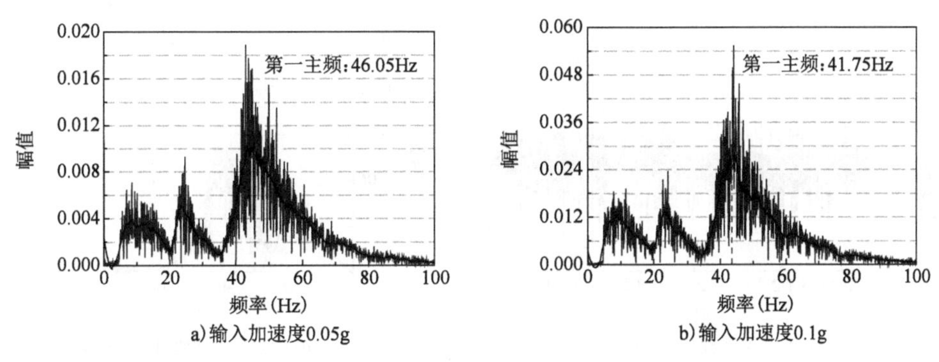

图　3-28

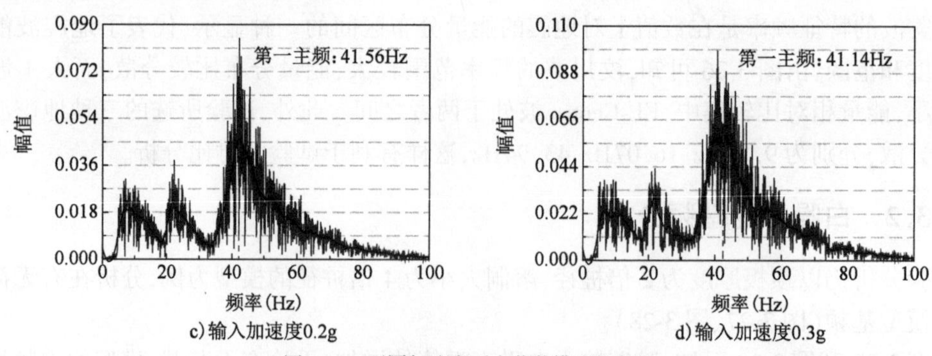

c)输入加速度0.2g　　d)输入加速度0.3g

图 3-28　不同加速度下有荷载模型的主频

究其原因,随着振动幅度的不断增大,模型内部岩体的动剪切强度和动剪切模量随之下降,岩体内部裂纹增多,整体出现松动,使得其自振频率随之降低。此外,随着振动的进行,地震波的能量不断被消耗,模型的阻尼比会慢慢增大,这也会造成其自振频率的降低。

3.3.3　不同测点频域分析

由图 3-26、图 3-28 可知,汶川波的主频为 43.94Hz,特征频率范围为 14 ~ 54Hz,而荷载作用下的模型基频在 41Hz 左右,与汶川波比较接近,因此选用 0.3g 加速度条件下的汶川波,对模型 A2 ~ A5 测点采集的数据进行傅里叶变换,并采用传递函数方法,利用 MATLAB 进行编程,设定初始条件,分析不同位置频谱的变化规律。

首先对 A2 ~ A5 测点的采集数据进行滤波处理,排除干扰因素,之后对其进行傅里叶变换,并模拟其变化趋势曲线(图中红线所示),如图 3-29 所示。

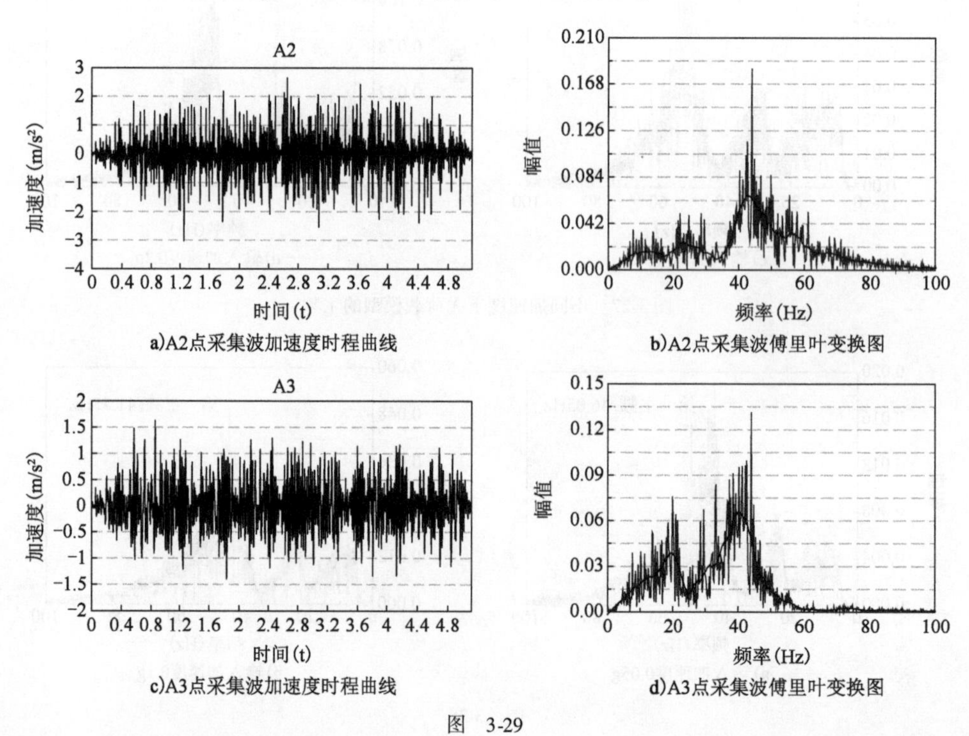

a)A2点采集波加速度时程曲线　　b)A2点采集波傅里叶变换图

c)A3点采集波加速度时程曲线　　d)A3点采集波傅里叶变换图

图 3-29

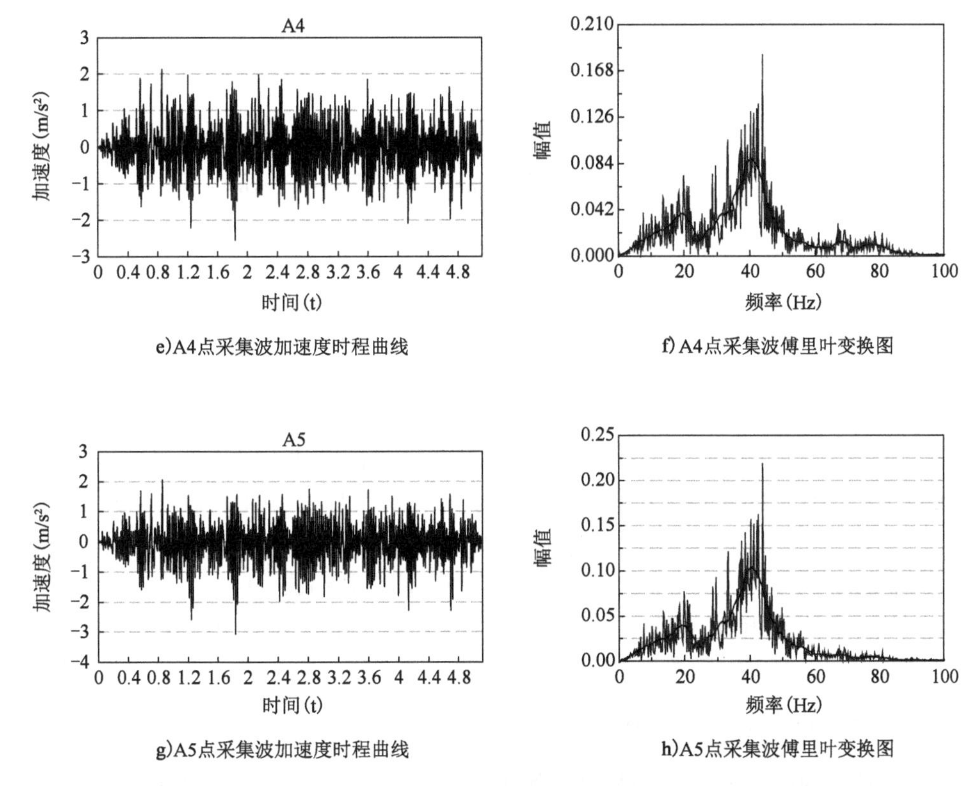

e)A4点采集波加速度时程曲线　　f)A4点采集波傅里叶变换图

g)A5点采集波加速度时程曲线　　h)A5点采集波傅里叶变换图

图3-29　0.3g加速度条件下A2～A5测点的加速度时程曲线和傅里叶变换图

A3-A1、A4-A1、A5-A1的传递函数曲线如图3-30～图3-32所示。

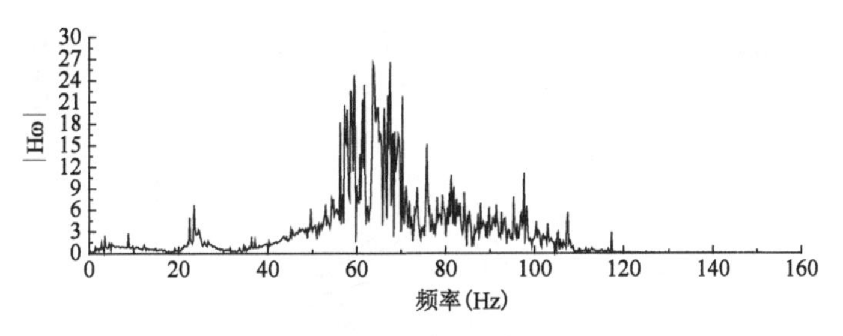

图3-30　A3-A1传递函数曲线图

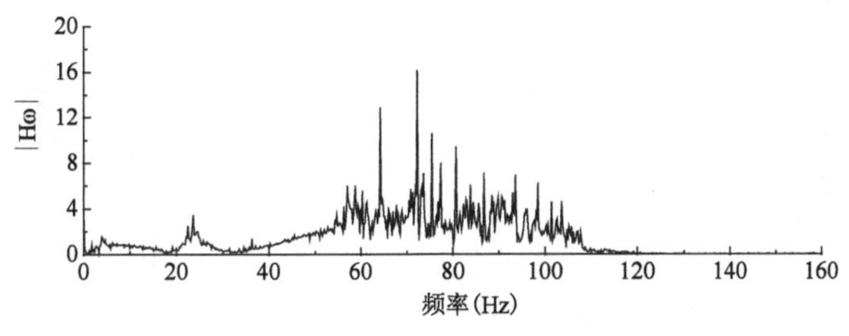

图3-31　A4-A1传递函数曲线图

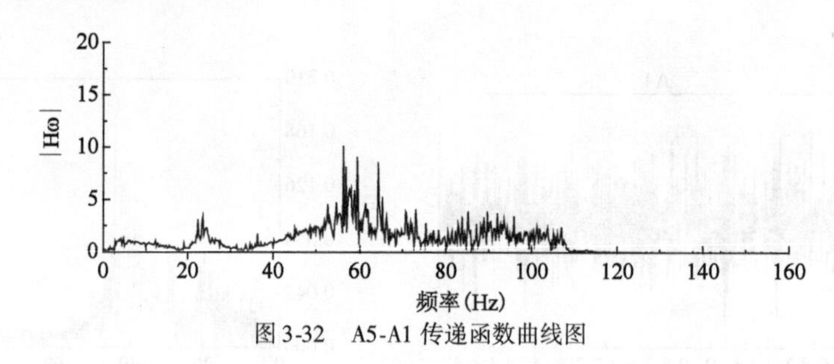

图 3-32 A5-A1 传递函数曲线图

由图 3-29 ~ 图 3-32 可知：

①图 3-29 显示了 0.3g 加速度条件下各测点汶川波的时程曲线和傅里叶变换图，对比 A2 ~ A5 测点的傅里叶变换图可知，各测点在 41Hz 附近的频谱幅值明显增大，说明地震波可能与模型产生共振，使得该频率成分明显的放大；

②图 3-29 中 A4 ~ A5 测点的傅里叶变换图两两之间在形状上没有明显的区别，只是 A4 的幅值比 A5 偏小，说明岩土体对波的能量有消散作用；A2、A3 测点的傅里叶变换图在形状上有了一些变化，傅里叶谱的整体幅值小幅下降，说明溶洞的存在对地震波的传递起到了阻碍作用，也有可能是上部荷载作用下的溶洞顶板出现裂隙，使得其幅值下降；

③图 3-30 ~ 图 3-32 中显示的 A3 ~ A5 对输入波 A1 的传递函数，由于岩溶区岩层的变形模量高，刚度大，因此放大的频率部分一般要高于其自身频率。

3.3.4 地震动强度影响规律

为了研究地震强度对模型结构频谱的影响，可选用在不同加速度大小的汶川波作用下，A2 ~ A5 各测点采集数据的加速度傅里叶频谱进行比较分析。如图 3-33 ~ 图 3-36 所示。

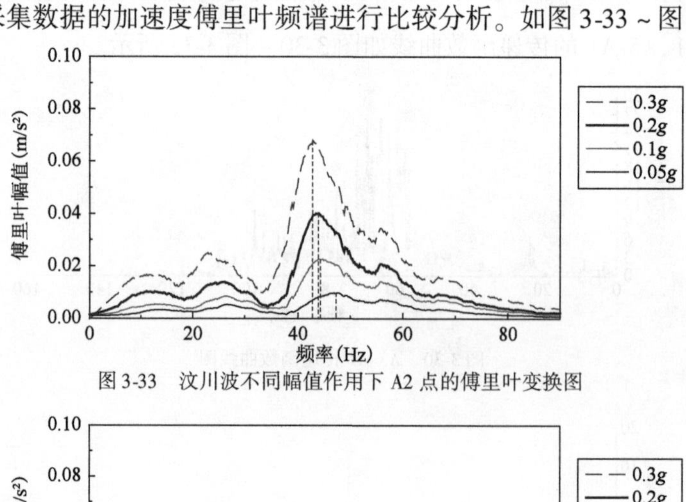

图 3-33 汶川波不同幅值作用下 A2 点的傅里叶变换图

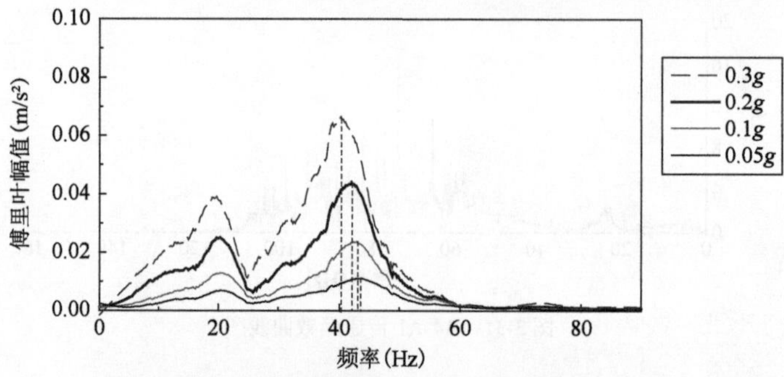

图 3-34 汶川波不同幅值作用下 A3 点的傅里叶变换图

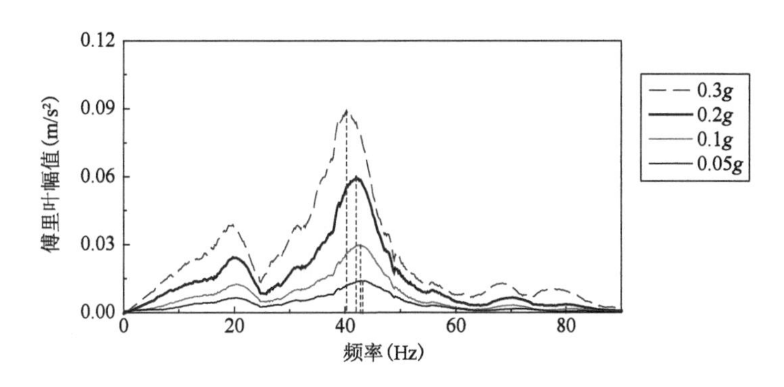

图 3-35　汶川波不同幅值作用下 A4 点的傅里叶变换图

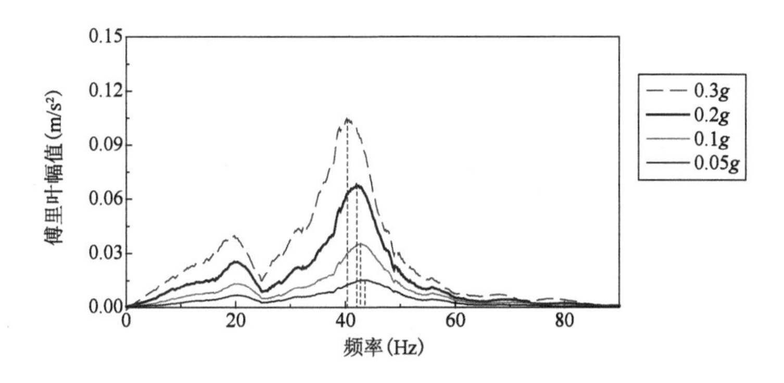

图 3-36　汶川波不同幅值作用下 A5 点的傅里叶变换图

图 3-33 ~ 图 3-36 分别显示了 A2 ~ A5 测点在 0.05g、0.1g、0.2g、0.3g 汶川波作用下的傅里叶变换图，对比分析可知：

①随着地震波加速度幅值的增大，各测点的频谱图形、频谱成分没有发生变化，只是幅值随着加速度的增大而增大。

②图 3-35、图 3-36 两两之间的频谱都没有发生变化，只是幅值略有不同，这是波在岩土体中传递时能量的消耗所致。但是 A2、A3 之间的差异不单单体现在幅值上，频谱的成分也有了变化，20Hz 附近的频率有了小幅度的增长，且在 A4、A5 上也有体现。考虑其原因，可能是溶洞的存在对其产生了影响，也有可能是在上部荷载桩的作用下，顶板产生了裂纹，并随着时间的增长进一步的扩大，模型的剪切强度降低，基频随之减小，该问题可待进一步研究。

为了验证上述结果中上部荷载桩是否对其有影响，可以对该模型无荷载条件下，同等输入波的测点采集数据进行傅里叶变换，如图 3-37 所示。该图显示了顶板厚度 2 倍桩径，溶洞大小 4 倍桩径模型在 0.3g 加速度条件下，A2、A3、A4、A5 测点数据的傅里叶变换，红色部分为趋势线。由图可知 A3 ~ A5 的傅里叶图差距在幅值，而 A3 与 A2 相比，幅值有很大的提升，包括 20Hz 左右部分，说明频谱的变化与上部荷载没有关系，很有可能是溶洞顶板的破坏所引起的模型基频的变化。

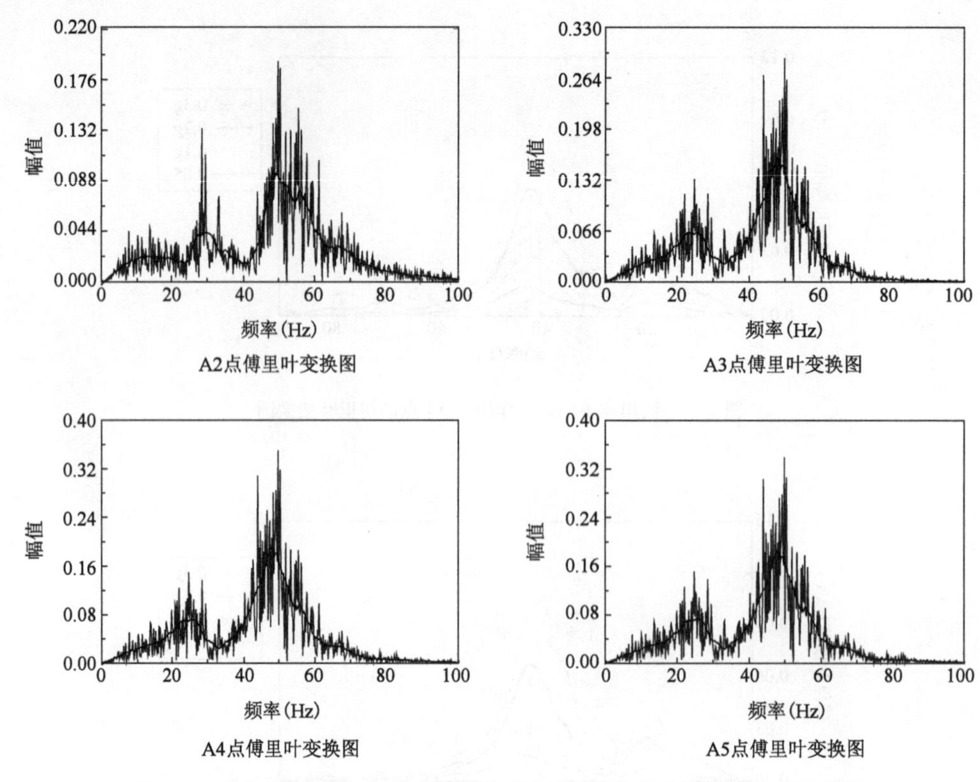

图 3-37　无荷载模型在 0.3g 加速度条件下 A2 ~ A5 测点的采集数据傅里叶变换图

3.3.5　地震动特征频率的影响

不同的地震波,其特征频率会有所区别,对模型结构的频谱特性也会有不同的影响。因此,以顶板厚度 2 倍桩径,溶洞大小 4 倍桩基的模型为依据,选用 EL-Cenrto 波、人工波、汶川波在 0.3g 加速度的作用下 A2、A3、A4 处的加速度傅里叶变换频谱图进行对比分析,如图 3-38 ~ 图 3-40 所示。不同地震波作用下测点 A4-A1 的传递函数图如图 3-41 所示。

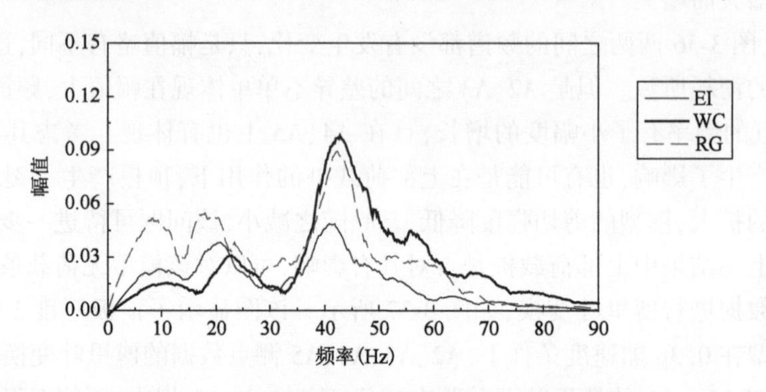

图 3-38　不同地震波作用下 A2 点采集波傅里叶变换图

由图 3-38 ~ 图 3-41 可知,模型底部,溶洞顶板以及模型表面的加速度频谱曲线相比,同种波之间只是幅值有所差距,其他没有明显不同;不同种波之间的频谱分布略有差别,这与波本身的频率有关。由图 3-41 可知,从模型底部到模型表面,不同波的传递函数之间没有明显差异,在 60Hz 左右的频段传递的较多,这说明波的传递与模型结构本身有很大关系,与地震波本身无关。

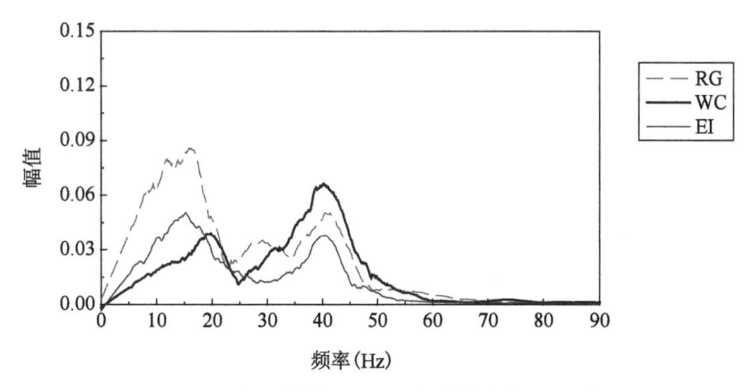

图 3-39　不同地震波作用下 A3 点采集波傅里叶变换图

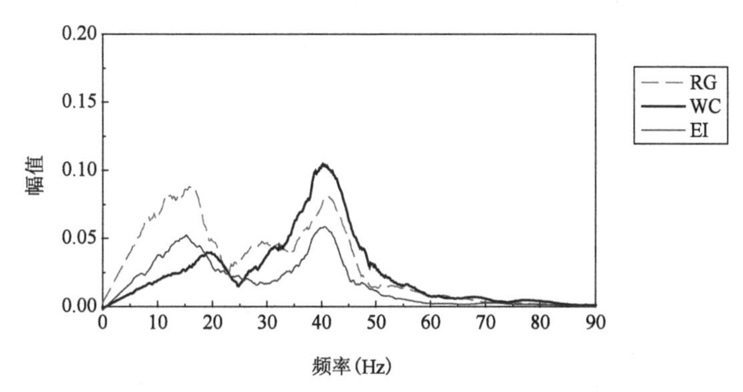

图 3-40　不同地震波作用下 A4 点采集波傅里叶变换图

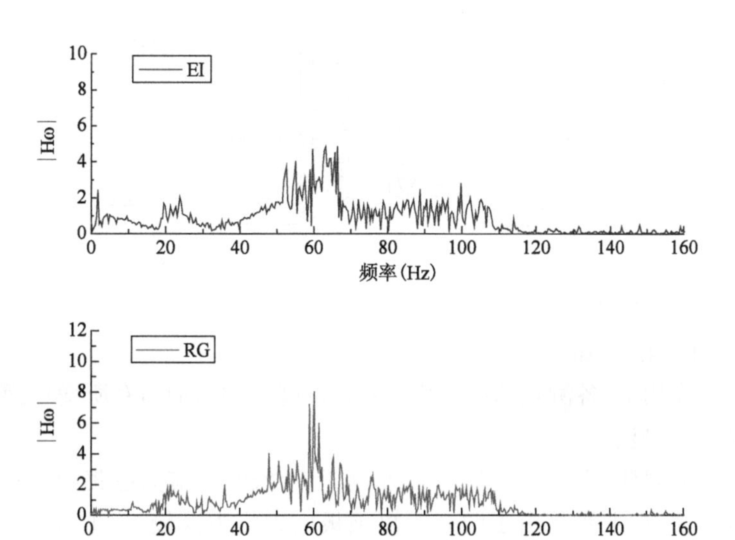

图　3-41

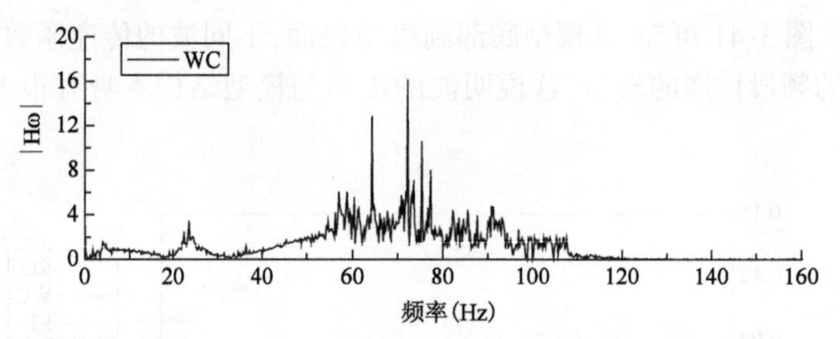

图 3-41　不同地震波作用下 A4 ~ A1 的传递函数图

3.4　顶板应变分析

试验根据溶洞顶板的破坏特征,有针对性的对溶洞顶板、溶洞两侧及侧上方位置粘贴应变片,测得其应变变化。试验开始之前,需要将周边土体对应变片的影响清零,以便满足试验的精度要求。

由于应变片的粘贴为对称分布,因此选取 Y1、Y2、Y3、Y5、Y7 五点的数据进行分析,如图 3-42 ~ 图 3-45 所示。

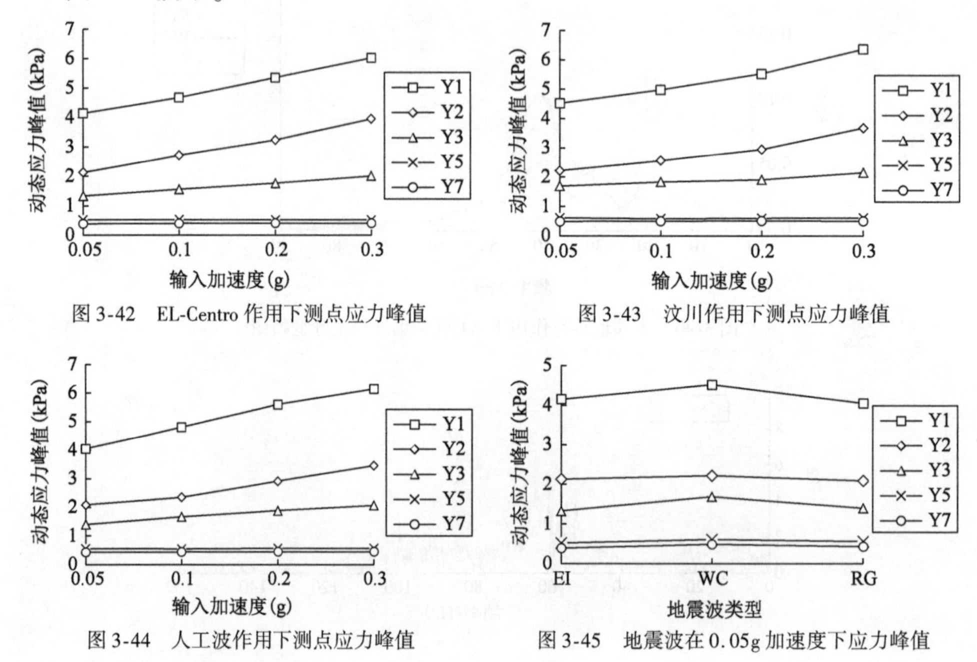

图 3-42　EL-Centro 作用下测点应力峰值

图 3-43　汶川作用下测点应力峰值

图 3-44　人工波作用下测点应力峰值

图 3-45　地震波在 0.05g 加速度下应力峰值

由图 3-42 ~ 图 3-45 可知：

①在地震波的作用下,各测点的应变均随着地震峰值的增加而有所增长,变化规律十分相似,受地震的影响很明显。

②溶洞正上方的岩体,应变十分明显,离桩越近应变越大,应力越集中。其中 Y5 和 Y7 两个测点的动态峰值很小,主要是由于两者距离顶板应力集中区较远,上部桩基荷载对其影响不大。

③图 3-45 给出了相同加速度条件下,不同地震波作用的应力峰值曲线,其中汶川波较另

两者的应力峰值都大,这主要是由于汶川波基频与模型基频相近,模型振动较大,应力更为集中所致。

本章参考文献

[1] 陈奎孚, 张森文. 半功率点法估计阻尼的一种改进[J]. 振动工程学报, 2002, 15(2):151-155.

[2] 龚晓南. 桩基工程手册:第二版[M]. 北京:中国建筑工业出版社, 2016.

[3] 黄明, 付俊杰, 陈福全, 等. 桩端岩溶顶板的破坏特征试验与理论计算模型研究[J]. 工程力学, 2018, 35(10):172-182.

[4] 黄明, 付俊杰, 陈福全, 等. 桩端岩溶顶板地震动力特性的振动台试验研究[J]. 哈尔滨工业大学学报, 2019, 51(02):126-135.

[5] 黄明,付俊杰,陈福全, 等. 桩端荷载与地震耦合作用下溶洞顶板的破坏特征及安全厚度计算[J]. 岩土力学, 2017, 38(11):3154-3162.

[6] 黄求顺. 嵌岩桩承载力的试验研究[C]//中国建筑学会地基基础学术委员会论文集, 太原: 山西高校联合出版社: 1992, 47-52

[7] 刘明维, 周世良, 梁越, 等. 桩基工程[M]. 北京: 中国水利水电出版社, 2015.

[8] 刘书贤, 王春丽, 魏晓刚, 等. 煤矿采空区的地震动力响应及其对地表的影响[J]. 地震研究, 2014, 37(4):642-647.

[9] 王济, 胡晓. MATLAB 在振动信号处理中的应用[M]. 北京: 中国水利水电出版社, 2006.

[10] 张四平. 嵌岩桩传荷性能及破坏机理的试验研究[J]. 重庆建筑工程学院学报, 1990, 12(2):1-9.

[11] Johnston I W, Lain T S, Williams A F. Constant normal stiffness direct shear testing for socketed pile design in weak rock[J]. Geotechnique, 1987, 37(1):83-89.

[12] Seol H,Jeonga S, Cho C, et al. Shear load transfer for rock-socketed drilled shafts based on borehole roughness and geological strength index (GSI)[J]. International Journal of Rock Mechanics and Mining Sciences, 2008, 45(6): 848-861.

[13] Serrano A, Olalla C. Ultimate bearing capacity at the tip of a pile in rock-part1 theory[J]. International Journal of Rock Mechanics and Mining Sciences, 2002, 39(7):833-846.

[14] Serrano A, Olalla C. Shaft resistance of a pile embedded in rock[J]. International Journal of Rock Mechanics and Mining Sciences, 2004, 41(1):21-35.

[15] Serrano A, Olalla C. Ultimate bearing capacity at the tip of a pile in rock—part2 application[J]. International Journal of Rock Mechanics and Mining Sciences, 2002, 39(7):847-886.

第4章

考虑地震效应的桩端溶洞顶板安全厚度计算

本章以桩端溶洞顶板最小安全厚度为对象,系统地介绍溶洞顶板稳定性的评价方法和静载以及地震作用下的桩端溶洞顶板安全厚度的计算理论和方法。该部分内容便于读者较全面地掌握桩端溶洞顶板最小安全厚度的理论计算方法。

4.1 溶洞顶板稳定性评价方法

4.1.1 《工程地质手册》中的评价方法

在岩溶地区,由于溶洞往往对建(构)筑物的稳定性产生较大的影响,有时甚至由于溶洞的存在改变基础设计方案,而影响含溶洞岩石地基稳定性的因素有很多,比如岩土的物理力学性质、构造发育情况(褶皱、断裂等)、结构面特性、地下水赋存状态和溶洞顶板承受荷载(工程荷载及初始应力)等,它们都是定性评价溶洞地区地基稳定性的重要依据。因此,若要利用含溶洞的岩体地基作为地基的持力层,在进行设计施工之前,应该对场地进行详尽的勘察,并查明与场地选择和地基稳定性定性评价有关的基本问题。

(1)各类岩溶的位置、高层、尺寸、形状、延伸方向、顶板和底部状态、围岩及洞内堆填物性状、坍落的形成时间与因素等。

(2)岩溶发育与地层的岩性、结构、厚度及不同岩性组合的关系。结合各层岩溶形态分布数量的调查统计,划分出不同的岩溶岩组。

(3)岩溶形态分布、发育强度与所处的地质构造部位、褶皱形式、地层产状、断裂等结构面及其属性的关系。

完成对岩溶地区场地的勘察工作后,可以根据已查明的地质条件,结合基底荷载的情况,通过经验比拟的方法,对影响溶洞稳定性的各种因素进行分析比较,做出初步的稳定性定性评价,并用于工程的初步选址。《工程地质手册》给出了各影响因素对地基稳定性的有利与不利情况,见表4-1。

岩溶地基稳定性评价　　表4-1

评价因素	对稳定有利	对稳定不利
地质构造	无断裂、褶曲,裂隙不发育或胶结良好	有断裂、褶曲,裂隙发育,有两组以上张开裂隙切割岩体,呈干砌状
岩层产状	走向与洞轴线正交或斜交,倾角平缓	走向与洞轴线平行,倾角陡
岩性和层厚	厚层块状,纯质灰岩,强度高	薄层石灰岩、尼灰岩、白云质灰岩,有互层,岩体强度低
胴体形态及埋藏条件	埋藏深,覆盖层厚,洞体小(与基础尺寸比较),溶洞呈竖井状或裂隙状,单体分布	埋藏浅,在基底附近,洞泾打,呈扁平状,复体相连
顶板情况	顶板厚度与洞跨比值大,平板状,或呈拱状,有钙质胶结	顶板厚度与洞跨比值小,有切割的悬挂岩块,未胶结
填充情况	为密集沉积物填满,且无被谁冲蚀的可能性	未填充,半填充或水流冲蚀充填物
地下水	无地下水	有水流或间歇性水流
地震设防烈度	地震设防烈度小于7度	地震设防烈度等于或大于7度
建筑物荷重及重要性	建筑物荷重小,为一般建筑物	建筑物荷重大,为重要建筑物

4.1.2 现行规范中的评价方法

在岩溶区进行桩基设计,确定一个安全合理的溶洞顶板厚度是工程上重点关注的问题,目前我国现行的公路及铁路国家规范尚未对此有明确规定,仅国家建筑规范及部分地方规范对此有一些相应的定性规定。

1)《建筑地基基础设计规范》(GB 50007—2011)

《建筑地基基础设计规范》(GB 50007—2011)规定,在岩溶地区,当基础底面以下的土层厚度大于3倍独立基础底宽或大于6倍条形基础底宽,且在使用期间不具备形成土洞的条件时,可不考虑溶洞对地基稳定性的影响。

此外,当溶洞顶板与基础底面之间的土层厚度小于上述规定且符合下列情况之一时,可不考虑溶洞对地基稳定性的影响:

(1)溶洞被密室的沉积物填满,其承载力超过150kPa,且无被水冲蚀的可能性;

(2)洞体较小,基础尺寸大于洞的平面尺寸,并有足够的支承长度;

(3)微风化的硬质岩石中,洞体顶板厚度接近或大于洞跨。

2)《建筑桩基技术规范》(JGJ 94—2008)

《建筑桩基技术规范》(JGJ 94—2008)规定,岩溶地区桩基按以下原则设计:

(1)岩溶地区的桩基宜采用钻、挖孔桩,当单桩荷载较大,岩层埋深较浅时,宜采用嵌岩桩;

(2)石笋密布地区的嵌岩桩,应全断面嵌入基岩;

(3)当岩面较为平整且上覆土层较厚时,嵌岩深度应不小于$0.2d$或不小于0.2m。

关于桩端下溶洞顶板的容许厚度,国家规范未见有规定,但广东省《建筑地基基础设计规范》(DBJ 15—3—2016)有如下规定,可作为参考:

(1)在岩溶发育地区,当洞穴顶板厚度不大,而洞穴水平方向尺寸较大时,桩端应穿过洞穴,并应对洞穴进行处理;

(2)当端承桩支承在桩下存有溶洞的岩层时,桩端以下支承岩层的厚度不宜小于$3d$,且不小于2m,必要时宜在施工前采用超前钻,探明下卧层的情况。

综上所述,由于岩土介质千变万化,基础形式多种多样,基础和上部结构的强度各异,如只局限于以上经验进行定性分析,显然不能满足科学合理的设计要求。《建筑地基基础设计规范》(GB 5007—2011)虽然要求对洞体稳定性进行分析,但并没有给出具体的分析计算方法。对于桩基础而言,由于工程投资巨大,若只按溶洞顶板厚度大于$4d$或不小于5m来设计,是明显偏于保守的,将造成巨大的浪费,但若设计的溶洞顶板厚度不足以承担桩基荷载,则可能导致桩基础失稳,引起重大工程事故。因此,工程界迫切需要加强对溶洞顶板安全厚度定量计算理论的研究。

4.2 桩端静载下溶洞顶板安全厚度计算

4.2.1 溶洞顶板与桩基共同作用体系的简化模型

在岩溶地区桩基设计施工中,一般采用端承桩,即桩端直接作用在岩石顶面,通过桩基将溶洞顶板与其上部的工程结构联系在一起。若桩基所承受的上部荷载过大,溶洞顶板较薄无法负担从而引起塌陷,往往会造成一系列的工程问题及经济损失,因此,如何选取安全合理的溶洞顶板厚度将直接关系到工程造价及工程安全,具有十分重要的研究意义。

实际工程中,溶洞顶板的形状千变万化,边界的约束条件也各不相同,在进行力学模型分析时,事实上不可能将其逐一讨论,一般的研究方法是将溶洞顶板和桩基作为一个整体进行合理的简化,选取具有代表性的力学模型,运用力学理论,结合数学方法得出溶洞顶板的应力计算公式,并引入一定的破坏准则,对溶洞顶板的稳定性进行判断,由此得出不同模型下溶洞顶板安全厚度的简化理论公式。这样的简化在一定程度上可以反映溶洞顶板的受力特性及破坏模式,故由此得出的计算公式具有一定的参考价值。

溶洞顶板按其结构完整性可分为完整顶板和不完整顶板。完整顶板是指未被节理裂隙切割或虽被切割但是胶结良好的情况,否则为不完整顶板。而溶洞顶板的形状千变万化,本文将其大致分为圆形顶板、椭圆形顶板和矩形顶板三大类。

对于所研究的溶洞顶板与桩基作用系统而言,首先必须对该系统进行合理的简化,并提出相应的假设:

①若桩基作用面下的溶洞顶板完整且呈水平产状,且暂不考虑成拱效应的影响,可将顶板作为梁板受力来分析。而且所有的分析基于弹性分析,即以线弹性理论为基础,并假设岩体为均匀连续体且各向同性,它既能承受压应力,也能承受拉应力。

②暂不考虑桩基上覆土层与嵌岩端的侧摩阻力影响,视桩基直接作用在溶洞顶板之上。

③若桩径远小于溶洞顶板水平截面的最小尺寸，可将桩基竖向荷载视为集中荷载，否则一般视为板面上分布的局部竖向均布荷载，且认为该荷载作用在板中心直径为桩径 d 的圆内。

根据上述假设，桩基作用下溶洞顶板力学模型可以视为受四周支撑的板上受荷载作用的力学模型。在现有的板壳力学理论中，一般可将厚度与最小横向尺寸之比小于 1/4 或者 1/5 的板视为薄板，并已建立了一套完整的理论可以用来计算工程上的问题。而对于超过 1/4 或者 1/5 的厚板，虽然也有不同的计算方案被提出来，但就已有的研究成果来看，还并不能广泛地应用于工程实践之中。

此外，根据现有的勘察技术方法并不能全面了解溶洞顶板的裂隙状态，因此很难准确地判断顶板的边界约束条件。若将边界条件区分的十分精细，虽然从理论上看似十分严谨，但边界处裂隙状态的不确定性使这样的精细区分意义不大。综上所述，若溶洞顶板的几何特征符合薄板理论，则可根据它的形状及裂隙发育程度，将其简化为固支圆板模型、简支圆板模型、固支矩形板模型和简支矩形板模型。若桩端岩层力学特征不符合薄板理论，可将其简化为固支梁模型、简支梁模型和悬臂梁模型等。

(1) 固支圆板力学模型

当溶洞顶板的水平截面符合圆形的几何特征，同时若溶洞顶板与周围岩体嵌固条件较好，可认为溶洞顶板与周围岩体的接触边界为固支，此外桩基作用于溶洞顶板上，可进一步将溶洞顶板与桩基相互作用体系简化为固支圆板力学模型，如图 4-1 所示。

(2) 简支圆板力学模型

当溶洞顶板的水平截面符合圆形的几何特征，同时若溶洞顶板与周围岩体嵌固条件较差，如边界存在较大裂隙时，可认为溶洞顶板与周围岩体的接触边界为简支，此外桩基作用于溶洞顶板上，可进一步将溶洞顶板与桩基相互作用体系简化为简支圆板力学模型，如图 4-2 所示。

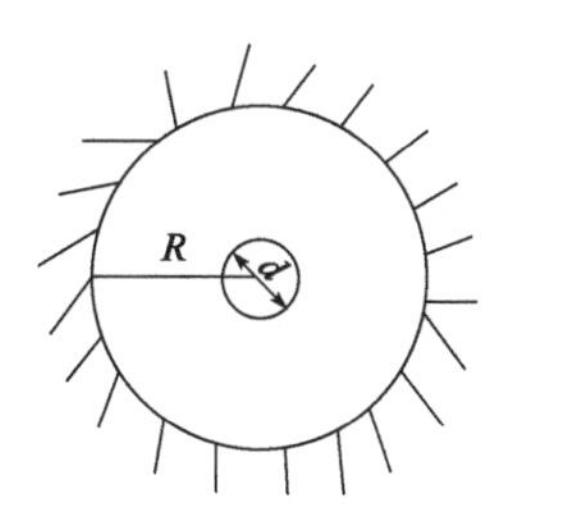

图 4-1　圆形固支模型

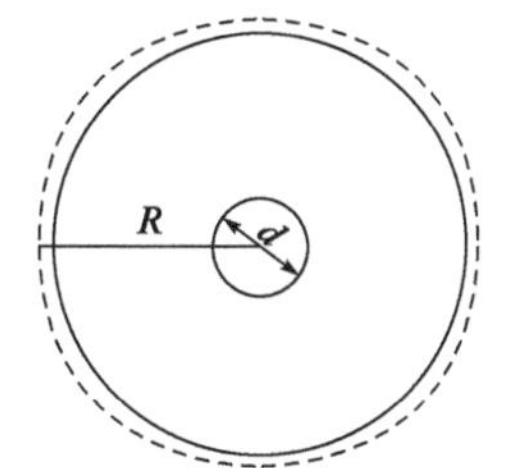

图 4-2　圆形简支模型

(3) 固支椭圆板力学模型

当溶洞顶板的水平截面符合椭圆形的几何特征，可设其长轴为 $2b$，短轴为 $2a$，同时若溶洞顶板与周围岩体嵌固条件较好，可认为溶洞顶板与周围岩体的接触边界为固支，此外桩基作用于溶洞顶板上，可进一步将溶洞顶板与桩基相互作用体系简化为固支椭圆板力学模型，如图 4-3所示。

(4) 简支椭圆板力学模型

当溶洞顶板的水平截面符合椭圆形的几何特征，同时若溶洞顶板与周围岩体结合条件较差,如边界存在较大裂隙时,可认为溶洞顶板与周围岩体的接触边界为简支,此外桩基作用于溶洞顶板上,可进一步将溶洞顶板与桩基相互作用体系简化为简支椭圆板力学模型,如图 4-4 所示。

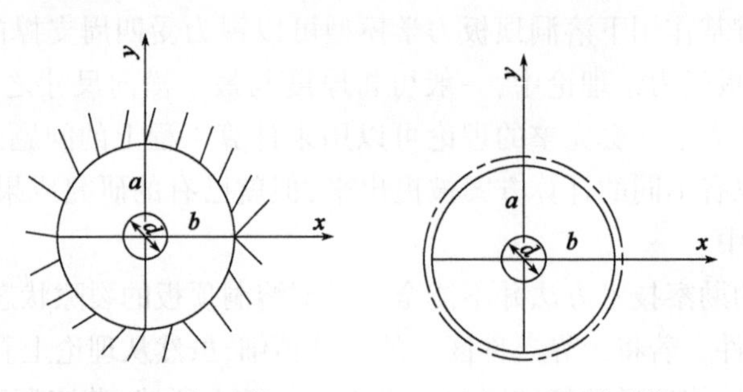

图 4-3 椭圆固支模型　　图 4-4 椭圆简支模型

(5) 固支矩形板力学模型

当溶洞顶板的水平截面符合矩形的几何特征,可设其长边为 L,短边为 B,同时若溶洞顶板与周围岩体嵌固条件较好,可认为溶洞顶板与周围岩体的接触边界为固支,此外桩基作用于溶洞顶板上,可进一步将溶洞顶板与桩基相互作用体系简化为固支矩形板力学模型,如图 4-5 所示。

(6) 简支矩形板力学模型

当溶洞顶板的水平截面符合矩形的几何特征,同时若溶洞顶板与周围岩体结合条件较差,如边界存在较大裂隙时,可认为溶洞顶板与周围岩体的接触边界为简支,此外桩基作用于溶洞顶板上,可进一步将溶洞顶板与桩基相互作用体系简化为简支矩形板力学模型,如图 4-6 所示。

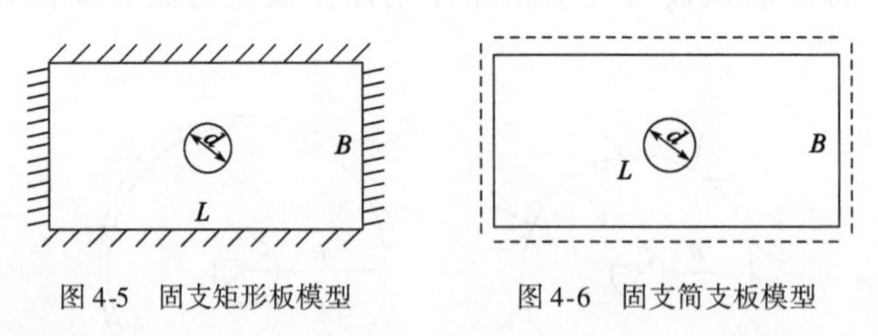

图 4-5 固支矩形板模型　　图 4-6 固支简支板模型

(7) 固支梁力学模型

当溶洞顶板的水平截面符合矩形的几何特征,且溶洞顶板与两端岩体嵌固条件较好,视为固支状态,而对边边界的岩体存在较大裂缝,且无岩体支撑,视为自由边,且矩形的宽度 B 与桩径大小接近时,可将溶洞顶板与桩基相互作用体系简化为固支梁力学模型,如图 4-7 所示。

(8) 简支梁力学模型

当溶洞顶板的水平截面符合矩形的几何特征,且溶洞顶板的两端岩体存在裂缝,但仍有岩体支撑,视为简支状态,而对边边界的岩体存在较大裂缝,且无岩体支撑,视为自由边,且矩形的宽度 B 与桩径大小接近时,可将溶洞顶板与桩基相互作用体系简化为简直梁力学模型,如图 4-8 所示。

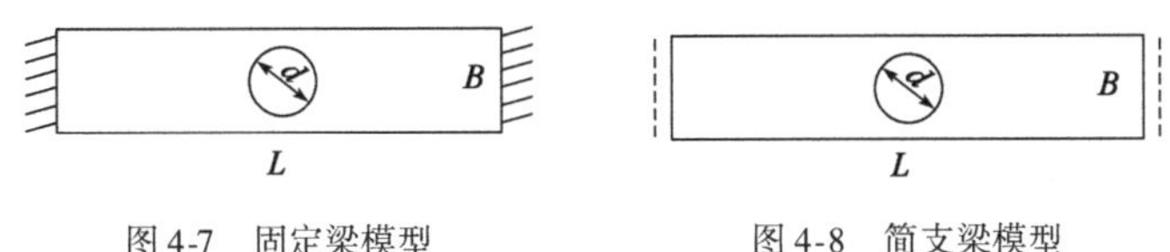

图4-7　固定梁模型　　　　图4-8　简支梁模型

(9)悬臂梁力学模型

当溶洞顶板的水平截面符合矩形的几何特征,且溶洞顶板跨中存在较大裂缝,桩基作用于顶板端部,溶洞顶板与端部岩体嵌固条件良好,视为固支状态,而对边边界与岩体存在较大裂缝,且无岩体支撑,视为自由边,且矩形的宽度 B 与桩径大小接近时,可将溶洞顶板与桩基相互作用体系简化为悬臂梁力学模型,如图4-9所示。

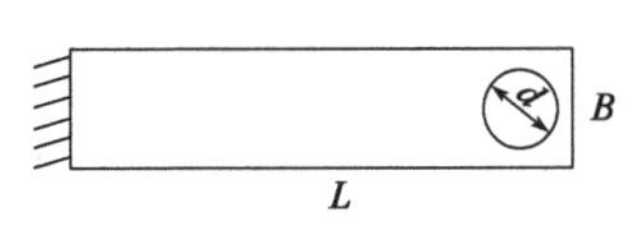

图4-9　悬臂梁模型

4.2.2　基于薄板理论的溶洞顶板安全厚度计算

1)弹塑性力学中的基本假定

模拟出溶洞顶板的简化力学模型后,根据弹塑性力学中的薄板理论推导溶洞顶板稳定性的解析解。首先根据静力、几何以及物理三个方面建立应力应变等多个量之间的数学关系,以此来求解出溶洞顶板的应力以及挠度公式(徐芝纶,2013)。

在进行弹塑性力学求解之前,应该对溶洞顶板的岩体进行一些合理的假设,不然根据实际条件进行计算的话会难以计算或者会给计算增加很大难度,这是没有必要的,因此应该对于岩性做出以下的假设:

①假定岩体是连续的;

②假定岩体是完全弹性的,应变与应力分量成比例;

③假定岩体是均匀的,也就是整个岩体是由同一种材料组成的;

④假定岩体是各向同性的,也就是岩体内一点的弹性在各个方向都相同;

⑤假定岩体的位移和形变都很小。

2)弹塑性力学中薄板弯曲问题相关计算理论

根据以上弹塑性力学中对于岩性的基本假定,结合之前简化得出的六种板模型以及三种梁模型,下面将介绍下弹塑性力学中的薄板理论。在板模型中一般采用弹塑性力学的内容解答,在梁模型中一般采用材料力学的内容解答(刘鸿文,1985)。

由于岩石的形变量相对较小,因此可以视为薄板问题来研究。有关薄板理论需要遵循以下三条的基本假定:

①垂直于中面的正应变非常小,忽略不计,即 $\varepsilon_z=0$;

②应力分量 τ_{zx}、τ_{zy} 和 σ_z 可忽略不计;

③薄板面内各点都没有平行于中面的位移。

根据以上的基本假定,可以列出薄板小挠度理论的基本微分方程:

$$D\left(\frac{\partial^4\omega}{\partial x^4}+2\frac{\partial^4\omega}{\partial x^2\partial y^2}+\frac{\partial^4\omega}{\partial y^4}\right)=q \tag{4-1}$$

把所有参数都认为是薄板挠度 ω 的函数,那么可以得出薄板弯矩、剪力和应力分量的计算公式:

$$
\begin{cases}
M_x = -D\left(\dfrac{\partial^2 \omega}{\partial x^2} + \mu \dfrac{\partial^2 \omega}{\partial y^2}\right) & M_y = -D\left(\dfrac{\partial^2 \omega}{\partial y^2} + \mu \dfrac{\partial^2 \omega}{\partial x^2}\right) \\
M_{xy} = M_{yx} = -D(1-\mu)\dfrac{\partial^2 \omega}{\partial x \partial y} & \\
Q_x = -D\dfrac{\partial}{\partial x}\left(\dfrac{\partial^2 \omega}{\partial x^2} + \dfrac{\partial^2 \omega}{\partial y^2}\right) & Q_y = -D\dfrac{\partial}{\partial y}\left(\dfrac{\partial^2 \omega}{\partial x^2} + \dfrac{\partial^2 \omega}{\partial y^2}\right) \\
\sigma_x = -\dfrac{Ez}{1-\mu^2}\left(\dfrac{\partial^2 \omega}{\partial x^2} + \mu \dfrac{\partial^2 \omega}{\partial y^2}\right) & \sigma_y = -\dfrac{Ez}{1-\mu^2}\left(\dfrac{\partial^2 \omega}{\partial y^2} + \mu \dfrac{\partial^2 \omega}{\partial x^2}\right) \\
\tau_{xy} = -\dfrac{Ez}{1+\mu}\dfrac{\partial^2 \omega}{\partial x \partial y} &
\end{cases} \tag{4-2}
$$

式中：D——薄板弯曲刚度，$D = \dfrac{Eh^3}{12(1-\mu^2)}$；

ω——挠度方程；

h——薄板厚度；

μ——顶板材料泊松比；

E——弹性模量。

联立上述式子，可以得出薄板各个应力分量与弯矩的函数关系。一般应力分量在板的表面处最大，因此各个应力分量的最大值为：

$$
\begin{cases}
(\sigma_{x\max})_{z=-t/2} = \dfrac{6M_x}{h^2} & (\sigma_{y\max})_{z=-t/2} = \dfrac{6M_y}{h^2} \\
(\tau_{xy\max})_{z=-t/2} = \dfrac{6M_{xy}}{h^2} & (\tau_{zx\max})_{z=0} = \dfrac{3Q_x}{2h} \\
(\tau_{zy\max})_{z=0} = \dfrac{3Q_y}{2h} &
\end{cases} \tag{4-3}
$$

对于将溶洞顶板看作是圆形时，极坐标方法求解较无疑更为简单方便。将挠度 w 和荷载 q 进行极坐标的转换，得到有关 r 和 θ 的函数，因此可将式(4-2)转化为：

$$
\begin{cases}
M_r = -D\left[\dfrac{\partial^2 \omega}{\partial r^2} + \mu\left(\dfrac{1}{r}\dfrac{\partial \omega}{\partial r} + \dfrac{1}{r^2}\dfrac{\partial^2 \omega}{\partial \theta^2}\right)\right] \\
M_\theta = -D\left[\mu\dfrac{\partial^2 \omega}{\partial r^2} + \left(\dfrac{1}{r}\dfrac{\partial \omega}{\partial r} + \dfrac{1}{r^2}\dfrac{\partial^2 \omega}{\partial \theta^2}\right)\right] \\
M_{r\theta} = -D(1-\mu)\left(\dfrac{1}{r}\dfrac{\partial^2 \omega}{\partial r \partial \theta} - \dfrac{1}{r^2}\dfrac{\partial \omega}{\partial \theta}\right) \\
Q_r = (Q_x)_{\theta=0} = -D\dfrac{\partial}{\partial r}\nabla^2 \omega \\
Q_\theta = (Q_y)_{\theta=0} = -D\dfrac{1}{r}\dfrac{\partial}{\partial \theta}\nabla^2 \omega
\end{cases} \tag{4-4}
$$

同理，最大应力分量计算公式(4-3)可转化为：

$$\begin{cases}(\sigma_{r\max})_{z=-t/2} = \dfrac{6M_r}{h^2} \quad (\sigma_{\theta\max})_{z=-t/2} = \dfrac{6M_\theta}{h^2} \\ (\tau_{r\theta\max})_{z=-t/2} = \dfrac{6M_\theta}{h^2} \quad (\tau_{\theta z\max})_{z=0} = \dfrac{3Q_\theta}{2h} \\ (\tau_{rz\max})_{z=0} = \dfrac{3Q_r}{2h}\end{cases} \tag{4-5}$$

根据以上薄板理论的分析,可以得出薄板各个分量之间的关系,这样可以更好地分析各个溶洞顶板模型的应力特性,方便分析溶洞顶板的稳定性。

3)各模型的受力特性分析

溶洞顶板主要受到两个荷载的作用,一个是桩端作用于溶洞顶板的均布荷载,另一个是溶洞顶板上部土体作用于顶板的均布荷载,在本书的分析中,把桩端作用的荷载都视为在顶板的中心处,这样的假设也相对偏于安全,由于荷载位置在中心的情况产生的应力最大。

利用弹塑性力学进行计算时,可以分别考虑两种荷载的对于溶洞顶板的作用,得出这两种荷载对溶洞顶板产生的最大应力均在顶板中心(悬臂梁在固定端处),将两种荷载得出的最大应力公式叠加,便可得出溶洞顶板力学模型在中心处的最大应力公式。

(1)圆形薄板力学模型受力分析

圆形薄板求解采用极坐标求解更为方便。因此,挠度 w 可以看作是极坐标的函数,式(4-1)可以转化为式(4-6):

$$D\left(\frac{d^2}{dr^2}+\frac{1}{r}\frac{d}{dr}\right)\left(\frac{d^2\omega}{dr^2}+\frac{1}{r}\frac{d\omega}{dr}\right)=q \tag{4-6}$$

解得:

$$w = C_1\ln r + C_2r^2\ln r + C_3r^2 + C_4 + w_1 \tag{4-7}$$

式中:w_1——任意一个特解,可根据荷载的分布按照式(4-6)的要求来选择;

$C_1 \sim C_4$——任意一个常数,由边界条件确定。

根据弹塑性力学的计算方法,其挠度的计算公式为:

$$w = \left(1-\frac{r^2}{R^2}\right)\left[C_1 + C_2\left(1-\frac{r^2}{R^2}\right) + C_3\left(1-\frac{r^2}{R^2}\right)^2 + \cdots\right] \tag{4-8}$$

①当溶洞顶板的边界条件为四周固支的圆形顶板时,如图4-10所示。

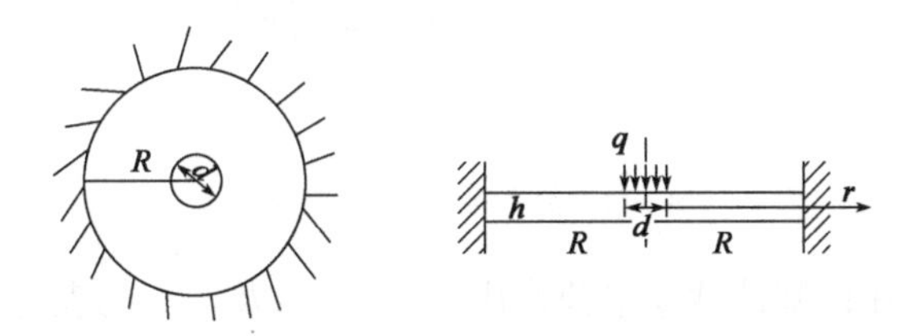

图4-10　固支圆形薄板力学模型

首先分析溶洞顶板在桩基荷载 q 单独作用下,满足位移边界条件:

$$(w)_{r=R}=0 \qquad \left(\frac{dw}{dr}\right)_{r=R}=0 \qquad \left(\frac{dw}{dr}\right)_{r=0}=0 \tag{4-9}$$

解得：

$$w = \frac{qR^4}{64D}\left[3 - 3\frac{(d/2)^2}{R^2} + \frac{(d/2)^4}{R^4}\right]\frac{(d/2)^2}{R^2}\left(1 - \frac{r^2}{R^2}\right) \tag{4-10}$$

解得中心点处的最大挠度为：

$$w_1 = \frac{qR^4}{64D}\left[3 - 3\frac{(d/2)^2}{R^2} + \frac{(d/2)^4}{R^4}\right]\frac{(d/2)^2}{R^2} \tag{4-11}$$

可得在固支圆形薄板中心处的最大应力为：

$$\sigma_{r1} = (\sigma_r)_{z=-h/2} = (1+\mu)\frac{qR^4}{64D}\left(3 - 3\frac{d^2}{4R^2} + \frac{d^4}{4R^4}\right) \tag{4-12}$$

由于桩基直径远小于溶洞顶板半径，故可消去高阶项，得出简化后的最大挠度和应力的计算公式：

$$\begin{cases} w_1 = \dfrac{3qR^2d^2}{256D} \\ \sigma_{r1} = (\sigma_r)_{z=-h/2} = (1+\mu)\dfrac{9qd^2}{64h^2} \end{cases} \tag{4-13}$$

然后分析溶洞顶板受到上部岩土体作用的均布荷载，根据式(4-12)，取 $d=2R$，得出：

$$\sigma_{\max} = (1+\mu)\frac{3q_1R^2}{8h^2} \tag{4-14}$$

则顶板的最大应力为式(4-12)与式(4-14)的叠加，故：

$$\sigma_{\max} = (1+\mu)\frac{3}{32h^2}\left[qd^2\left(3 - 3\frac{d^2}{4R^2} + \frac{d^4}{4R^4}\right) + 4q_1R^2\right] \tag{4-15}$$

②当溶洞顶板的边界条件为四周简支的圆形顶板时，如图 4-11 所示。

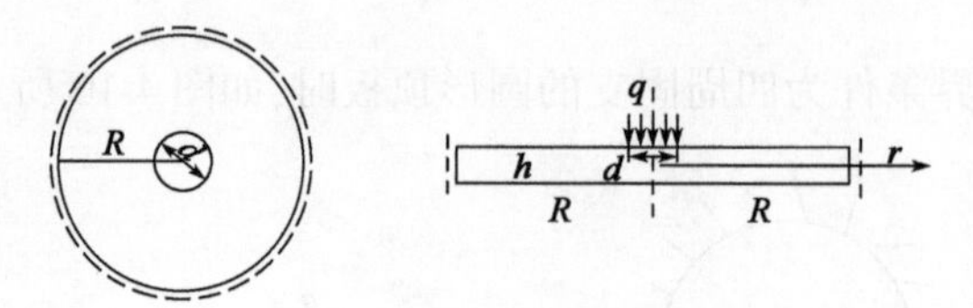

图 4-11　简支圆形薄板力学模型

首先分析溶洞顶板在桩基荷载 q 单独作用下，挠度以及弯矩的表达式为：

$$\begin{cases} w = \dfrac{qd^2}{64D}\left[\dfrac{3+\mu}{1+\mu}(R^2 - r^2) - 2r^2\ln\dfrac{R}{r}\right] \\ M_r = \dfrac{qd^2}{64}\left[4(1+\mu)\ln\dfrac{R}{r} + (1-\mu)\left(\dfrac{R^2 - r^2}{R^2}\right)\dfrac{d^2}{4r^2}\right] \end{cases} \tag{4-16}$$

在圆板中央，即 $r=0$ 时存在：

$$\begin{cases} w_1 = (w)_{r=0} = \dfrac{qd^2R^2}{64D}\dfrac{3+\mu}{1+\mu} \\ M_{r1} = (M_r)_{r=0} = \dfrac{qd^2}{16}\left[(1+\mu)\ln\dfrac{2R}{d}+1\right] \end{cases} \tag{4-17}$$

可得在简支圆形薄板中心处的最大挠度以及应力公式为：

$$\begin{cases} w_1 = (w)_{r=0} = \dfrac{qd^2R^2}{64D}\dfrac{3+\mu}{1+\mu} \\ \sigma_{r1} = (\sigma_r)_{z=-h/2} = \dfrac{3qd^2}{8h^2}\left[(1+\mu)\ln\dfrac{2R}{d}+1\right] \end{cases} \tag{4-18}$$

然后分析溶洞顶板受到上部岩土体作用的均布荷载，根据式(4-18)，取 $d=2R$，得出：

$$\sigma_{r2} = \frac{3q_1R^2}{2h^2} \tag{4-19}$$

则顶板的最大应力为式(4-18)与式(4-19)的叠加，故：

$$\sigma_{r\max} = \frac{3}{8h^2}\left\{qd^2\left[(1+\mu)\ln\frac{2R}{d}+1\right]+4q_1R^2\right\} \tag{4-20}$$

(2)椭圆形薄板力学模型受力分析

①当溶洞顶板的边界条件为四周固支的椭圆形顶板时，如图 4-12 所示。

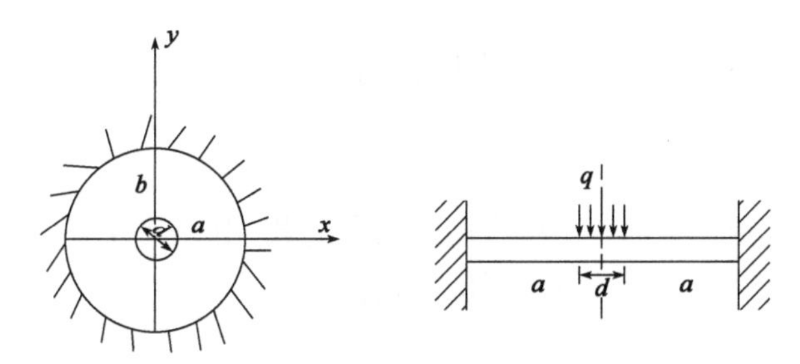

图 4-12　固支椭圆薄板力学模型

固支椭圆形溶洞顶板分析起来较为复杂，可由文献(Nadai A,1921)得，固支椭圆形溶洞顶板在桩基荷载 q 单独作用下，最大挠度和最大应力的近似计算公式如下所示：

$$\begin{cases} w_{\max} = (w)_{x=y=0} = -\dfrac{q\pi d^2a^2}{4Eh^3}(0.326-0.104\alpha) \\ \sigma_{y\max} = (\sigma_y)_{z=-h/2} = -\dfrac{3qd^2(1+\mu)}{8h^2}\left(\ln\dfrac{4b}{d}-0.317\alpha-0.376\right) \end{cases} \tag{4-21}$$

式中，$\alpha=b/a$。

然后分析溶洞顶板受到上部岩土体作用的均布荷载，可以得出椭圆形顶板在中心处的最大应力为：

$$\sigma_{r2}=-\frac{3q_0b^2(1+\mu\alpha^2)}{h^2(3+2\alpha^2+3\alpha^4)} \tag{4-22}$$

则顶板的最大应力为式(4-21)与式(4-22)的叠加,故：

$$\sigma_{r\max}=-\frac{1}{h^2}\left[\frac{3q_0b^2(1+\mu\alpha^2)}{3+2\alpha^2+3\alpha^4}+\frac{3qd^2(1+\mu)}{8}\left(\ln\frac{4b}{d}-0.317\alpha-0.376\right)\right] \tag{4-23}$$

②当溶洞顶板的边界条件为四周简支的椭圆形顶板时,如图4-13所示。

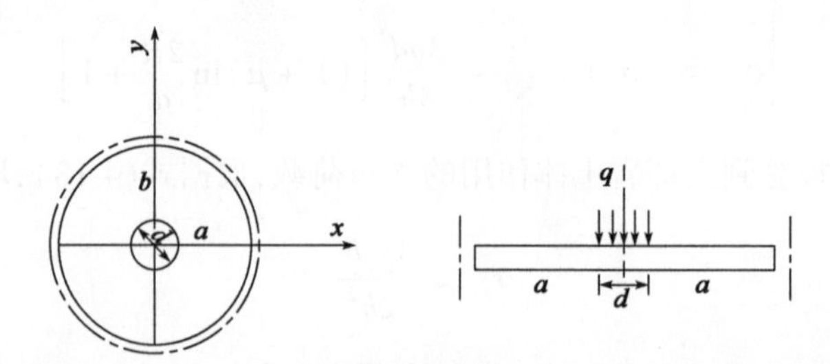

图4-13 简支椭圆薄板力学模型

简支椭圆形溶洞顶板分析起来较为复杂,由文献(Timoshen S)可得,简支椭圆形溶洞顶板在桩基荷载 q 单独作用下,最大挠度和最大应力的近似计算公式如下所示：

$$\begin{cases} w_{\max}=(w)_{x=y=0}=\dfrac{q\pi d^2b^2}{4Eh^3}(0.76-0.18\alpha) \\ \delta_{y\max}=(\delta_y)_{z=-h/2}=-\dfrac{3qd^2}{8h^2}\left[(1+\mu)\ln\dfrac{2b}{d}+\mu(6.57-2.57\alpha)\right] \end{cases} \tag{4-24}$$

式中,$\alpha=b/a$。

然后分析溶洞顶板受到上部岩土体作用的均布荷载,由于其计算公式比固支状态复杂很多,文献(罗克 R. J,1985)给出了计算的近似公式：

$$\sigma_{r2}=-\frac{q_0b^2}{h^2}[2.816+1.581\mu-(1.691+1.206\mu)\alpha] \tag{4-25}$$

则顶板的最大应力为式(4-24)与式(4-25)的叠加,故：

$$\sigma_{r\max}=-\left\{\frac{3qd^2}{8h^2}\left[(1+\mu)\ln\frac{2b}{d}+\mu(6.57-2.57\alpha)\right]+\frac{q_0b^2}{h^2}[2.816+1.581\mu-(1.691+1.206\mu)\alpha]\right\} \tag{4-26}$$

(3)矩形薄板力学模型受力分析

①当溶洞顶板的边界条件为四周固支的矩形顶板时,如图4-14所示。

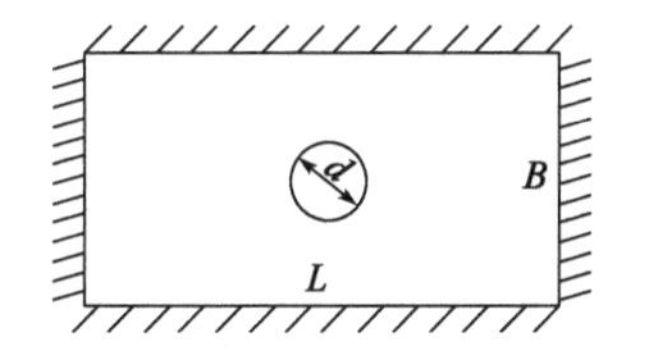

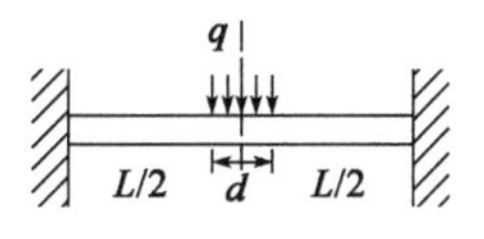

图4-14　固支矩形薄板力学模型

固支矩形溶洞顶板分析起来较为复杂,文献(Young D,1939)研究表明,固支矩形溶洞顶板在桩基荷载 q 单独作用下,最大挠度和最大应力公式为:

$$\begin{cases} w_1 = (w)_{x=y=0} = -\dfrac{\alpha_1 q\pi d^2 B^2}{4Eh^3} \\ \sigma_{r1} = (\sigma)_{z=-h/2} = -\dfrac{3qd^2}{8h^2}\left[(1+\mu)\ln\dfrac{4B}{\pi d}+\beta_1\right] \end{cases} \tag{4-27}$$

当泊松比取0.3时,α_1、β_1 按照表4-2取值。

固支矩形薄板计算模型 α_1、β_1 参考值　　表4-2

L/B	1.0	1.2	1.4	1.6	1.8	2.0	∞
α_1	0.0611	0.0706	0.0754	0.0777	0.0786	0.0788	0.0791
β_1	−0.238	−0.078	0.011	0.053	0.068	0.067	0.067

然后分析溶洞顶板受到上部岩土体作用的均布荷载,由于其计算公式十分复杂,铁摩辛柯和沃诺斯基(1977)给出了计算的近似公式,其中当泊松比为0.3时,χ_1 的取值参见表4-3。

$$\sigma_{r2} = (\sigma)_{z=-h/2} = -\frac{6\chi_1 q_1 B^2}{h^2} \tag{4-28}$$

固支矩形薄板计算模型 χ_1 参考值　　表4-3

L/B	1.0	1.2	1.4	1.6	1.8	2.0	∞
χ_1	0.0513	0.0639	0.0726	0.0780	0.0812	0.0829	0.0833

则顶板的最大应力为式(4-27)与式(4-28)叠加,故:

$$\sigma_{r\max} = \frac{3qd^2}{8h^2}\left[(1+\mu)\ln\frac{4B}{\pi d}+\beta_1\right]+\frac{6\chi_1 q_1 B^2}{h^2} \tag{4-29}$$

②当溶洞顶板的边界条件为四周简支的矩形顶板时,如图4-15所示。

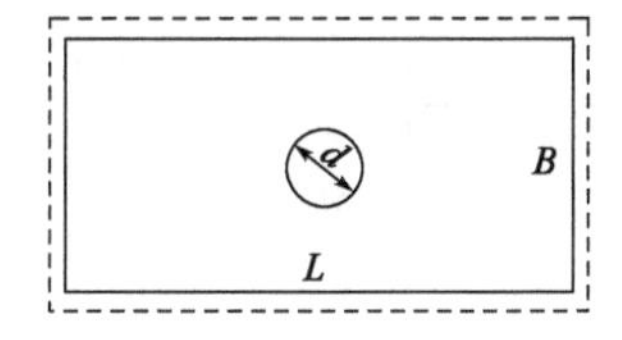

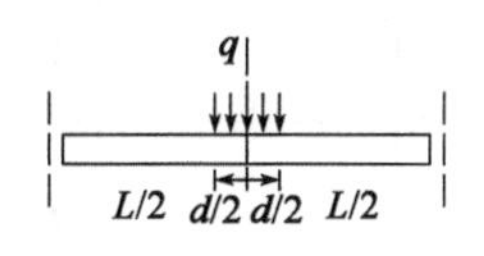

图4-15　简支矩形薄板力学模型

简支矩形溶洞顶板分析起来较为复杂,文献(Responsables S,1959)研究表明,在桩基荷载 q 单独作用下,最大挠度和最大应力公式为:

$$\begin{cases} w_{\max} = (w)_{x=y=0} = -\dfrac{\alpha_2 q \pi d^2 B^2}{4Eh^3} \\ \sigma_{\max} = (\sigma)_{z=-h/2} = -\dfrac{3qd^2}{8h^2}\left[(1+\mu)\ln\dfrac{4B}{\pi d} + \beta_2\right] \end{cases} \tag{4-30}$$

当泊松比取 0.3 时,α_2、β_2 参考表 4-4 取值。

简支矩形薄板计算模型 α_2、β_2 参考值 表 4-4

L/B	1.0	1.2	1.4	1.6	1.8	2.0	∞
α_2	0.435	0.650	0.789	0.875	0.927	0.958	1.0
β_2	0.1267	0.1478	0.1621	0.1715	0.1770	0.1805	0.1851

然后分析溶洞顶板受到上部岩土体作用的均布荷载,由于其计算公式十分复杂,铁摩辛柯和沃诺斯基(1977)给出了计算的近似公式,其中当泊松比为 0.3 时,χ_2 的取值参见表 4-5。

$$\sigma_{r2} = (\sigma)_{z=-h/2} = -\frac{6\chi_2 q_1 B^2}{h^2} \tag{4-31}$$

简支矩形薄板计算模型 χ_2 参考值 表 4-5

L/B	1.0	1.2	1.4	1.6	1.8	2.0	∞
χ_2	0.0479	0.0627	0.0755	0.0862	0.0948	0.1017	0.125

则顶板的最大应力为式(4-30)与式(4-31)叠加,故:

$$\sigma_{r\max} = \frac{3qd^2}{8h^2}\left[(1+\mu)\ln\frac{4B}{\pi d} + \beta_2\right] + \frac{6\chi_2 q_1 B^2}{h^2} \tag{4-32}$$

对于均布荷载很小,可以看成是点荷载时,可以用等效半径替换。Holl(Holl D L)及 Westergaard(Westergaard H M,1926)等给出了等效半径的近似表达式:

$$r_0 = \sqrt{0.4d^2 + h^2} - 0.675h \tag{4-33}$$

此式适用于以上任何形式的板,可以应用于所有桩径 d 小于溶洞顶板厚 h 的情况,即当 $d > h$ 时,用 $d = 2r_0$ 代替上述公式中的 d;当 $d < h$ 时,可以使用实际的荷载作用半径。

(4)梁力学模型受力分析

当溶洞顶板的形状接近于矩形时,但是矩形顶板两边几乎可以看作是无岩体支撑时,可以将板的模型转化为梁的模型来考虑。

①固支梁力学模型

当梁的两端边界条件为固支时,如图 4-16 所示。

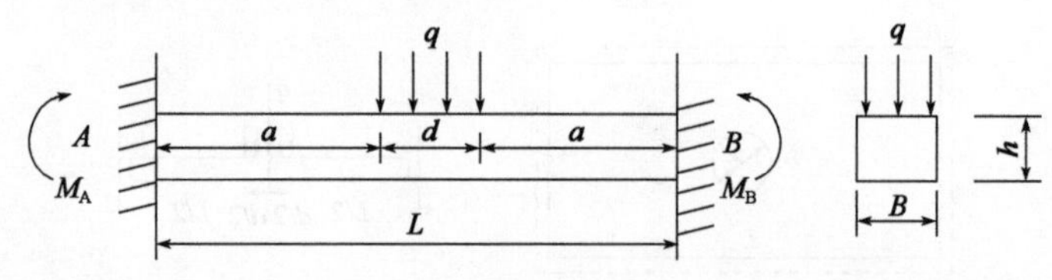

图 4-16 固支梁力学模型

首先分析溶洞顶板在桩基荷载 q 单独作用下，根据材料力学中的理论可得梁的最大拉应力和最大挠度：

$$\begin{cases}\sigma_1 = (\sigma)_{z=-h/2} = \dfrac{M_{\max}}{W} = \dfrac{qdL}{8Bh^2/6} = \dfrac{3qdL}{4Bh^2} \\ w_1 = (w)_{x=L/2} = -\dfrac{\pi qd^2}{128EBh^3}(2L^3 - 3d^3)\end{cases} \tag{4-34}$$

然后分析溶洞顶板受到上部岩土体作用的均布荷载，同样根据材料力学可以得出固支梁中心处有最大拉应力：

$$\sigma_2 = (\sigma)_{z=-h/2} = \frac{M_{\max}}{W} = \frac{q_1L^2}{4Bh^2} \tag{4-35}$$

则顶板的最大应力为式(4-34)与式(4-35)叠加，故：

$$\sigma_{\max} = \sigma_1 + \sigma_2 = \frac{L}{4Bh^2}(3qd + q_1L) \tag{4-36}$$

②简支梁力学模型

当梁的两端边界条件为固支时，如图 4-17 所示。

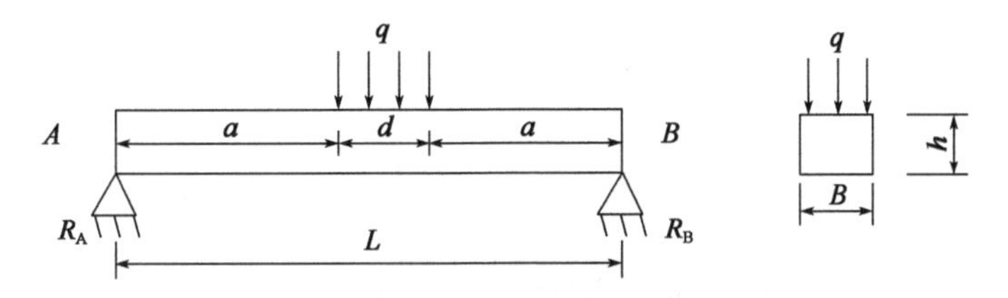

图 4-17 简支梁力学模型

首先分析溶洞顶板在桩基荷载 q 单独作用下，根据材料力学中的理论可得梁的最大拉应力和最大挠度：

$$\begin{cases}\sigma_1 = (\sigma)_{z=-h/2} = \dfrac{M_{\max}}{W} = \dfrac{3qd(2L-d)}{4Bh^2} \\ w_1 = (w)_{x=L/2} = -\dfrac{qdL^3}{384EI}\left(8 - 4\dfrac{d^2}{L^2} + \dfrac{d^3}{L^3}\right)\end{cases} \tag{4-37}$$

然后分析溶洞顶板受到上部岩土体作用的均布荷载，同样根据材料力学可以得出简支梁中心处有最大拉应力：

$$\sigma_2 = (\sigma)_{z=-h/2} = \frac{M_{\max}}{W} = \frac{3q_1L^2}{4Bh^2} \tag{4-38}$$

则顶板的最大应力为式(4-37)与式(4-38)叠加，故：

$$\sigma_{\max} = \sigma_1 + \sigma_2 = \frac{3}{4Bh^2}[qd(2L-d) + q_1L^2] \tag{4-39}$$

③悬臂梁力学模型

当梁的两端边界条件为一端固支，一端悬臂时，如图 4-18 所示。

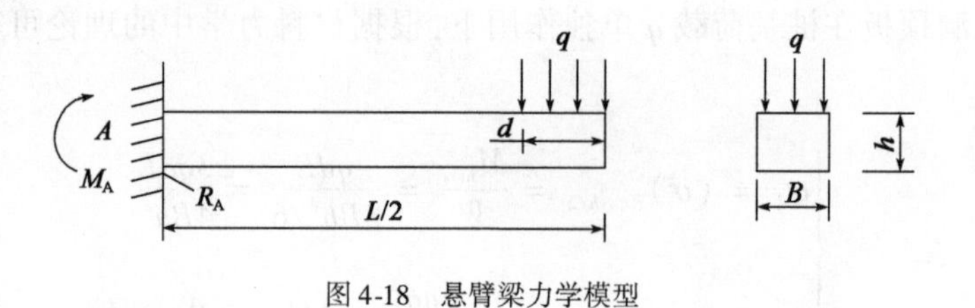

图 4-18　悬臂梁力学模型

首先分析溶洞顶板在桩基荷载 q 单独作用下，根据材料力学中的理论可得梁的最大拉应力和最大挠度：

$$\begin{cases} \sigma_{\max} = \delta_{x=0} = \dfrac{M_{\max}}{W} = \dfrac{3qd(L-d)}{Bh^2} \\ w_{\max} = (w)_{x=L/2} = -\dfrac{8\pi qd^2(L-2d)^3}{EBh^3} \end{cases} \tag{4-40}$$

然后分析溶洞顶板受到上部岩土体作用的均布荷载，同样根据材料力学可以得出简支梁中心处有最大拉应力：

$$\sigma_2 = (\sigma)_{z=-h/2} = \frac{M_{\max}}{W} = \frac{3q_1L^2}{Bh^2} \tag{4-41}$$

则顶板的最大应力为式(4-40)与式(4-41)叠加，故：

$$\sigma_{\max} = \sigma_1 + \sigma_2 = \frac{3}{Bh^2}[qd(2L-d) + q_1L^2] \tag{4-42}$$

4.2.3　基于不同强度理论的溶洞顶板安全厚度计算

1)基于第一强度理论的溶洞顶板安全厚度计算公式

一般地，岩石的破坏形式可分为：脆性破坏、延性破坏(塑性破坏)、弱面剪切破坏。大多数坚硬岩石，在一定的条件下都表现出脆性破坏的性质，也就是说这些岩石在荷载作用下没有显著的变形就突然破坏，产生这种破坏的原因可能是岩石中的裂隙的发生和发展的结果，洞室的开挖、洞顶的裂隙，这些都是脆性破坏的结果。由于白云岩比较坚硬，延性较差。因此在实际工程中，可以采用第一强度理论对溶洞顶板的稳定性进行分析。

第一强度理论认为最大拉应力是引起断裂的主要因素。即认为无论什么应力状态，只要最大拉应力达到与材料性质有关的某一极限值，则材料就发生断裂。在研究一点的应力状态时，通常用 σ_1、σ_2、σ_3 代表该点的三个主应力，并以 σ_1 代表代数值最大的主应力，σ_3 代表代数值最小的主应力，即 $\sigma_1 > \sigma_2 > \sigma_3$。单向拉伸时 $\sigma_2 = \sigma_3 = 0$，因此根据第一强度理论，无论是什么应力状态，只要最大拉应力 σ_1，达到强度极限 σ_b 就导致断裂。于是得断裂准则：$\sigma_1 = \sigma_b$。

将极限应力 σ_b，除以安全系数得许用应力$[\sigma]$，因此第一强度理论建立的强度的条件是：

$$\delta_1 \leqslant [\delta] = \frac{1}{2}[R_t] \tag{4-43}$$

式中：δ_1——溶洞顶板的最大应力，kPa；

$[\delta]$——岩石弯曲许用拉应力，kPa；

R_t——岩石极限抗拉强度,kPa。

由上述各模型的计算应力公式可知最大应力与顶板厚度之间的函数关系,故可通过岩体抗拉验算求得顶板的安全厚度,不同模型的溶洞顶板安全厚度计算公式见表4-6。

最大拉应力理论下各模型顶板安全厚度计算公式　　表4-6

力学模型	顶板容许安全厚度条件	验算位置	边界条件
圆板	$h=\frac{1}{4}\sqrt{\frac{3(1+\mu)}{[R_t]}\left[qd^2\left(3-3\frac{d^2}{4R^2}+\frac{d^4}{4R^4}\right)+4q_1R^2\right]}$	荷载中心	固支
	$h=\frac{1}{2}\sqrt{\frac{3}{[R_t]}\left\{qd^2\left[(1+\mu)\ln\frac{2R}{d}+1\right]+4q_1R^2\right\}}$	荷载中心	简支
椭圆板	$h=\sqrt{\frac{3d^2(1+\mu)q}{4[R_t]}\left(\ln\frac{4a}{d}-0.317\frac{a}{b}-0.376\right)+\frac{96kD}{b^2[R_t]}}$	短轴端点	固支
	$h=\sqrt{\frac{3qd^2}{4[R_t]}\left[(1+\mu)\ln\frac{2a}{d}+\mu\left(6.57-2.57\frac{a}{b}\right)\right]+\frac{12\beta q_1b^2}{[R_t]}}$	短轴端点	简支
矩形板	$h=\sqrt{\frac{3qd^2}{4[R_t]}\left[(1+\mu)\ln\frac{4B}{\pi d}+\beta_1\right]+\frac{12\chi_1q_1B^2}{[R_t]}}$	荷载中心	固支
	$h=\sqrt{\frac{3qd^2}{4[R_t]}\left[(1+\mu)\ln\frac{4B}{\pi d}+\beta_2\right]+\frac{12\chi_2q_1B^2}{[R_t]}}$	荷载中心	简支
固定梁	$h=\sqrt{\frac{L}{2B[R_t]}(3qd+q_1L)}$	固定端	固支
简支梁	$h=\sqrt{\frac{3}{2B[R_t]}[qd(2L-d)+q_1L^2]}$	荷载中心	简支
悬臂梁	$h=\sqrt{\frac{6}{B[R_t]}[qd(2L-d)+q_1L^2]}$	荷载中心	固支

2)基于莫尔—库仑理论的溶洞顶板安全厚度计算公式

前面讨论了通过最大拉应力理论来验算溶洞顶板的稳定性,这种做法的好处是公式简单,力学状态明确,但是它的设计指标是以岩石的单轴抗拉强度为基础,并且假定桩端岩体的破坏时处于单一的应力状态,这与实际情况中岩体处于三维受力状态不一致,而在实际工程中,岩石在外荷载作用下常常处于复杂的应力状态,大量实验结果表明,岩石的强度及其在荷载作用下状态与其应力状态密切相关。在单向应力状态下表现出脆性的岩石,在三向应力状态下形状与其应力状态下具有塑性性质,同时其强度极限也大大提高。故本文考虑莫尔—库仑准则,对溶洞顶板稳定性进行分析。

莫尔强度理论是莫尔在1900年提出的,并在目前岩土力学中应用最广泛的一种理论。该理论认为,破坏是由于滑动面上剪应力和正应力二者合理组合的结果,岩石的断裂和塑性变形主要是由于在某一截面上的剪应力达到一定的限度,但破坏也和该面上的正应力有关,屈服准则如图4-19所示。莫尔理论还假定:滑动系发生在通过中间主应力 σ_2 轴的截面上,σ_2 不影响滑动的产生。

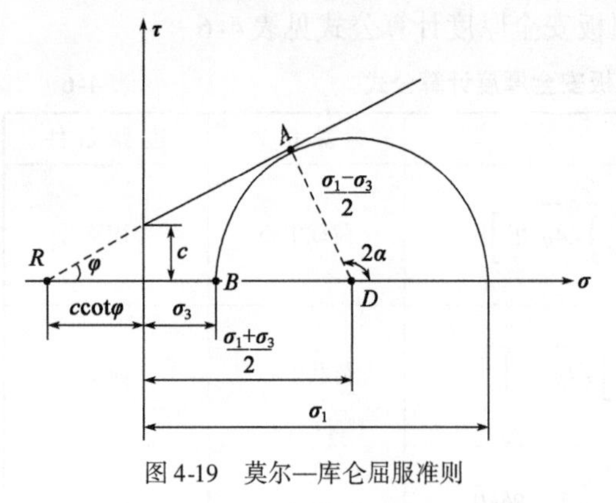

图4-19 莫尔—库仑屈服准则

根据莫尔理论,材料的破坏决定于剪应力和同一截面上的正应力。也就是说,极限剪应力是滑动面上正应力的函数,即式所表示的函数关系决定于材料的性质,莫尔认为可以用一条曲线来表示,如图4-19所示。

$$\tau_f = c + \sigma_n \tan\varphi \tag{4-44}$$

式中:τ_f——屈服面处于极限平衡状态时所能承受的最大剪应力(即抗剪强度);

σ_n——屈服面上的法向正应力;

c、φ——材料的黏聚力及内摩擦角。

当屈服面实际承受的剪应力 $\tau < \tau_f$ 时,溶洞将不破坏或处于受力极限平衡状态。其中主应力的表达式为:

$$\frac{\sigma_1 - \sigma_3}{2} = c\cos\varphi + \frac{\sigma_1 + \sigma_3}{2}\sin\varphi \tag{4-45}$$

式中:σ_1、σ_3——屈服面所在处的最大主应力及最小主应力。

因此可以定义一个稳定系数:

$$f = \frac{c\cos\varphi + \dfrac{\sigma_1 + \sigma_3}{2}\sin\varphi}{\dfrac{\sigma_1 - \sigma_3}{2}} \tag{4-46}$$

若 $f>1$,则溶洞安全。

若 $f=1$,则溶洞处于极限平衡状态。

若 $f<1$,则溶洞破坏。

由上述各模型的计算应力公式可知最大应力与顶板厚度之间的函数关系,故可通过莫尔—库仑准则求得顶板的安全厚度,不同模型的溶洞顶板安全厚度计算公式见表4-7。

莫尔库仑准则下各模型顶板安全厚度计算公式 表4-7

力学模型	顶板容许安全厚度条件	验算位置	边界条件
圆板	$h=\frac{1}{8}\sqrt{\frac{3(1+\mu)(1-\sin\varphi)}{c\cos\varphi}\left[qd^2\left(3-3\frac{d^2}{4R^2}+\frac{d^4}{4R^4}\right)+4q_1R^2\right]}$	荷载中心	固支
	$h=\frac{1}{4}\sqrt{\frac{3(1-\sin\varphi)}{c\cos\varphi}\left\{qd^2\left[(1+\mu)\ln\frac{2R}{d}+1\right]+4q_1R^2\right\}}$	荷载中心	简支

续上表

力学模型	顶板容许安全厚度条件	验算位置	边界条件
椭圆板	$h=\frac{1-\sin\varphi}{2c\cos\varphi}\sqrt{\frac{3qd^2(1+\mu)}{8}\left(\ln\frac{4a}{d}-0.317\frac{a}{b}-0.376\right)+\frac{48kD}{b^2}}$	荷载中心	固支
	$h=\frac{1-\sin\varphi}{2c\cos\varphi}\sqrt{\frac{3qd^2}{8}\left[(1+\mu)\ln\frac{2a}{d}+\mu\left(6.57-2.57\frac{a}{b}\right)\right]+12\beta q_1b^2}$	荷载中心	简支
矩形板	$h=\sqrt{\frac{1-\sin\varphi}{2c\cos\varphi}\left\{\frac{3qd^2}{8}\left[(1+\mu)\ln\frac{4B}{\pi d}+\beta_1\right]+6\chi_1q_1B^2\right\}}$	荷载中心	固支
	$h=\sqrt{\frac{1-\sin\varphi}{2c\cos\varphi}\left\{\frac{3qd^2}{8}\left[(1+\mu)\ln\frac{4B}{\pi d}+\beta_2\right]+6\chi_2q_1B^2\right\}}$	荷载中心	简支
固定梁	$h=\sqrt{\frac{L(1-\sin\varphi)}{8Bc\cos\varphi}(3qd+q_1L)}$	固定端	固支
简支梁	$h=\sqrt{\frac{3(1-\sin\varphi)}{8Bc\cos\varphi}[qd(2L-d)+q_1L^2]}$	荷载中心	简支
悬臂梁	$h=\sqrt{\frac{3(1-\sin\varphi)}{2Bc\cos\varphi}[qd(2L-d)+q_1L^2]}$	荷载中心	固支

3）基于 Hoek-Brown 准则的溶洞顶板安全厚度计算公式

Hoek-Brown 强度准则是基于 Griffith 脆性破坏理论，对大量的岩石三轴试验数据和现场测试资料进行曲线拟合得出的，其强度估算表达式为：

$$\sigma_1=\sigma_3+\sqrt{m\sigma_{ci}\sigma_3+s\sigma_c^2} \tag{4-47}$$

式中：σ_1——岩体破坏时的最大有效主应力；

σ_3——岩体破坏时的最小有效主应力；

σ_{ci}——完整岩体的单轴抗压强度；

m——岩体的软硬程度；

s——岩体的破碎程度。

狭义 Hoek-Brown 强度准则考虑的参数并不多，因此适用范围比较小。之后 Hoek 和 Brown 对其进行了改进，考虑岩体的多种影响因素，提出广义 Hoek-Brown 强度准则，其表达式为：

$$\sigma_1=\sigma_3+\sigma_{ci}\left(m_b\frac{\sigma_3}{\sigma_{ci}}+s\right)^a \tag{4-48}$$

$$m_b=m_i\exp\left(\frac{GSI-100}{28-14D}\right) \tag{4-49}$$

$$s = \exp\left(\frac{GSI - 100}{9 - 3D}\right) \tag{4-50}$$

$$a = \frac{1}{2} + \frac{1}{6}\left(e^{-GSI/15} - e^{-20/3}\right) \tag{4-51}$$

式中:m_i——没有节理、层理的岩块 m 值;

a——岩石完整程度有关的参数;

GSI——地质强度指标;

D——扰动系数,取值为 0 ~ 1。

在应用 Hoek-Brown 准则时,岩体的变形模量和抗拉强度表达式为:

$$E_m = E_i\left[0.02 + \frac{1 - D/2}{1 + e^{(60+15D-GSI)/11}}\right] \tag{4-52}$$

$$\sigma_t = -\frac{s\sigma_{ci}}{m_b} \tag{4-53}$$

式中:E_m——岩体的变形模量;

σ_t——岩体的单轴抗压强度。

根据之前得到的不同溶洞顶板模型的最大应力公式,再加上 Hoek-Brown 准则的破坏准则,就可以反推出 Hoek-Brown 准则下不同顶板模型的溶洞顶板安全厚度计算公式,如表 4-8 所示。

Hoek-Brown 准则下各模型顶板安全厚度计算公式 表 4-8

力学模型	顶板最小安全厚度计算公式	验算位置	边界条件
圆板	$h = \sqrt{\frac{3m_b(1+\mu)}{32s\sigma_{ci}}\left[qd^2\left(3 - 3\frac{d^2}{4R^2} + \frac{d^4}{4R^4}\right) + 4q_1R^2\right]}$	荷载中心	固支
	$h = \sqrt{\frac{3m_b}{8s\sigma_{ci}}\left\{qd^2\left[(1+\mu)\ln\frac{2R}{d} + 1\right] + 4q_1R^2\right\}}$	荷载中心	简支
椭圆板	$h = \sqrt{\frac{3qd^2(1+\mu)m_b}{8s\sigma_{ci}}\left(\ln\frac{4b}{d} - 0.317\alpha - 0.376\right) + \frac{3q_0b^2(1+\mu\alpha^2)m_b}{s\sigma_{ci}(3+2\alpha^2+3\alpha^4)}}$	荷载中心	固支
	$h = \sqrt{\frac{3qd^2m_b}{8s\sigma_{ci}}\left[(1+\mu)\ln\frac{2b}{d} + \mu(6.57 - 2.57\alpha)\right] + \frac{q_0b^2m_b}{s\sigma_{ci}}[2.816 + 1.581\mu - (1.691 + 1.206\mu)\alpha]}$	荷载中心	简支
矩形板	$h = \sqrt{\frac{3qd^2m_b}{8s\sigma_{ci}}\left[(1+\mu)\ln\frac{4B}{\pi d} + \beta_1\right] + \frac{6\chi_1q_1B^2m_b}{s\sigma_{ci}}}$	荷载中心	固支
	$h = \sqrt{\frac{3qd^2m_b}{8s\sigma_{ci}}\left[(1+\mu)\ln\frac{4B}{\pi d} + \beta_2\right] + \frac{6\chi_2q_1B^2m_b}{s\sigma_{ci}}}$	荷载中心	简支

续上表

力学模型	顶板最小安全厚度计算公式	验算位置	边界条件
固支梁	$h=\sqrt{\frac{Lm_b}{4Bs\sigma_{ci}}(3qd+q_1L)}$	荷载中心	固支
简支梁	$h=\sqrt{\frac{3m_b}{4Bs\sigma_{ci}}[qd(2L-d)+q_1L^2]}$	荷载中心	简支
悬臂梁	$h=\sqrt{\frac{3m_b}{Bs\sigma_{ci}}[qd(2L-d)+q_1L^2]}$	固定端	固支

4）各种强度理论的适用条件

以上根据各种不同的强度理论推导出不同力学模型下顶板安全厚度的计算公式，对于各个理论都有各自的优点与局限性，表4-9是总结分析岩石的各种强度理论的适用范围。从表中可知Hoek-Brown强度准则对于岩溶地区较为适用，在今后的工程实践可以依据表中各强度理论的适用条件选取更加适合的强度理论。

各种岩石强度理论的适用范围　　表4-9

岩石的强度理论	适用范围
第一强度理论	第一强度理论适用于脆性材料，但是没有考虑其他方向对材料的影响，对没有拉应力的应力状态无法使用。因此第一强度理论对于实际工程中受到三向应力影响的岩体不太适用
莫尔库仑强度理论	莫尔库仑强度理论主要适用于在单调荷载下颗粒材料，抗剪强度与主应力的大小相关，但没有考虑中主应力对材料强度的影响。因此莫尔库仑理论对于坚硬以及较坚硬的一般岩体剪切破坏的情况较为适用，而不适用于拉伸的情况
Hoek-Brown强度准则	Hoek-Brown强度准则主要适用于岩体，考虑岩体的节理裂隙、风化程度等多方面因素，因此该理论对于溶洞地区复杂的地质条件也有较强的适用性
格里菲斯强度理论	格里菲斯强度理论认为材料中微小裂缝的拉应力集中导致材料断裂，因此该理论只适用于脆性岩石的破坏
Drucker-Prager准则	Drucker-Prager准则是在M-C准则和Mises准则基础上扩展推广得出的，计入了中主应力的影响，是对于M-C准则的完善，对于岩体的适用范围更加广泛

4.3　地震作用下桩端溶洞顶板安全厚度计算

4.3.1　均质地层中圆形孔洞周边应力

在研究的过程中，假设溶洞周围的岩体具有连续性、均质性、各向同性以及完全弹性，并假定为平面应变分析。根据以上假定，可把距地表 H 深处，半径为 a 的圆形溶洞周围的应力分布视为双向受压无限大平板中的孔口的应力分布问题，如图4-20所示。其中 p_1 为上部岩土体的垂直地应力，λp_1 为原岩水平应力（λ 为侧压力系数）。取距离溶洞中心 o 处为 r 的一个单

元体 $A(r,\theta)$，其中 θ 为 oA 与 x 轴的夹角（徐志英，1981）。

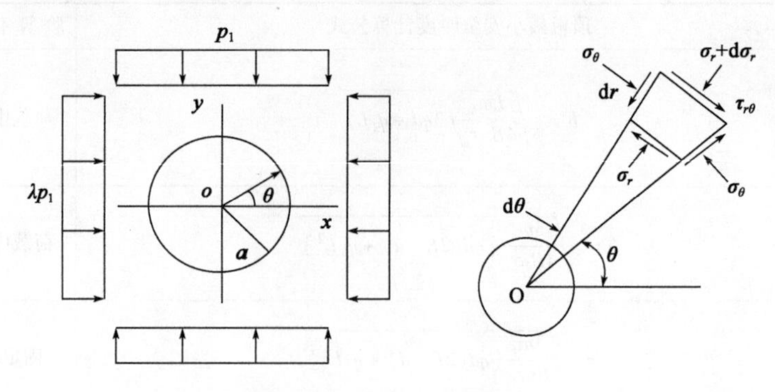

图 4-20　溶洞周边应力分布

根据图 4-20，采用极坐标求解围岩应力：

$$\sigma_r = \frac{p_1}{2}(1+\lambda)\left(1-\frac{a^2}{r^2}\right)-\frac{p_1}{2}(1-\lambda)\left(1-4\frac{a^2}{r^2}+3\frac{a^4}{r^4}\right)\cos 2\theta \tag{4-54}$$

$$\sigma_\theta = \frac{p_1}{2}(1+\lambda)\left(1+\frac{a^2}{r^2}\right)+\frac{p_1}{2}(1-\lambda)\left(1+3\frac{a^4}{r^4}\right)\cos 2\theta \tag{4-55}$$

$$\tau_{r\theta} = \frac{p_1}{2}(1-\lambda)\left(1+2\frac{a^2}{r^2}-3\frac{a^4}{r^4}\right)\sin 2\theta \tag{4-56}$$

式中：σ_r——岩体任意一点的径向应力；

σ_θ——岩体任意一点的切向应力；

$\tau_{r\theta}$——岩体任意一点的剪应力；

p_1——作用于岩体上的原岩垂直应力；

λ——侧压力系数。

则单元体 $A(r,\theta)$ 处的主应力为：

$$\sigma_1 = \frac{1}{2}(\sigma_r+\sigma_\theta)+\left[\frac{1}{4}(\sigma_r-\sigma_\theta)^2+\tau_{r\theta}^2\right]^{\frac{1}{2}} \tag{4-57}$$

$$\sigma_1 = \frac{1}{2}(\sigma_r+\sigma_\theta)+\left[\frac{1}{4}(\sigma_r-\sigma_\theta)^2+\tau_{r\theta}^2\right]^{\frac{1}{2}} \tag{4-58}$$

主应力对应的径向倾角为：

$$\alpha = \frac{1}{2}\tan^{-1}\left[\frac{2\tau_{r\theta}}{(\sigma_\theta-\sigma_r)}\right] \tag{4-59}$$

由公式(4-54)～(4-56)可知，当 $r=a$ 且 $\lambda\neq 1$ 时：

$$\begin{cases}\sigma_r = 0\\ \sigma_\theta = p_1(1+2\cos 2\theta)+\lambda p_1(1-2\cos 2\theta)\\ \tau_{r\theta} = 0\end{cases} \tag{4-60}$$

由此可知，在溶洞周围，只存在切向应力 σ_θ，径向应力 σ_r 和剪应力 $\tau_{r\theta}$ 均为0，说明溶洞周围的岩体应力最大，更容易发生破坏。

4.3.2　地层侧压力系数的确定

由式(4-55)可知，切向应力 σ_θ 受垂直地应力、角度和侧压力系数的影响，大小也随之改变。其中，地应力和侧压力系数都与溶洞所处的深度有很大关系。

侧压力系数是指岩体中水平应力与垂直应力之间的比值，随着深度的增加而逐渐减小(沈明荣和陈建峰，2006)。然而，水平应力的大小受地形和地质构造的影响很大，随着我国地下工程的进一步发展，工程区初始应力场成为工程必须研究的课题，尤其是对水平地应力(或侧压力系数)的研究显得十分迫切。通常情况下，现场实测试验是提供地应力的最有效、最直接的方式，但这种方法会受到场地条件、地质状况以及资金等因素的影响，不可能做到全方位的测量，这就使得研究我国地应力分布规律，找到宏观地应力分布规律显得相当重要。

E. T. Brown 和 E. Hoek(Brown E T and Hoek E，1978)通过对世界各地区地应力的测量结果进行汇总，作出了侧压力系数的变化回归曲线；我国学者根据我国境内的矿山、油田、交通等各行各业的实测资料，绘制出了平均水平地应力与垂直定应力的比值散点图，并对其进行了回归分析，绘制出了水平地应力和垂直地应力的比值随深度变化的回归曲线，如图4-21所示。朱焕春、陶振宇(1994)认为，地应力的大小与岩石的性质有关，岩浆岩、沉积岩以及变质岩的地应力均有很大区别，其中岩浆岩的水平应力一般都比较高，但分散性大；沉积岩中地应力水平一般较低，且在不同的深度上表现出较好的线性分布特性；变质岩最为复杂，其在浅层和深层均表现的比较分散；此外，岩体地应力的大小和岩体的变形模量之间呈现出正相关的关系。赵德安(2007)根据中国近些年来的地测资料，参照霍克—布朗的拟合方法，对578组实测地应力数据进行了回归分析，绘制出了中国不同岩性的平均水平地应力与垂直地应力的比值随所处深度之间的变化曲线。本次取其比值为：

$$\lambda = \frac{100}{H} + 0.3 \tag{4-61}$$

式中：H——溶洞的埋深。

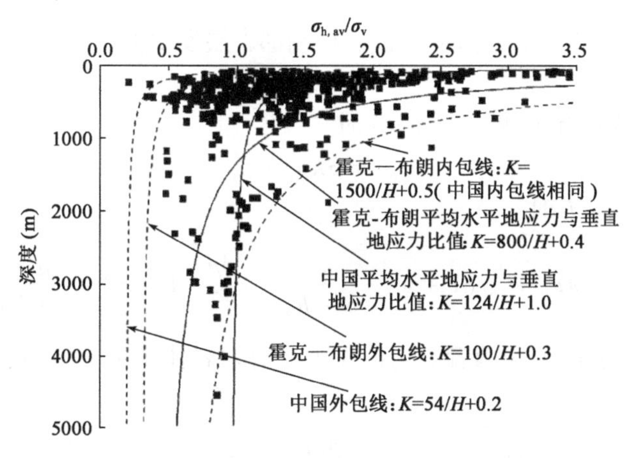

图4-21　霍克—布朗曲线及中国侧压力系数外包线

4.3.3 地震作用下桩端溶洞顶板的剪切破坏与安全厚度计算

在地震作用下溶洞顶板形成的破坏模式一般分为剪切破坏模式和冲切破坏模式。剪切破坏模式指的是岩体沿着桩端竖直剪切，直到剪切到溶洞顶板的一种破坏模式，该破坏模式一般出现在溶洞大小为1～2倍桩径时。冲切破坏模式指的是岩体刚开始也沿着桩端剪切一部分，然后剪切面向溶洞两端扩展形成冲切的一种破坏模式，该破坏模式一般出现在溶洞大小为3～4倍桩径时（付俊杰，2017）。

本小节及随后小节将分别对剪切和冲切这两种破坏模式予以介绍。

1）基于莫尔库仑理论的剪切破坏模式

在地震作用下，溶洞直径较小时，溶洞顶板易发生剪切破坏，破坏简图如图4-22所示。由上文可知，嵌岩桩的承载能力很大，主要包括桩侧岩体的嵌固力以及桩端岩体的承载力，在静载作用下，随着上部荷载的增加，桩侧岩体的嵌固力首先发生作用，提供向上的承载力，这就使得桩与桩周岩体之间产生相对位移，如图4-23所示。在地震作用下，岩体的嵌固力会由于地震波和桩侧相对位移的存在而降低，从而使得溶洞顶板的受力增大，较静载时更容易产生破坏。

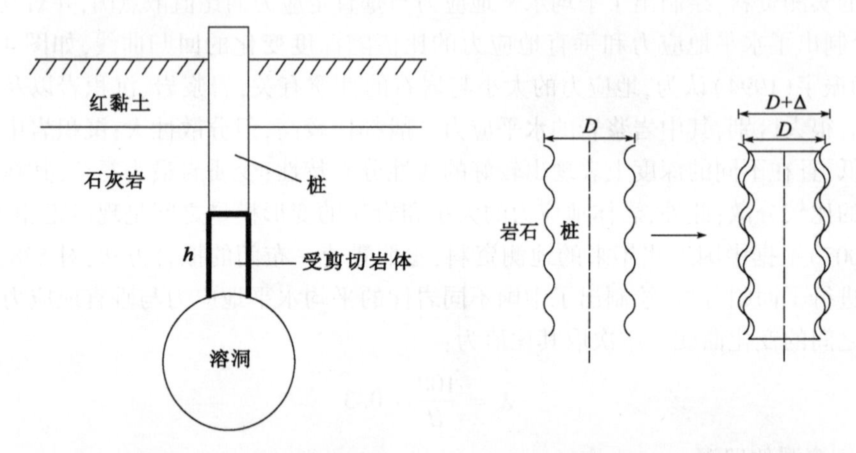

图4-22　地震条件下桩端溶洞破坏模式　　图4-23　嵌岩桩受力前后发生相对位移

由图4-22可知，在地震荷载作用下，嵌岩桩端部岩层发生剪切破坏，其中受剪岩体切向应力分布如图4-23所示。

由公式(4-55)可知，当$\theta=90°$，且$r=a$时

$$\sigma_{\theta_2}=3\lambda p_1-p_1 \tag{4-62}$$

当$\theta=90°$，且$r=a+h$时

$$\sigma_{\theta_1}=\lambda p_1+\frac{p_1}{2}(1+\lambda)\frac{a^2}{(a+h)^2}-\frac{3p_1}{2}(1-\lambda)\frac{a^4}{(a+h)^4} \tag{4-63}$$

计算时对其进行简化，使用两者平均值作为受剪切岩体的水平应力，如图4-24和图4-25所示。即

$$\sigma_\theta=\frac{\sigma_{\theta_1}+\sigma_{\theta_2}}{2}=2\lambda p_1-\frac{p_1}{2}+\frac{p_1a^2}{4(a+h)^2}(1+\lambda)-\frac{3p_1a^4}{4(a+h)^4}(1-\lambda) \tag{4-64}$$

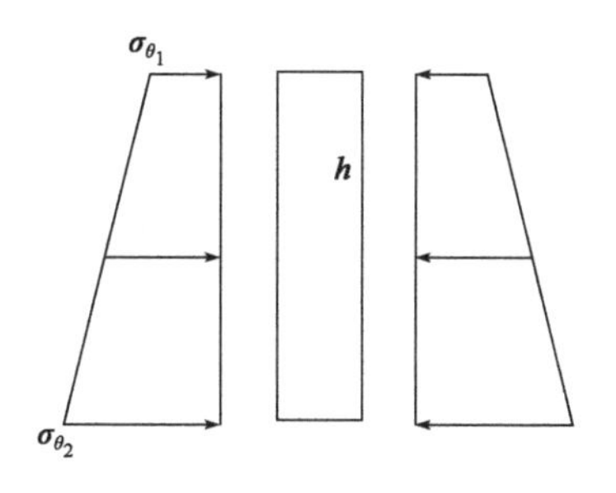

图4-24　受剪岩体切向应力分布

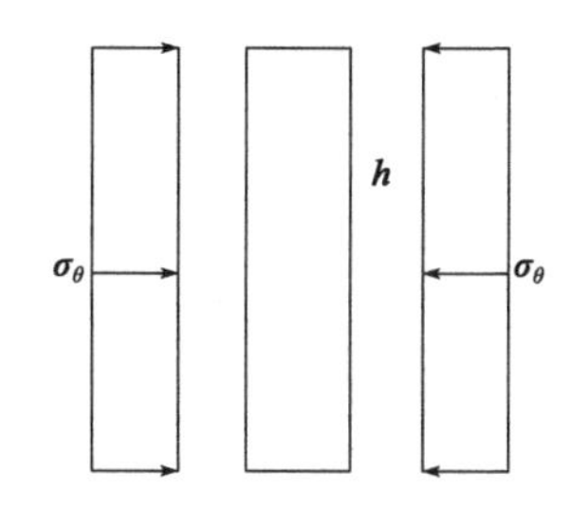

图4-25　受剪岩体切向应力分布简化图

在地震过程中，由于地震波的存在，受剪岩体在受到水平地应力的同时还会受到地震波产生的波动应力，该波动应力的大小和方向会随着时间的变化而变化，因此，可能会对岩体产生拉应力，而岩体的抗拉强度较小，因此必须从最危险的方面对其进行考虑分析。

拟静力分析法是研究地震作用常用的方法（李栋梁，2016），其基本思想是将地震作用简化为一个惯性力系附加在研究对象上，则地震作用下破坏土体中的水平和竖直方向的惯性力分别为 F_k 和 F_v，则

$$F_k = a_k \frac{\mathrm{d}w}{g} = k_k dw$$
$$F_v = a_v \frac{\mathrm{d}w}{g} = k_v dw \tag{4-65}$$

式中：a_k 和 a_v——水平与竖直方向的拟静力加速度；

k_k 和 k_v——水平与竖直方向的拟静力加速度系数（地震系数）；

dw——破坏土体单元体的重力。

已知剪切破坏体为桩端下部规则圆柱体，该圆柱体是在桩体承重荷载及桩身自重两部分作用下发生破坏，因此计算地震作用的拟静力值时，考虑到桥桩主要承担了上部桥梁结构及下部桩墩的重量，因此可将总荷载转化为集中于桩端剪切体上相同重量的质点来求惯性力，则其重量可近似取值 $\Delta W = \frac{\pi d^2}{4}R_j$。

已知工程桩采用C40混凝土，则单轴抗压强度 $R_j = 19.1 \times 10^3\mathrm{kPa}$，灌注桩在成桩过程中的成桩工艺系数取 $\psi_c = 0.8$。因此式（4-65）可变换为：

$$F_k = \frac{a_k}{g}\psi_c R_j \frac{\pi d^2}{4} = \frac{\pi d^2 a_k \psi_c R_j}{4g}$$
$$F_v = \frac{a_v}{g}\psi_c R_j \frac{\pi d^2}{4} = \frac{\pi d^2 a_v \psi_c R_j}{4g} \tag{4-66}$$

则水平和竖直方向地震应力分别为：

$$\sigma_k = \frac{F_k}{dh} = \frac{\pi d a_k \psi_c R_j}{4gh}$$
$$\sigma_v = \frac{F_v}{\frac{\pi d^2}{4}} = \frac{a_v \psi_c R_j}{g} \tag{4-67}$$

由此可知,受剪岩体在地震条件下的应力状态如图4-26所示,该部分岩体在桩施加之前,上部和下部荷载均为零。

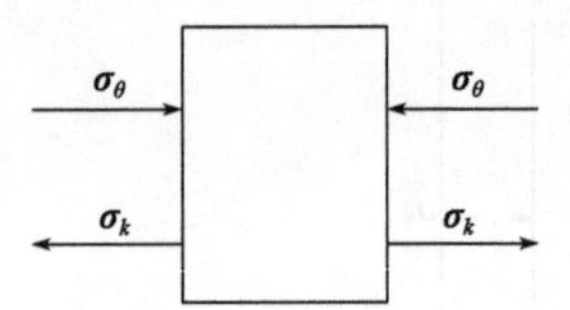

图4-26 受剪岩体地震作用下应力分布

则其剪切面上的抗剪强度为

$$\tau = c + \sigma\tan\varphi = c + (\sigma_\theta - \sigma_k)\tan\varphi \tag{4-68}$$

根据图4-23所示,溶洞受剪切破坏时破坏面为一圆柱体,因此由平衡定律可得:

$$K[P] \leqslant hu\tau \tag{4-69}$$

式中:K——桩端持力岩层的安全系数(赵明华等,2012),取$K=3$;

$[P]$——桩的承载力;

h——圆柱体的高度;

u——圆柱体周长,$u=\pi d$;

τ——岩石抗剪强度。

联立式(4-64)、式(4-67)~(4-69)可得

$$K \leqslant \frac{4h}{\psi_c d\left(1+\frac{a_v}{g}\right)R_j}\left\{c+\left[\begin{array}{l}2\times\left(\frac{100}{H}+0.3\right)p_1+\frac{p_1 a^2}{4(a+h)^2}\left(\frac{100}{H}+1.3\right)- \\ \frac{3p_1 a^4}{4(a+h)^4}\left(0.7-\frac{100}{H}\right)-\frac{\pi d a_k \psi_c R_j}{4gh}-\frac{p_1}{2}\end{array}\right]\tan\varphi\right\} \tag{4-70}$$

取顶板厚度为2倍桩径,溶洞直径为4倍桩径模型中的人工波试验数值,依次计算地震烈度为6度(0.05g)、7度(0.1g)、8度(0.2g)、9度(0.3g)时的顶板安全厚度,表4-10给出了不同加速度条件下人工波各测点的试验数据(付俊杰,2017)。其中嵌岩桩的嵌岩深度为3倍桩径,溶洞埋深为40m,即$H=40\text{m}$,取上部岩土层的平均密度为$\rho_1=2200\text{kg}\cdot\text{m}^{-3}$,则$p_1=\rho_1 gH=2200\times10\times40=0.88\text{MPa}$。

不同加速度幅值下人工波各测点的试验数据 表4-10

加速度幅值	测点				
	A1($\text{m}\cdot\text{s}^{-2}$)	A2($\text{m}\cdot\text{s}^{-2}$)	A3($\text{m}\cdot\text{s}^{-2}$)	A4($\text{m}\cdot\text{s}^{-2}$)	A5($\text{m}\cdot\text{s}^{-2}$)
RG-0.05g	0.506	0.512	0.580	0.703	0.751
RG-0.1g	1.085	1.038	1.302	1.500	1.367
RG-0.2g	1.988	1.336	1.763	2.115	2.077
RG-0.3g	3.002	2.265	2.575	3.131	3.399

选用测点A3、A4的均值作为该地震波作用下的水平加速度,则0.05g下的加速度值为$a_k=0.64\text{m}\cdot\text{s}^{-2}$,0.1$g$下的加速度值为$a_k=1.401\text{m}\cdot\text{s}^{-2}$,0.2$g$下的加速度值$a_k=1.939\text{m}\cdot\text{s}^{-2}$,0.3$g$下的加速度值为$a_k=2.853\text{m}\cdot\text{s}^{-2}$。由《建筑抗震设计规范》(GB 50011—2010)可知,同一地震波的竖向地面加速度峰值与水平地面加速度峰值之比为2/3,即$a_v=2a_k/3$,则0.05g下的竖向加速度值为$a_v=0.43\text{m}\cdot\text{s}^{-2}$,0.1$g$下的竖向加速度值$a_v=0.934\text{m}\cdot\text{s}^{-2}$,0.2$g$下的竖向加速度值为$a_v=1.293\text{m}\cdot\text{s}^{-2}$,0.3$g$下的竖向加速度值为$a_v=1.902\text{m}\cdot\text{s}^{-2}$。

已知$\varphi=39°$,则$\tan\varphi=0.81$,$d=1.25\text{m}$,$\rho=2700\text{kg}\cdot\text{m}^{-3}$,$\rho_1=2200\text{kg}\cdot\text{m}^{-3}$ $c=1.6\text{MPa}$,

$R_j = 19.1 \times 10^3 \mathrm{kPa}$。将其带入式(4-70)可得不同烈度条件下的顶板最小安全厚度,计算结果如表4-11所示。

剪切破坏模式下的安全厚度　　表4-11

地震烈度	$a_k(\mathrm{m \cdot s^{-2}})$	$a_v(\mathrm{m \cdot s^{-2}})$	$h(\mathrm{m})$
6度	0.64	0.43	3.48
7度	1.401	0.934	3.86
8度	1.939	1.293	4.14
9度	2.853	1.902	4.60

2)基于Hoek-Brown准则的剪切破坏模式

Hoek和Brown通过对大量岩石(岩体)抛物线型破坏包络线的系统研究,提出岩石破坏经验判据岩体破坏准则,常规Hoek-Brown准则可写为:

$$\frac{\sigma_1 - \sigma_3}{\sigma_c} = \sqrt{m\frac{\sigma_3}{\sigma_c} + s} \tag{4-71}$$

式中:σ_1,σ_3——大小主应力;

σ_c——完整岩块单轴抗压强度;

m,s——常数。

m,s与岩体类型、完整性、风化程度等因素有关,m变化范围为0.001(强烈破坏岩体)~25(坚硬而完整岩体)。s与岩石内部颗粒间抗拉强度和颗粒间咬合程度有关,其变化范围为0(节理化岩体)~1(完整岩体)。

$$m = m_i \exp\left(\frac{GSI - 100}{28 - 14D}\right) \tag{4-72}$$

$$s = \exp\left(\frac{GSI - 100}{9 - 3D}\right) \tag{4-73}$$

由于Hoek-Brown准则的表达式为大小主应力之间的关系式,因此要将此表达式转化为关于抗剪强度的表达式。

Serrano采用Lambe变量$p^* = (\sigma_1^* + \sigma_3^*)/2$和$q^* = (\sigma_1^* - \sigma_3^*)/2$对公式进行简化:

$$\frac{q^*}{\beta} = \sqrt{2\left(\frac{p^*}{\beta} + \zeta\right) + 1} - 1 \tag{4-74}$$

式中,$\beta = \frac{m\sigma_c}{8}$,$\zeta = \frac{8\mathrm{s}}{\mathrm{m}^2}$,即为:

$$\beta = \frac{\sigma_c m_i}{8}\exp\frac{GSI - 100}{28 - 14D} \tag{4-75}$$

$$\zeta = \frac{8}{m_i^2}\exp\frac{GSI - 100}{9 - 3D} \tag{4-76}$$

对式无量纲化,经整理可得:

$$2(p+\zeta)=q^{2}+2q \tag{4-77}$$

式中，$p=p^{*}/\beta, q=q^{*}/\beta$；

β——强度模量，表示岩体破坏准则和所有应力变量；

ζ——岩体的相对质量和强度。定义即时摩擦角 ρ 如下：

$$\sin\rho=\frac{\mathrm{d}q}{\mathrm{d}p}=\frac{1}{1+q} \tag{4-78}$$

则 Hoek-Brown 准则破坏圆的莫尔强度包络线可采用参数 ρ 表示为：

$$\tau=q\cos\rho \tag{4-79}$$

$$\sigma_{n}=p-q\sin\rho \tag{4-80}$$

进一步简化可得如下关系式：

$$\tau=\frac{\tau^{*}}{\beta}=\frac{1-\sin\rho}{\tan\rho} \tag{4-81}$$

$$\sigma_{n}=\frac{\sigma^{*}}{\beta}+\zeta=\frac{1}{2}\left(\frac{1-\sin\rho}{\sin\rho}\right)^{2}(1+2\sin\rho) \tag{4-82}$$

式中：σ^{*}——作用在微元破裂面上的法向应力；

τ^{*}——作用在微元破裂面上的切向应力，即为岩石的抗剪强度 τ_{r}。

联立式(4-81)和式(4-82)解得 τ 的近似解为：

$$\tau\approx\sigma_{\mathrm{n}}^{0.75} \tag{4-83}$$

由式(4-81)和式(4-83)得 τ^{*} 的表达式为：

$$\tau^{*}=\beta\sigma^{0.75}=\beta\left(\frac{\sigma^{*}}{\beta}+\zeta\right)^{0.75} \tag{4-84}$$

因此，如图 4-26 所示受剪岩体在地震条件下的应力状态，根据 Hoek-Brown 准则，其剪切面上的抗剪强度为：

$$\tau=\beta\left(\frac{\sigma}{\beta}+\zeta\right)^{0.75}=\beta\left(\frac{\sigma_{\theta}-\sigma_{\mathrm{k}}}{\beta}+\zeta\right)^{0.75} \tag{4-85}$$

联立式(4-64)、式(4-67)、式(4-69)、式(4-85)可得：

$$K\leqslant\frac{4h\beta}{\psi_{c}d\left(1+\frac{a_{v}}{g}\right)R_{j}}\left\{\left[\begin{array}{l}2\times\left(\frac{100}{H}+0.3\right)p_{1}+\frac{p_{1}a^{2}}{4(a+h)^{2}}\left(\frac{100}{H}+1.3\right)-\\ \frac{3p_{1}a^{4}}{4(a+h)^{4}}\left(0.7-\frac{100}{H}\right)-\frac{\pi d a_{k}\psi_{c}R_{j}}{4gh}-\frac{p_{1}}{2}\end{array}\right]\Big/\beta+\zeta\right\}^{0.75} \tag{4-86}$$

取顶板厚度为 2 倍桩径，溶洞直径为 4 倍桩径模型中的人工波试验数值，依次计算地震烈度为6度(0.05g)、7度(0.1g)、8度(0.2g)、9度(0.3g)时的顶板安全厚度,表4-10给出了不同加速度条件下人工波各测点的试验数据。其中嵌岩桩的嵌岩深度为3倍桩径,溶洞埋深为40m,即$H=40$m,取上部岩土层的平均密度为$\rho_1=2200\text{kg}\cdot\text{m}^{-3}$,则$p_1=\rho_1 gH=2200\times10\times40=0.88$MPa。

选用A3、A4的均值作为该地震波作用下的水平加速度,则0.05g下的加速度值为$a_k=0.64\text{m}\cdot\text{s}^{-2}$,0.1$g$下的加速度值为$a_k=1.401\text{m}\cdot\text{s}^{-2}$,0.2$g$下的加速度值$a_k=1.939\text{m}\cdot\text{s}^{-2}$,0.3$g$下的加速度值为$a_k=2.853\text{m}\cdot\text{s}^{-2}$。由《建筑抗震设计规范》(GB 50011—2010)可知,同一地震波的竖向地面加速度峰值与水平地面加速度峰值之比为2/3,即$a_v=2a_k/3$,则0.05g下的竖向加速度值为$a_v=0.43\text{m}\cdot\text{s}^{-2}$,0.1$g$下的竖向加速度值$a_v=0.934\text{m}\cdot\text{s}^{-2}$,0.2$g$下的竖向加速度值为$a_v=1.293\text{m}\cdot\text{s}^{-2}$,0.3$g$下的竖向加速度值为$a_v=1.902\text{m}\cdot\text{s}^{-2}$。

已知$GSI=60$,$D=1$,$m_i=7d=1.5$m,$\rho=2700\text{kg}\cdot\text{m}^{-3}$,$\rho_1=2200\text{kg}\cdot\text{m}^{-3}$ $R_j=19.1\times10^3$kPa。将其代入式(4-98)可得不同烈度条件下的顶板最小安全厚度见表4-12。

基于Hoek-Brown准则剪切破坏模式下的安全厚度　　表4-12

地震烈度	a_k(m·s^{-2})	a_v(m·s^{-2})	h(m)
6度	0.64	0.43	3.89
7度	1.401	0.934	4.32
8度	1.939	1.293	4.62
9度	2.853	1.902	5.13

3)剪切破坏模式下莫尔—库仑理论与Hoek-Brown准则的计算结果对比

总结以上计算得出的结果,表4-13是剪切破坏模式下莫尔库仑理论与Hoek-Brown准则的安全厚度。

莫尔—库仑理论与Hoek-Brown准则在剪切破坏模式下的安全厚度　　表4-13

地震烈度	莫尔—库仑	Hoek-Brown
6度	3.48	3.89
7度	3.86	4.32
8度	4.14	4.62
9度	4.60	5.13

从表4-13可知,随着地震烈度的增大,剪切破坏模式下的顶板安全厚度也随之增大,这也说明了地震强度对于溶洞顶板稳定性的影响。此外,剪切破坏模式下Hoek-Brown准则计算出的顶板安全厚度均大于莫尔—库仑理论,表明Hoek-Brown准则的计算参数有考虑岩体的节理裂隙以及风化程度等原因,这些因素都对顶板的稳定性有很大的影响,因此计算结果大于莫尔—库仑理论。

从这两个的模型的计算结果可知,Hoek-Brown准则有考虑岩体的许多影响因素,因此更加适用于岩溶地区溶洞顶板稳定性计算。

4.3.4 地震作用下桩端溶洞顶板的冲切破坏与安全厚度计算

1)基于莫尔—库仑理论的冲切破坏模式

当溶洞直径增大至 3 ~4 倍桩径以上时,在地震作用下,溶洞顶板则会发生冲切破坏,其破坏简图如图 4-27 所示,冲切位置发生在溶洞顶板处,冲切体厚度为 0.5 倍桩基,跨度约为 2 倍桩径,且破坏面与水平夹角为 45°,在冲切体的上方,会有一部分的剪切岩体。溶洞顶板在地震波的作用下,先发生部分的剪切破坏,当桩体产生沉降,桩端应力传至溶洞上方时,溶洞上部岩体随即产生冲切破坏。

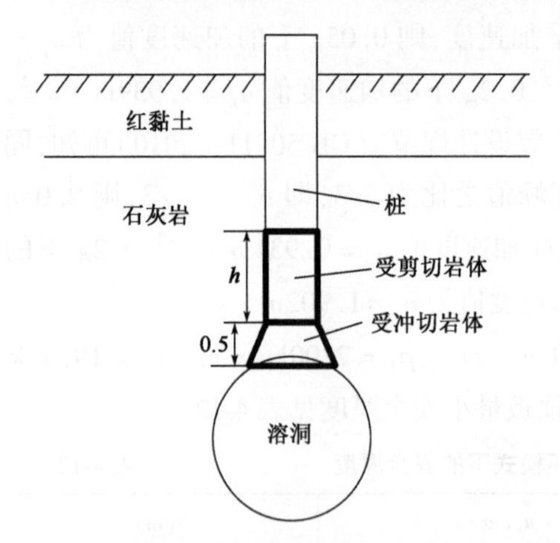

图 4-27 地震作用下的冲切破坏

由公式(4-54)可知,当 $\theta=90°$,且 $r=a+0.5d$ 时,受剪切岩体下部切向应力为:

$$\sigma_{\theta_3}=\lambda p_1+\frac{p_1}{2}(1+\lambda)\frac{a^2}{(a+0.5d)^2}-\frac{3p_1}{2}(1-\lambda)\frac{a^4}{(a+0.5d)^4} \tag{4-87}$$

当 $\theta=90°$,且 $r=a+0.5d+h$ 时,受剪切岩体上部切向应力为:

$$\sigma_{\theta_4}=\lambda p_1+\frac{p_1}{2}(1+\lambda)\frac{a^2}{(a+0.5d+h)^2}-\frac{3p_1}{2}(1-\lambda)\frac{a^4}{(a+0.5d+h)^4} \tag{4-88}$$

则剪切岩体切向应力均值为:

$$\sigma_{\theta_5}=\frac{\sigma_{\theta_3}+\sigma_{\theta_4}}{2}=\lambda p_1+\frac{p_1}{4}(1+\lambda)\left[\frac{a^2}{(a+0.5d)^2}+\frac{a^2}{(a+0.5d+h)^2}\right]-\frac{3p_1}{4}(1-\lambda)\left[\frac{a^4}{(a+0.5d)^4}+\frac{a^4}{(a+0.5d+h)^4}\right] \tag{4-89}$$

冲切岩体的切向应力均值为:

$$\sigma_{\theta_6}=\frac{\sigma_{\theta_1}+\sigma_{\theta_3}}{2}=2\lambda p_1-\frac{p_1}{2}+\frac{p_1}{4}(1+\lambda)\frac{a^2}{(a+0.5d)^2}-\frac{3p_1}{4}(1-\lambda)\frac{a^4}{(a+0.5d)^4} \tag{4-90}$$

则桩端剪切岩体在正常状态下应力简图和地震条件下的应力分布分别如图 4-28、图 4-29 所示。

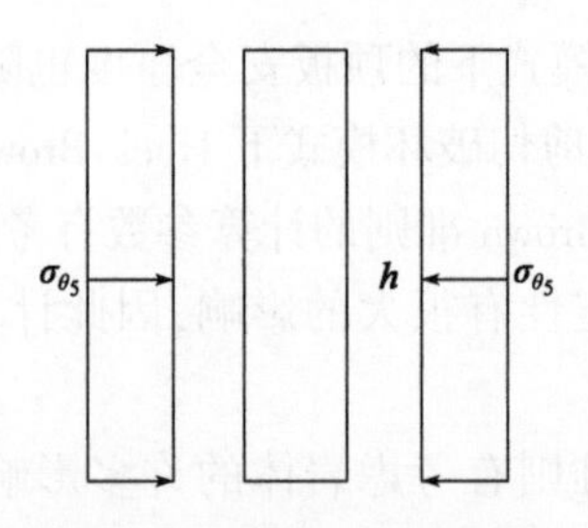

图 4-28 受剪岩体应力简图

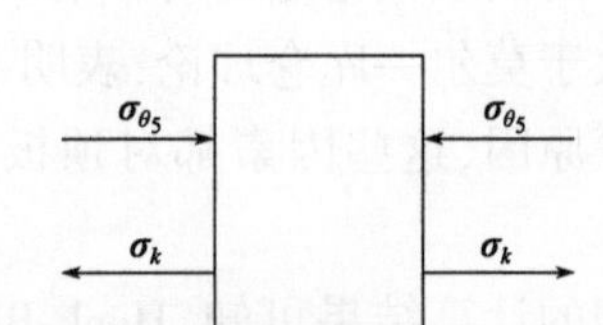

图 4-29 受剪岩体地震作用下应力分布

由此可知,受剪岩体的抗剪强度为:

$$\tau = c + \sigma\tan\varphi = c + (\sigma_{\theta_5} - \sigma_k)\tan\varphi \tag{4-91}$$

联立式(4-69)、式(4-91)可得:

$$F_1 = hu\tau = h\pi d[c + (\sigma_{\theta_5} - \sigma_k)\tan\varphi] \tag{4-92}$$

对冲切岩体的冲切面进行受力分析,如图4-30所示,其中 σ_t 为岩体抗拉强度,上部岩土自重应力 $p_2 = \rho g(H - a) = 2200 \times 10 \times (40 - 3) = 814000\text{Pa}$,即 $p_2 = 0.814\text{MPa}$。

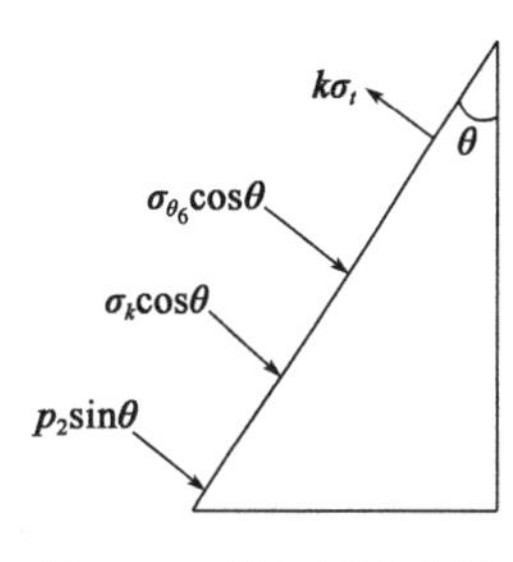

图4-30　冲切面受力分析

则冲切体破坏时所受竖向力为:

$$F_2 = S(k\sigma_t - \sigma_{\theta_6}\cos\theta - \sigma_k\cos\theta - p_2\sin\theta)\sin\theta \tag{4-93}$$

其中 k 为地震动力作用下岩体强度提高系数,通常范围在1.3~1.5之间,本次取 $k = 1.3$。

联立式(4-90)、式(4-93)可知

$$F_2 = \frac{0.5d\pi}{\cot\theta}(d + 0.5d\tan\theta)(k\sigma_t - \sigma_{\theta_6}\cos\theta - \sigma_k\cos\theta - p_2\sin\theta) \tag{4-94}$$

式中 $\theta = 45°$,则

$$F_2 = 0.75\pi d^2\left(k\sigma_t - \frac{\sqrt{2}}{2}\sigma_{\theta_6} - \frac{\sqrt{2}}{2}\sigma_k - \frac{\sqrt{2}}{2}p_2\right) \tag{4-95}$$

综上可知,当溶洞顶板安全时,必须满足下式,即

$$K[P] \leqslant F_1 + F_2 \tag{4-96}$$

联立式(4-67)、式(4-92)、式(4-95)、式(4-96)可得:

$$K \leqslant \frac{4(F_1 + F_2)}{\pi d^2\psi_c\left(1 + \frac{a_v}{g}\right)R_j} \tag{4-97}$$

顶板安全厚度

$$h' = h + 0.5d \tag{4-98}$$

以顶板厚度2倍桩径,溶洞直径4倍桩径模型为例,取人工波试验数值,已知 $\varphi = 39°$,$\tan\varphi = 0.81$,$d = 1.5\text{m}$,$\rho = 2700\text{kg}\cdot\text{m}^{-3}$,$R_j = 19.1 \times 10^3\text{kPa}$,$p_1 = 0.88\text{MPa}$,$p_2 = 0.814\text{MPa}$,$\rho_1 = 2200\text{kg}\cdot\text{m}^{-3}$,$\sigma_t = 7\text{MPa}$。代入式(4-81)可得冲切破坏模式下的顶板安全厚度值见表4-14。

冲切破坏模式下的安全厚度　　表4-14

地震烈度	a_k(m·s^{-2})	a_v(m·s^{-2})	h'(m)
6度	0.64	0.43	3.74
7度	1.401	0.934	4.20
8度	1.939	1.293	4.53
9度	2.853	1.902	5.08

2)基于 Hoek-Brown 准则抗冲切破坏理论计算方法

由此可知,受剪岩体的抗剪强度为:

$$\tau = \beta\left(\frac{\sigma}{\beta} + \zeta\right)^{0.75} = \beta\left(\frac{\sigma_\theta - \sigma_k}{\beta} + \zeta\right)^{0.75} \tag{4-99}$$

联立式(4-69)、(4-99)可得:

$$F_1 = hu\tau = h\pi d\left[\beta\left(\frac{\sigma_\theta - \sigma_k}{\beta} + \zeta\right)^{0.75}\right] \tag{4-100}$$

对冲切岩体的冲切面进行受力分析,其中 σ_t 为岩体抗拉强度,上部岩土自重应力 $p_2 = \rho g(H - a) = 2200 \times 10 \times (40 - 3) = 814000\text{Pa}$,即 $p_2 = 0.814\text{MPa}$。

则冲切体破坏时所受竖向力为:

$$F_2 = S(k\sigma_t - \sigma_{\theta_6}\cos\theta - \sigma_k\cos\theta - p_2\sin\theta)\sin\theta \tag{4-101}$$

其中 k 为地震动力作用下岩体强度提高系数,通常范围在 1.3~1.5 之间,本次取 $k = 1.3$。

联立式(4-90)、(4-101)可知

$$F_2 = \frac{0.5d\pi}{\cot\theta}(d + 0.5d\tan\theta)(k\sigma_t - \sigma_{\theta_6}\cos\theta - \sigma_k\cos\theta - p_2\sin\theta) \tag{4-102}$$

式中 $\theta = 45°$,则

$$F_2 = 0.75\pi d^2\left(k\sigma_t - \frac{\sqrt{2}}{2}\sigma_{\theta_6} - \frac{\sqrt{2}}{2}\sigma_k - \frac{\sqrt{2}}{2}p_2\right) \tag{4-103}$$

综上可知,当溶洞顶板安全时,必须满足下式,即

$$K[P] \leqslant F_1 + F_2 \tag{4-104}$$

联立式(4-67)、式(4-100)、式(4-103)、式(4-104)可得:

$$K \leqslant \frac{4}{\pi d^2\psi_c\left(1 + \dfrac{a_v}{g}\right)R_j}\left\{\begin{aligned}&0.75\pi d^2\left(k\sigma_t - \frac{\sqrt{2}}{2}\sigma_{\theta_6} - \frac{\sqrt{2}}{2}\sigma_k - \frac{\sqrt{2}}{2}p_2\right) + \\ &h\pi d\left[\beta\left(\frac{\sigma_\theta - \sigma_k}{\beta} + \zeta\right)^{0.75}\right]\end{aligned}\right\} \tag{4-105}$$

顶板安全厚度

$$h' = h + 0.5d \tag{4-106}$$

以顶板厚度 2 倍桩径,溶洞直径 4 倍桩径模型为例,取人工波试验数值,已知 $GSI = 60$,$D = 1$,$m_i = 7$,$d = 1.25\text{m}$,$\rho = 2700\text{kg}\cdot\text{m}^{-3}$,$R_j = 19.1 \times 10^3\text{kPa}$,$p_1 = 0.88\text{MPa}$,$p_2 = 0.814\text{MPa}$,$\rho_1 = 2200\text{kg}\cdot\text{m}^{-3}$,$\sigma_t = 7\text{MPa}$。代入式(4-105)可得冲切破坏模式下的顶板安全厚度值见表 4-15。

基于 Hoek-Brown 准则冲切破坏模式下的安全厚度　　表4-15

地震烈度	$a_k(\mathrm{m\cdot s^{-2}})$	$a_v(\mathrm{m\cdot s^{-2}})$	$h'(\mathrm{m})$
6度	0.64	0.43	4.09
7度	1.401	0.934	4.68
8度	1.939	1.293	5.09
9度	2.853	1.902	5.79

3）冲切破坏模式下莫尔—库仑理论与 Hoek-Brown 准则的计算结果对比

总结以上剪切以及冲切破坏模式计算得出的结果，表4-16是剪切以及冲切破坏模式下莫尔—库仑理论与 Hoek-Brown 准则的安全厚度。

莫尔—库仑理论与 Hoek-Brown 准则在不同破坏模式下的安全厚度　　表4-16

地震烈度	剪切		冲切	
	莫尔—库仑	Hoek-Brown	莫尔—库仑	Hoek-Brown
6度	3.48	3.74	3.89	4.09
7度	3.86	4.20	4.32	4.68
8度	4.14	4.53	4.62	5.09
9度	4.60	5.08	5.13	5.79

从表4-16可知，随着地震烈度的增大，冲切破坏模式下的顶板安全厚度的变化规律和剪切破坏模式基本相同。此外，冲切破坏模式下计算出的顶板安全厚度都大于剪切破坏模式的，这表明冲切破坏模式对溶洞顶板稳定性的影响更大，而形成冲切破坏模式往往是由于溶洞大小远大于桩径，这也说明了溶洞越大对溶洞顶板稳定性的影响也越大。

4.4　桩端荷载下溶洞顶板安全厚度计算程序开发

本章以桩端溶洞顶板稳定性的计算程序为背景，介绍了程序的设计、界面及控件。将荷载归纳为静、动两大类，系统地介绍了每类荷载条件下不同计算理论的程序化设计，并通过工程算例演示程序的使用过程，以助于读者更全面深入地了解该程序，对同类程序的设计提供一定的参考。为了便于岩溶地区桥桩下顶板安全厚度的计算，结合前文理论研究结果，分别就静力以及动力情况下不同本构模型破坏准则的安全厚度计算公式，开发了岩溶地区桥桩溶洞顶板稳定性计算的程序。

4.4.1　编程语言及开发工具

本文采用的是C#语言，C#语言是 Microsoft 发布的一种面向对象的、现代的编程语言。C#语言可以编写窗口界面程序以及数据库等。C#继承了 C 和 C + + 的优点和灵活性，同时又具备了完全的面向对象特性，可以让使用者直接了解面向对象编程的各种概念，学习现代的编程思想和手段。

Visual Studio 2010 的集成开发环境（IDE）的界面简单明了。Visual Studio 2010 同时带来

了 NET Framework4.0。Visual Studio 可以创建 Windows 应用程序和网络应用程序,也可以用来创建网络服务、智能设备应用程序和 Office 插件。VS 支持多种语言的开发,比如 C + +、C#、F#、VB 等,并且可视化开发的功能比较强,控件可以直接拖放,省去编写代码的时间。

4.4.2 程序控件及模块功能

本次桩端荷载下岩溶顶板稳定性计算程序的程序界面采用 Visual Studio2010 里面的 Winform 窗体进行开发设计。Windows 窗体可用于设计窗体和可视控件,具有控件灵活、数据管理以及向导明确等优点。

除了 Winform 窗体,还需要加入一些可视化的界面控件,而这些可视化的界面控件统称为控件。以下的控件是本次程序开发的重要部分:

(1)Label

Label 称为标签控件。该控件内不能编辑文本,起到标注说明的作用。

(2)Button

Button 称为按钮控件。该控件使用单击按钮来执行用户与软件的操作。

(3)TextBox

TextBox 称为文本框控件。该控件可以编辑文本,可以输入数据计算。

(4)PictureBox

PictureBox 用于显示图像的 Windows 图片框控件。通常载入图像档案的格式有:bmp、gif、jpg、jpeg、png、wmf 等图形档案。

(5)GroupBox

GroupBox 控件又称为分组框。该控件可以用于对其他控件进行分组。

(6)TabControl

TabControl 又称为分页控件。该控件用于显示多个选项卡,类似于将各个窗体进行分页的标签,每个选项卡又可以放置多个控件。

通过这些控件对程序的界面进行基础的编辑,而这些控件都具有许多的属性,属性指的是控件具有的性质,这使得界面的编辑更加丰富,控件的属性见表 4-17。

程序界面控件属性表　　表 4-17

属　性	介　绍
Name	指示代码中用来标识该对象的名称
Text	与控件关联的文本
Location	控件左上角相对于其容器左上角的坐标
Size	控件的大小
Visible	确定该控件是可见的还是隐藏的
Enabled	指示是否已启用该控件
ForeColor	组件的前景色
BackColor	组件的背景色
Font	用于显示控件中文本的字体

该程序以 C#语言为基础进行编程，在 Visual Studio 2010 平台上开发，由桩端溶洞顶板稳定性分析的主界面以及静力、动力情况下多种破坏模式的稳定分析计算界面等多个界面组成，程序的部分代码见附录。桩端荷载下岩溶顶板稳定性计算程序的主界面如图 4-31 所示。

图 4-31　桩端荷载下岩溶顶板稳定性计算程序的主界面图

本软件对于某些计算参数有限定提示功能，比如泊松比等，还有对于计算参数的说明以及查找控件，如图 4-32 所示。

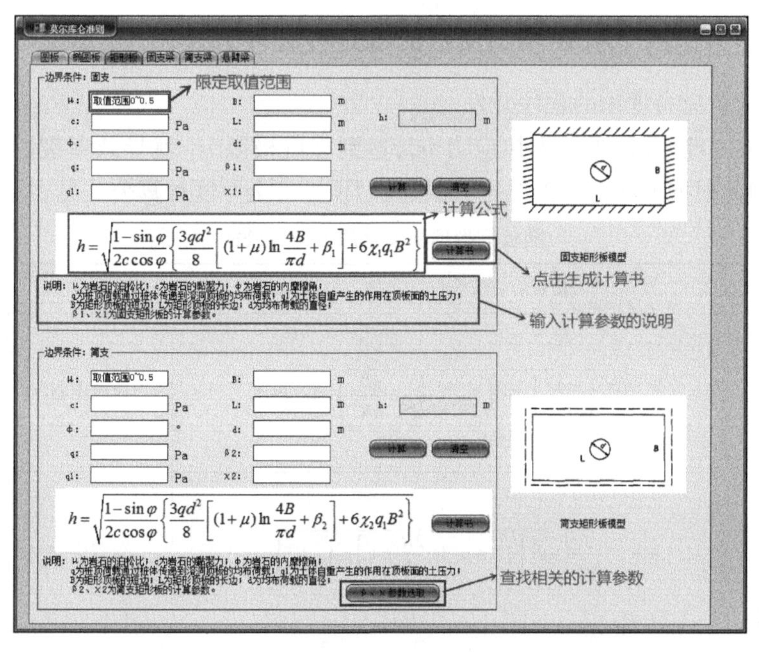

图 4-32　程序界面介绍示意图

该程序可对计算结果生成计算书，在每一种破坏模式分析下的公式边都有“计算书”的 button 按钮，点击可以生成该理论下程序分析计算的计算书，并在右上角也有按钮控件支持生成 Word 文件,并自动保存至桌面,如图 4-33 所示。

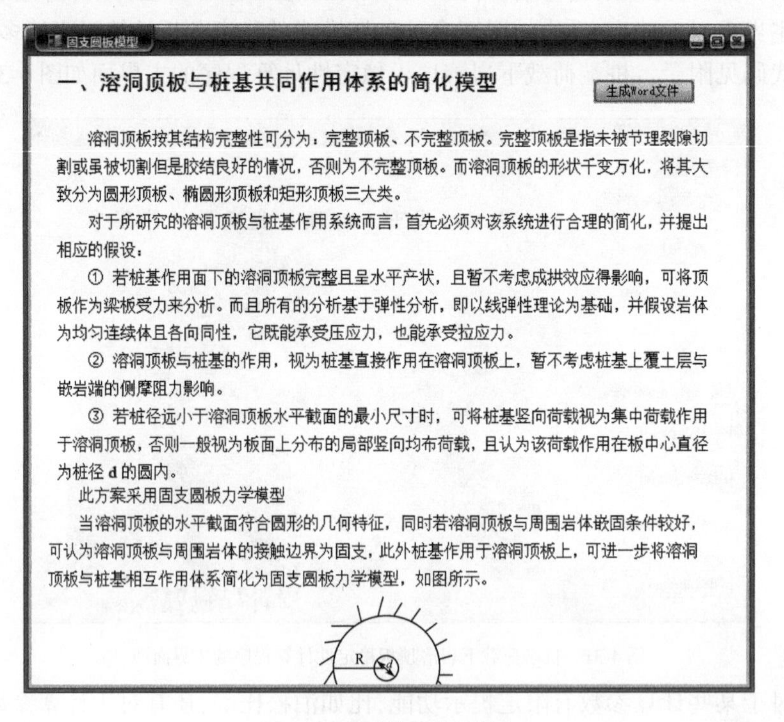

图 4-33　生成计算书示意图

4.4.3　静力作用下桩端溶洞顶板的稳定性程序开发

1)基于最大拉应力理论的程序开发

根据第一强度理论,只要最大拉应力 σ_1,达到强度极限 σ_b 就导致断裂。于是得断裂准则:$\sigma_1=\sigma_b$。因此根据前文得出的结论,圆板模型顶板安全厚度计算公式见表 4-18。

圆板模型顶板安全厚度计算公式　　表 4-18

力学模型	顶板容许安全厚度条件	验算位置	边界条件
圆板	$h=\sqrt{\frac{3(1+\mu)}{32\sigma}\left[qd^2\left(3-3\frac{d^2}{4R^2}+\frac{d^4}{4R^4}\right)+4q_1R^2\right]}$	荷载中心	固支
	$h=\sqrt{\frac{3}{8\sigma}\left\{qd^2\left[(1+\mu)\ln\frac{2R}{d}+1\right]+4q_1R^2\right\}}$	荷载中心	简支

根据推导的公式将各个参数以简洁明了的输入方式编写成程序化界面,并且对于泊松比 μ 等有取值范围的参数作出了必要的提示,使得软件操作起来更加准确可靠。第一强度理论圆板模型的程序化计算界面如图 4-34 所示。

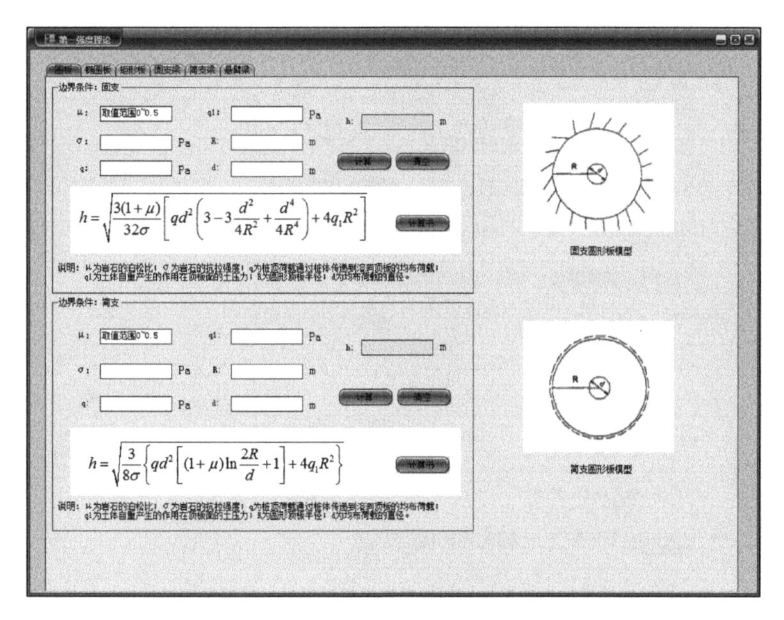

图4-34　第一强度理论圆板模型的计算界面图

根据前文得出的结论，椭圆板模型顶板安全厚度计算公式见表4-19。

椭圆板模型顶板安全厚度计算公式　　表4-19

力学模型	顶板容许安全厚度条件	验算位置	边界条件
椭圆板	$h=\sqrt{\frac{3qd^2(1+\mu)}{8\sigma}\left(\ln\frac{4b}{d}-0.317\alpha-0.376\right)+\frac{3q_0b^2(1+\mu\alpha^2)}{\sigma(3+2\alpha^2+3\alpha^4)}}$	荷载中心	固支
	$h=\sqrt{\frac{3qd^2}{8\sigma}\left[(1+\mu)\ln\frac{2b}{d}+\mu(6.57-2.57\alpha)\right]+\frac{q_0b^2}{\sigma}[2.816+1.581\mu-(1.691+1.206\mu)\alpha]}$	荷载中心	简支

依据以上的桩端溶洞顶板安全厚度的计算公式，第一强度理论椭圆板模型的程序化计算界面如图4-35所示。

根据前文得出的结论，矩形板模型顶板安全厚度计算公式见表4-20。

矩形板模型顶板安全厚度计算公式　　表4-20

力学模型	顶板容许安全厚度条件	验算位置	边界条件
矩形板	$h=\sqrt{\frac{3qd^2}{8\sigma}\left[(1+\mu)\ln\frac{4B}{\pi d}+\beta_1\right]+\frac{6\chi_1q_1B^2}{\sigma}}$	荷载中心	固支
	$h=\sqrt{\frac{3qd^2}{8\sigma}\left[(1+\mu)\ln\frac{4B}{\pi d}+\beta_2\right]+\frac{6\chi_2q_1B^2}{\sigma}}$	荷载中心	简支

依据以上的桩端溶洞顶板安全厚度的计算公式，第一强度理论矩形板模型的程序化计算界面如图4-36所示。

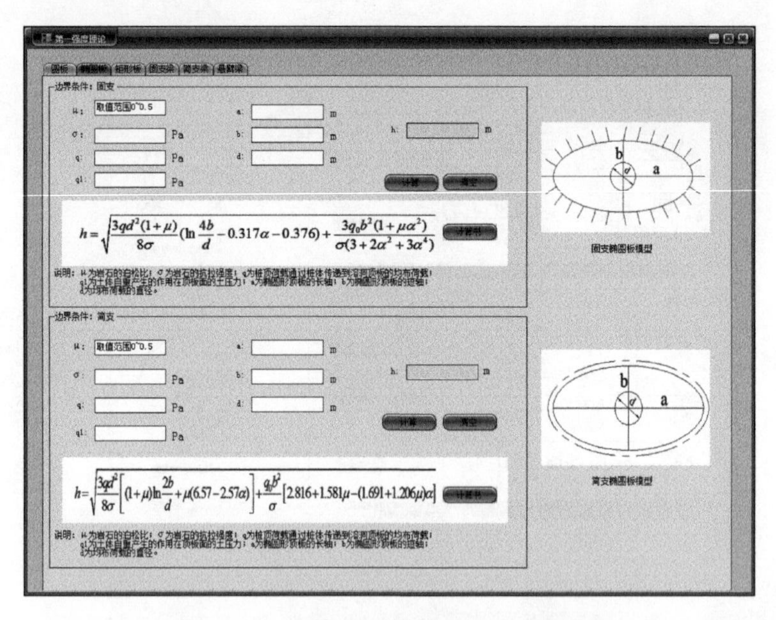

图4-35　第一强度理论椭圆板模型的计算界面图

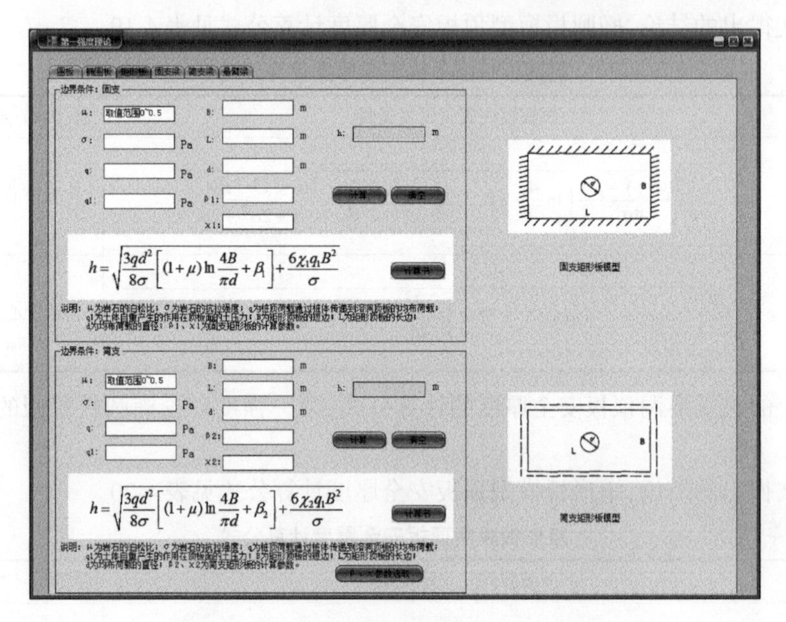

图4-36　第一强度理论矩形板模型的计算界面图

根据前文得出的结论，固支梁模型顶板安全厚度计算公式见表4-21。

固支梁模型顶板安全厚度计算公式　　表4-21

力学模型	顶板容许安全厚度条件	验算位置	边界条件
固支梁	$h=\sqrt{\frac{L}{4B\sigma}(3qd+q_1L)}$	荷载中心	固支

依据以上的桩端溶洞顶板安全厚度的计算公式,第一强度理论固支梁模型的程序化计算界面如图 4-37 所示。

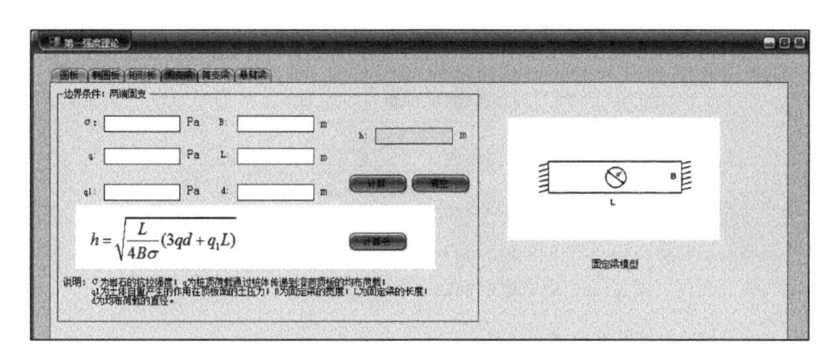

图 4-37　第一强度理论固支梁模型的计算界面图

简支梁模型顶板安全厚度计算公式见表 4-22。

简支梁模型顶板安全厚度计算公式　　　表 4-22

力学模型	顶板容许安全厚度条件	验算位置	边界条件
简支梁	$h = \sqrt{\frac{3}{4B\sigma}[qd(2L-d)+q_1L^2]}$	荷载中心	简支

依据以上的桩端溶洞顶板安全厚度的计算公式,第一强度理论简支梁模型的程序化计算界面如图 4-38 所示。

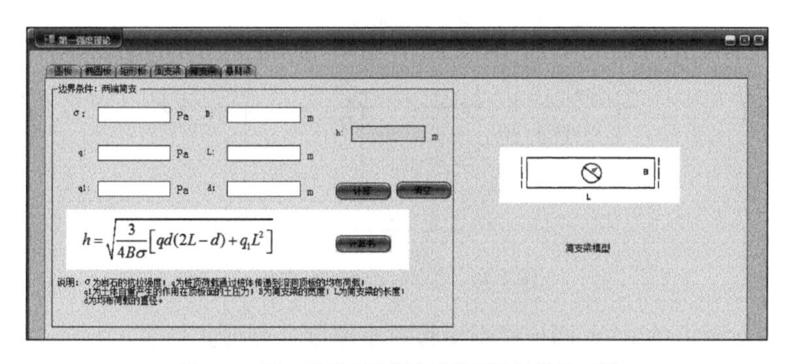

图 4-38　第一强度理论简支梁模型的计算界面图

悬臂梁模型顶板安全厚度计算公式见表 4-23。

悬臂梁模型顶板安全厚度计算公式　　　表 4-23

力学模型	顶板容许安全厚度条件	验算位置	边界条件
悬臂梁	$h = \sqrt{\frac{3}{B\sigma}[qd(2L-d)+q_1L^2]}$	荷载中心	固支

依据以上的桩端溶洞顶板安全厚度的计算公式,第一强度理论悬臂梁模型的程序化计算界面如图 4-39 所示。

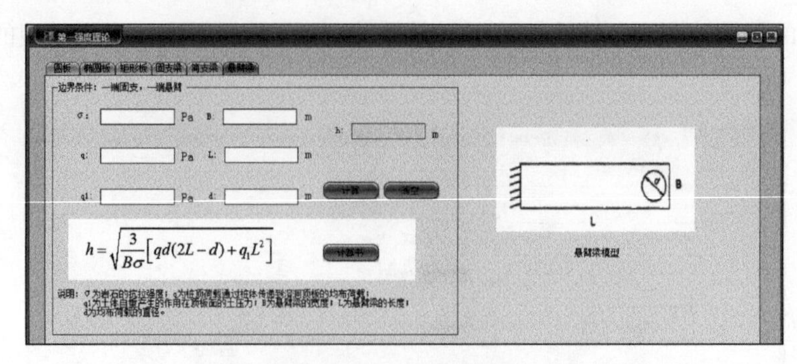

图 4-39　第一强度理论悬臂梁模型的计算界面图

2）基于莫尔—库仑强度理论的程序化设计

根据莫尔—库仑理论，剪应力是造成材料破坏的主要因素，而且与正应力也有关系。剪应力与滑动面上正应力存在着函数关系。莫尔认为可以用一条曲线来表示，如图 4-40 所示。

$$\tau_f = c + \sigma_n \tan\varphi \tag{4-107}$$

式中：τ_f——屈服面处于极限平衡状态时所能承受的最大剪应力；

σ_n——屈服面上的法向正应力；

c 和 φ——材料的黏聚力和内摩擦角。

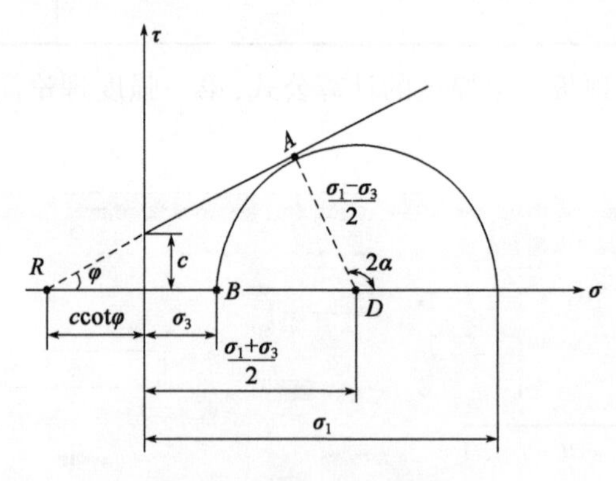

图 4-40　莫尔—库仑屈服准则

因此根据前文得出的结论，圆板模型顶板安全厚度计算公式见表 4-24。

圆板模型顶板安全厚度计算公式　　表 4-24

力学模型	顶板容许安全厚度条件	验算位置	边界条件
圆板	$h=\frac{1}{8}\sqrt{\frac{3(1+\mu)(1-\sin\varphi)}{c\cos\varphi}\left[qd^2\left(3-3\frac{d^2}{4R^2}+\frac{d^4}{4R^4}\right)+4q_1R^2\right]}$	荷载中心	固支
	$h=\frac{1}{4}\sqrt{\frac{3(1-\sin\varphi)}{c\cos\varphi}\left\{qd^2\left[(1+\mu)\ln\frac{2R}{d}+1\right]+4q_1R^2\right\}}$	荷载中心	简支

依据以上的桩端溶洞顶板安全厚度的计算公式，莫尔—库仑强度理论圆板模型的程序化计算界面如图 4-41 所示。

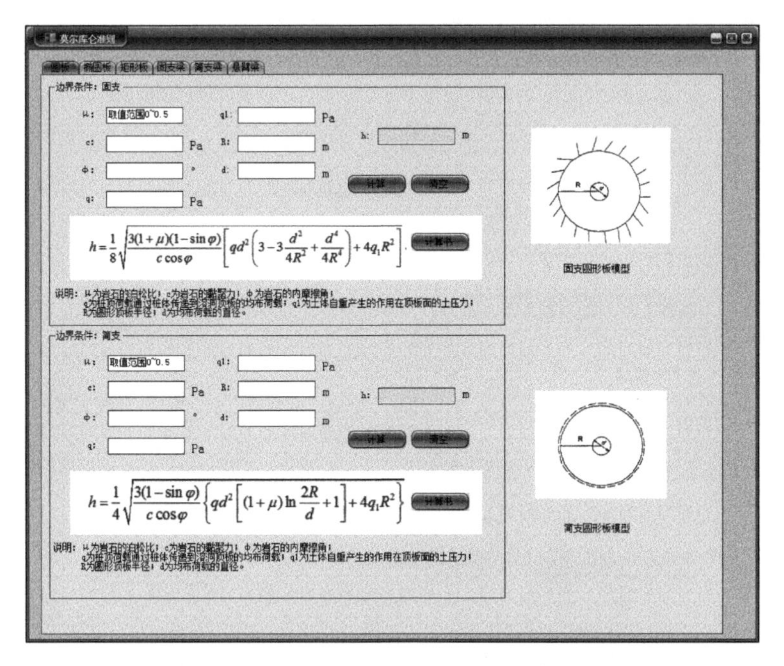

图 4-41 莫尔—库仑强度理论圆板模型的计算界面图

椭圆板模型顶板安全厚度计算公式见表 4-25。

椭圆板模型顶板安全厚度计算公式 表 4-25

力学模型	顶板容许安全厚度条件	验算位置	边界条件
椭圆板	$h=\sqrt{\frac{3qd^2(1+\mu)(1-\sin\varphi)}{16c\cos\varphi}\left(\ln\frac{4b}{d}-0.317\alpha-0.376\right)+\frac{3q_0b^2(1+\mu\alpha^2)}{\sigma(3+2\alpha^2+3\alpha^4)}}$	荷载中心	固支
	$h=\sqrt{\frac{3qd^2(1-\sin\varphi)}{16c\cos\varphi}\left[(1+\mu)\ln\frac{2b}{d}+\mu(6.57-2.57\alpha)\right]+\frac{q_0b^2}{\sigma}[2.816+1.581\mu-(1.691+1.206\mu)\alpha]}$	荷载中心	简支

依据以上的桩端溶洞顶板安全厚度的计算公式，莫尔—库仑强度理论椭圆板模型的程序化计算界面如图 4-42 所示。

矩形板模型顶板安全厚度计算公式见表 4-26。

矩形板模型顶板安全厚度计算公式 表 4-26

力学模型	顶板容许安全厚度条件	验算位置	边界条件
矩形板	$h=\sqrt{\frac{1-\sin\varphi}{2c\cos\varphi}\left\{\frac{3qd^2}{8}\left[(1+\mu)\ln\frac{4B}{\pi d}+\beta_1\right]+6\chi_1q_1B^2\right\}}$	荷载中心	固支
	$h=\sqrt{\frac{1-\sin\varphi}{2c\cos\varphi}\left\{\frac{3qd^2}{8}\left[(1+\mu)\ln\frac{4B}{\pi d}+\beta_2\right]+6\chi_2q_1B^2\right\}}$	荷载中心	简支

依据以上的桩端溶洞顶板安全厚度的计算公式，莫尔—库仑强度理论矩形板模型的程序化计算界面如图 4-43 所示。

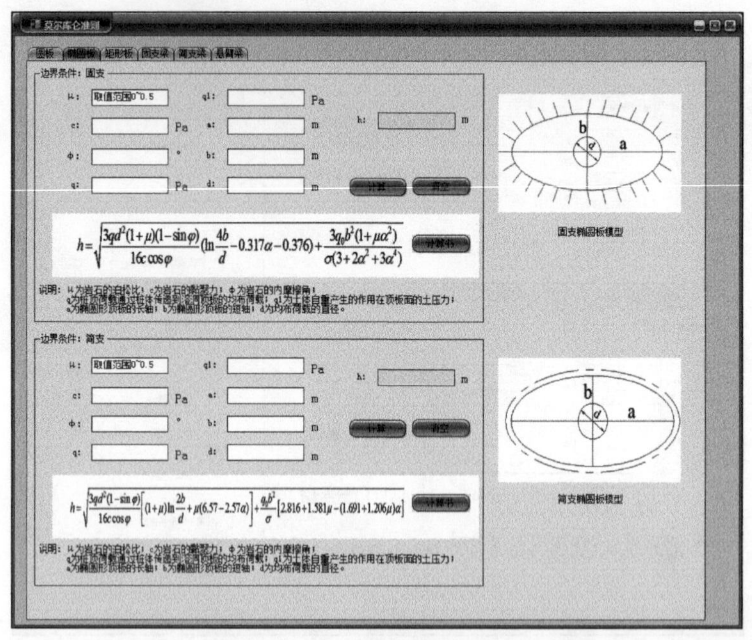

图 4-42　莫尔—库仑强度理论椭圆板模型的计算界面图

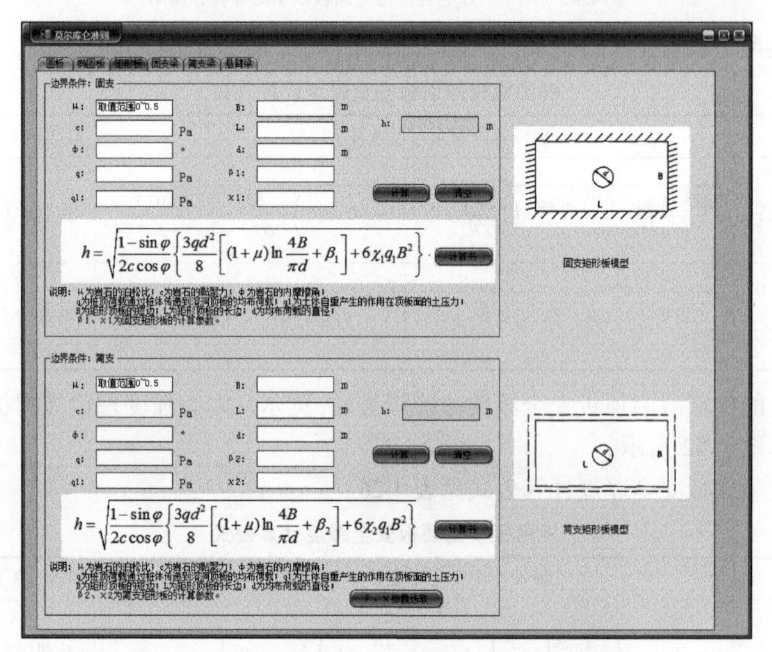

图 4-43　莫尔—库仑强度理论矩形板模型的计算界面图

根据前文得出的结论，固支梁模型顶板安全厚度计算公式见表 4-27。

圆支梁模型顶板安全厚度计算公式　　表 4-27

力学模型	顶板容许安全厚度条件	验算位置	边界条件
固支梁	$h=\sqrt{\dfrac{L(1-\sin\varphi)}{8Bc\cos\varphi}(3qd+q_1L)}$	固定端	固支

依据以上的桩端溶洞顶板安全厚度的计算公式,莫尔库仑强度理论固支梁模型的程序化计算界面如图4-44所示。

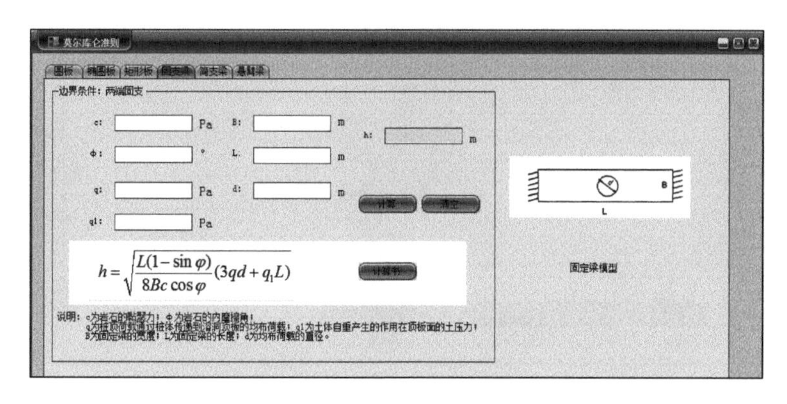

图4-44　莫尔—库仑强度理论固支梁模型的计算界面图

简支梁模型顶板安全厚度计算公式见表4-28。

简支梁模型顶板安全厚度计算公式　　表4-28

力学模型	顶板容许安全厚度条件	验算位置	边界条件
简支梁	$h=\sqrt{\dfrac{3(1-\sin\varphi)}{8Bc\cos\varphi}[qd(2L-d)+q_1L^2]}$	荷载中心	简支

依据以上的桩端溶洞顶板安全厚度的计算公式,莫尔库仑强度理论简支梁模型的程序化计算界面如图4-45所示。

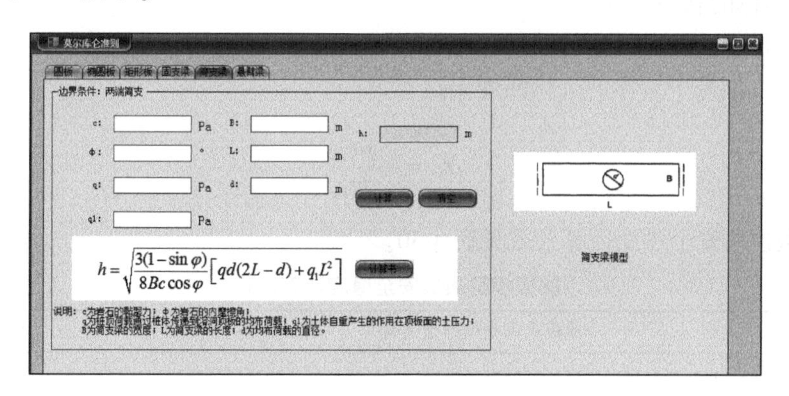

图4-45　莫尔—库仑强度理论简支梁模型的计算界面图

悬臂梁模型顶板安全厚度计算公式见表4-29。

悬臂梁模型顶板安全厚度计算公式　　表4-29

力学模型	顶板容许安全厚度条件	验算位置	边界条件
悬臂梁	$h=\sqrt{\dfrac{3(1-\sin\varphi)}{2Bc\cos\varphi}[qd(2L-d)+q_1L^2]}$	荷载中心	固支

依据以上的桩端溶洞顶板安全厚度的计算公式，莫尔库仑强度理论悬臂梁模型的程序化计算界面如图 4-46 所示。

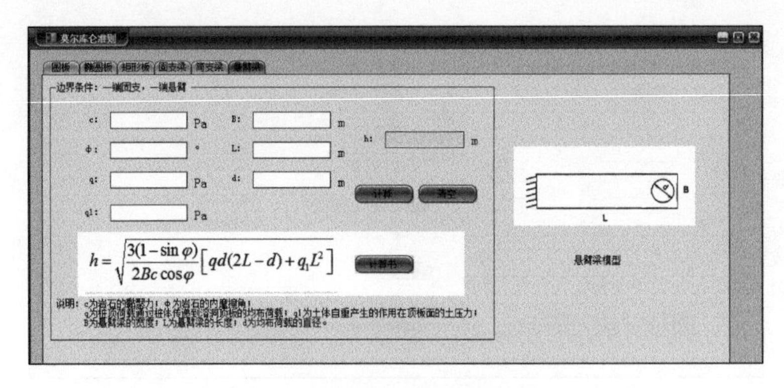

图 4-46　莫尔—库仑强度理论悬臂梁模型的计算界面图

3）基于 Hoek-Brown 强度准则的程序化设计

Hoek-Brown 强度准则是基于 Griffith 脆性破坏理论，对大量的岩石三轴试验数据和现场测试资料进行曲线拟合得出的，其强度估算表达式为：

$$\sigma_1 = \sigma_3 + \sqrt{m\sigma_{ci}\sigma_3 + s\sigma_c^2} \tag{4-108}$$

式中：σ_1——岩体破坏时的最大有效主应力；

σ_3——岩体破坏时的最小有效主应力；

σ_{ci}——完整岩体时的单轴抗压强度；

m——岩体的软硬程度；

s——岩体的破碎程度。

Hoek-Brown 准则中岩体的抗拉强度表达式为：

$$\sigma_t = -\frac{s\sigma_{ci}}{m_b} \tag{4-109}$$

圆板模型顶板安全厚度计算公式见表 4-30。

圆板模型顶板安全厚度计算公式　　表 4-30

力学模型	顶板容许安全厚度条件	验算位置	边界条件
圆板	$h=\sqrt{\frac{3m_b(1+\mu)}{32s\sigma_{ci}}\left[qd^2\left(3-3\frac{d^2}{4R^2}+\frac{d^4}{4R^4}\right)+4q_1R^2\right]}$	荷载中心	固支
	$h=\sqrt{\frac{3m_b}{8s\sigma_{ci}}\left\{qd^2\left[(1+\mu)\ln\frac{2R}{d}+1\right]+4q_1R^2\right\}}$	荷载中心	简支

依据以上的桩端溶洞顶板安全厚度的计算公式，Hoek-Brown 强度准则圆板模型的程序化计算界面如图 4-47 所示。

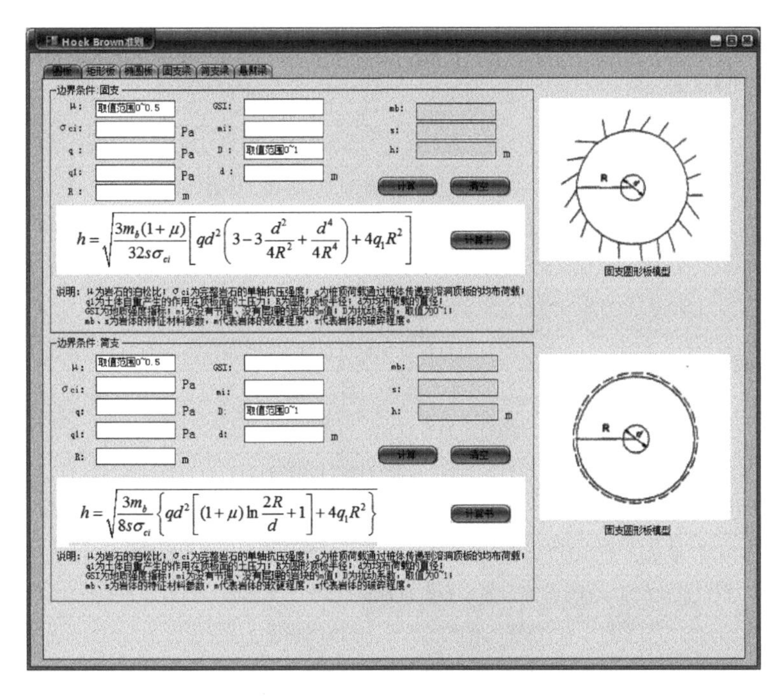

图 4-47　Hoek-Brown 强度准则圆板模型的计算界面图

根据前文得出的结论，矩形板模型顶板安全厚度计算公式见表 4-31。

矩形板模型顶板安全厚度计算公式　　表 4-31

力学模型	顶板容许安全厚度条件	验算位置	边界条件
矩形板	$h=\sqrt{\frac{3qd^2 m_b}{8s\sigma_{ci}}\left[(1+\mu)\ln\frac{4B}{\pi d}+\beta_1\right]+\frac{6\chi_1 q_1 B^2 m_b}{s\sigma_{ci}}}$	荷载中心	固支
	$h=\sqrt{\frac{3qd^2 m_b}{8s\sigma_{ci}}\left[(1+\mu)\ln\frac{4B}{\pi d}+\beta_2\right]+\frac{6\chi_2 q_1 B^2 m_b}{s\sigma_{ci}}}$	荷载中心	简支

依据以上的桩端溶洞顶板安全厚度的计算公式，Hoek-Brown 强度准则矩形板模型的程序化计算界面如图 4-48 所示。

椭圆板模型顶板安全厚度计算公式见表 4-32。

椭圆板模型顶板安全厚度计算公式　　表 4-32

力学模型	顶板容许安全厚度条件	验算位置	边界条件
椭圆板	$h=\sqrt{\frac{3qd^2(1+\mu)m_b}{8s\sigma_{ci}}\left(\ln\frac{4b}{d}-0.317\alpha-0.376\right)+\frac{3q_0 b^2(1+\mu\alpha^2)m_b}{s\sigma_{ci}(3+2\alpha^2+3\alpha^4)}}$	荷载中心	固支
	$h=\sqrt{\frac{3qd^2m_b}{8s\sigma_{ci}}\left[(1+\mu)\ln\frac{2b}{d}+\mu(6.57-2.57\alpha)\right]+\frac{q_0b^2m_b}{s\sigma_{ci}}[2.816+1.581\mu-(1.691+1.206\mu)\alpha]}$	荷载中心	简支

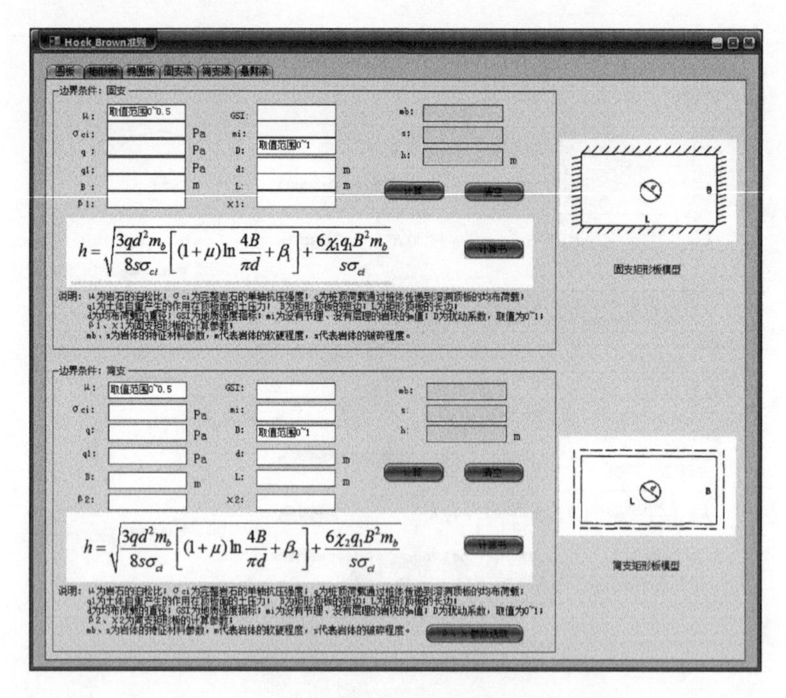

图 4-48　Hoek-Brown 强度准则矩形板模型的计算界面图

依据以上的桩端溶洞顶板安全厚度的计算公式，Hoek-Brown 强度准则椭圆模型的程序化计算界面如图 4-49 所示。

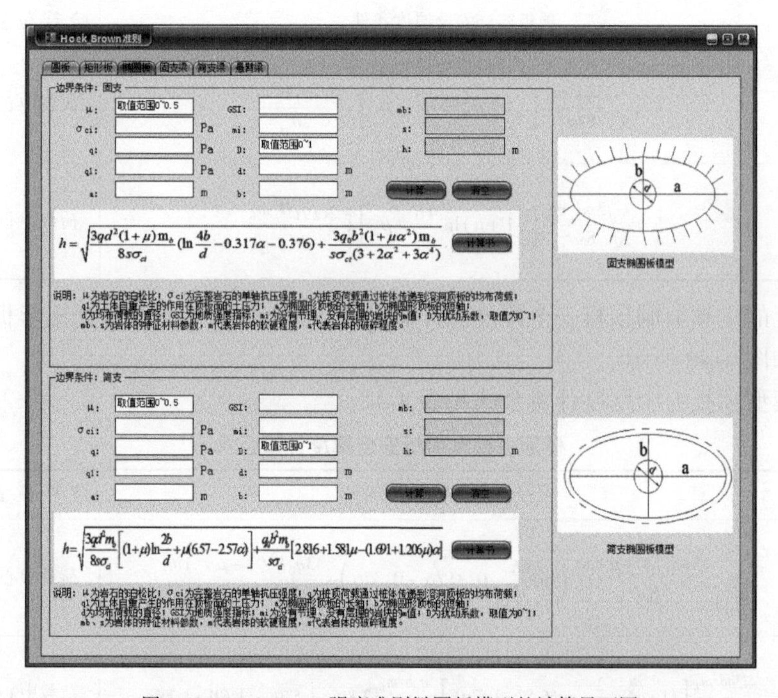

图 4-49　Hoek-Brown 强度准则椭圆板模型的计算界面图

固支梁模型顶板安全厚度计算公式见表4-33。

固支梁模型顶板安全厚度计算公式　　表4-33

力学模型	顶板容许安全厚度条件	验算位置	边界条件
固支梁	$h=\sqrt{\dfrac{Lm_b}{4Bs\sigma_{ci}}(3qd+q_1L)}$	固定端	固支

依据以上的桩端溶洞顶板安全厚度的计算公式，Hoek-Brown强度准则固支梁模型的程序化计算界面如图4-50所示。

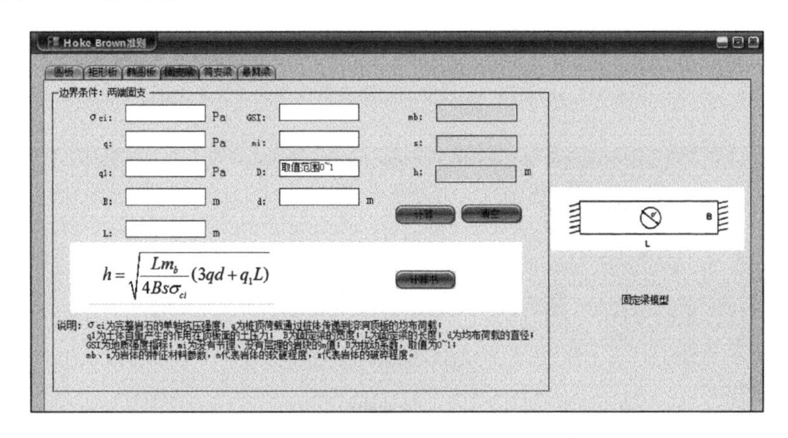

图4-50　Hoek-Brown强度准则固支梁模型的计算界面图

简支梁模型顶板安全厚度计算公式见表4-34。

简支梁模型顶板安全厚度计算公式　　表4-34

力学模型	顶板容许安全厚度条件	验算位置	边界条件
简支梁	$h=\sqrt{\dfrac{3m_b}{4Bs\sigma_{ci}}[qd(2L-d)+q_1L^2]}$	荷载中心	简支

依据以上的桩端溶洞顶板安全厚度的计算公式，Hoek-Brown强度准则简支梁模型的程序化计算界面如图4-51所示。

悬臂梁模型顶板安全厚度计算公式见表4-35。

悬臂梁模型顶板安全厚度计算公式　　表4-35

力学模型	顶板容许安全厚度条件	验算位置	边界条件
悬臂梁	$h=\sqrt{\dfrac{3m_b}{Bs\sigma_{ci}}[qd(2L-d)+q_1L^2]}$	荷载中心	固支

依据以上的桩端溶洞顶板安全厚度的计算公式，Hoek-Brown强度准则悬臂梁模型的程序化计算界面如图4-52所示。

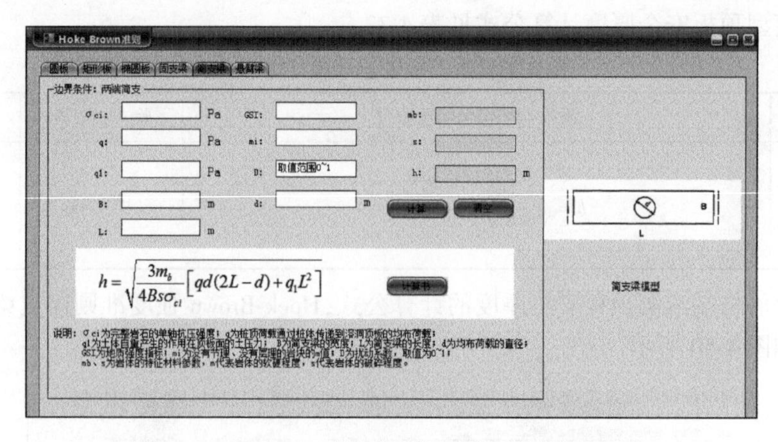

图 4-51　Hoek-Brown 强度准则简支梁模型的计算界面图

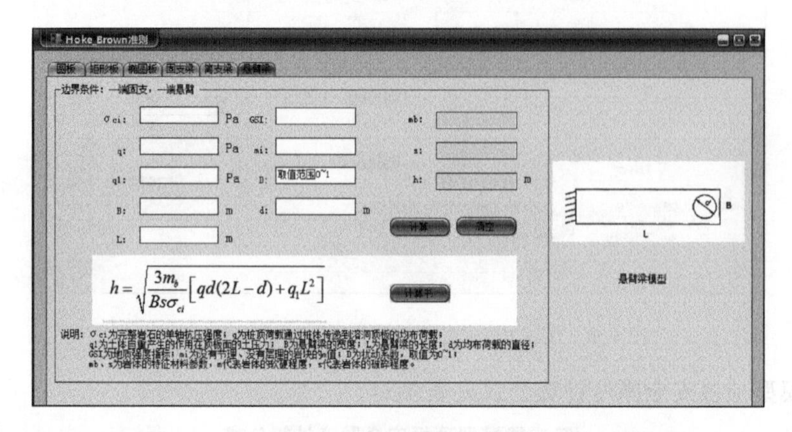

图 4-52　Hoek-Brown 强度准则悬臂梁模型的计算界面图

4.4.4　地震作用下桩端溶洞顶板的稳定性程序开发

前面介绍了在静力下各种强度准则的溶洞顶板稳定性的条件及其程序化界面的设计，这一节再结合第 3 章的内容把动力情况下溶洞顶板稳定性计算写进程序里面，使得程序更加地全面具体。

1）基于莫尔—库仑理论下顶板破坏的程序化设计

（1）顶板剪切破坏模式的程序化设计

根据第 4 章得出的结论，剪切破坏模式下顶板安全厚度计算公式：

$$K \leqslant \frac{4h}{\psi_c d\left(1+\dfrac{a_v}{g}\right)R_j}\left\{c+\left[\begin{array}{l}2\times\left(\dfrac{100}{H}+0.3\right)p_1+\dfrac{p_1 a^2}{4(a+h)^2}\left(\dfrac{100}{H}+1.3\right)- \\ \dfrac{3p_1 a^4}{4(a+h)^4}\left(0.7-\dfrac{100}{H}\right)-\dfrac{\pi d a_k \psi_c R_j}{4gh}-\dfrac{p_1}{2}\end{array}\right]\tan\varphi\right\} \tag{4-110}$$

依据以上的桩端溶洞顶板安全厚度的计算公式，地震荷载下顶板剪切破坏模式的程序化计算界面如图 4-53 所示。

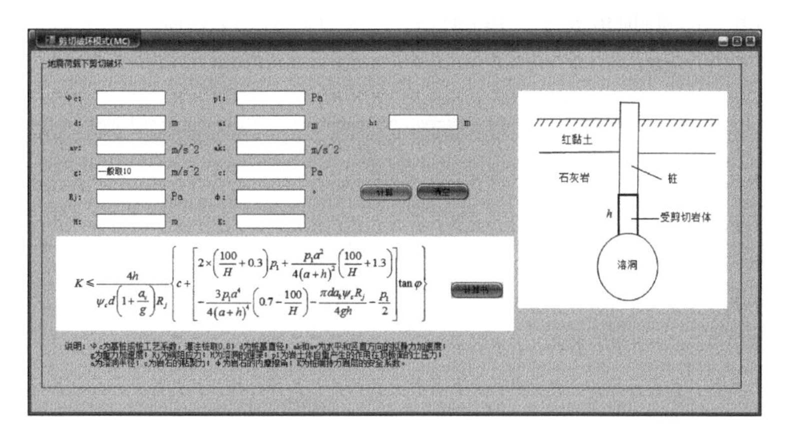

图4-53　地震荷载下剪切破坏模式的计算界面图

(2)顶板冲切破坏模式的程序化设计

根据前文分析的结论,冲切破坏模式下顶板安全厚度计算公式:

$$K \leqslant \frac{4(F_1 + F_2)}{\pi d^2 \psi_c \left(1 + \dfrac{a_v}{g}\right) R_j} \tag{4-111}$$

依据以上的桩端溶洞顶板安全厚度的计算公式,地震荷载下顶板冲切破坏模式的程序化计算界面如图4-54所示。

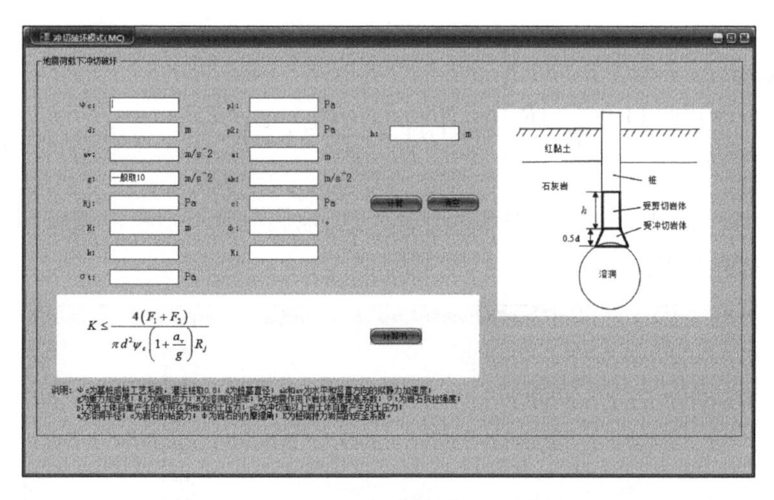

图4-54　地震荷载下冲切破坏模式的计算界面图

2)基于Hoek-Brown强度准则下顶板破坏的程序化设计

(1)顶板剪切破坏模式的程序化设计

根据第四章得出的结论,剪切破坏模式下顶板安全厚度计算公式:

$$K \leqslant \frac{4h\beta}{\psi_c d\left(1 + \dfrac{a_v}{g}\right)R_j}\left\{\left[\begin{aligned}&2 \times \left(\frac{100}{H} + 0.3\right)p_1 + \frac{p_1 a^2}{4(a+h)^2}\left(\frac{100}{H} + 1.3\right) - \\ &\frac{3p_1 a^4}{4(a+h)^4}\left(0.7 - \frac{100}{H}\right) - \frac{\pi d a_k \psi_c R_j}{4gh} - \frac{p_1}{2}\end{aligned}\right]\Big/\beta + \zeta\right\}^{0.75} \tag{4-112}$$

依据以上的桩端溶洞顶板安全厚度的计算公式，地震荷载下顶板剪切破坏模式的程序化计算界面如图 4-55 所示。

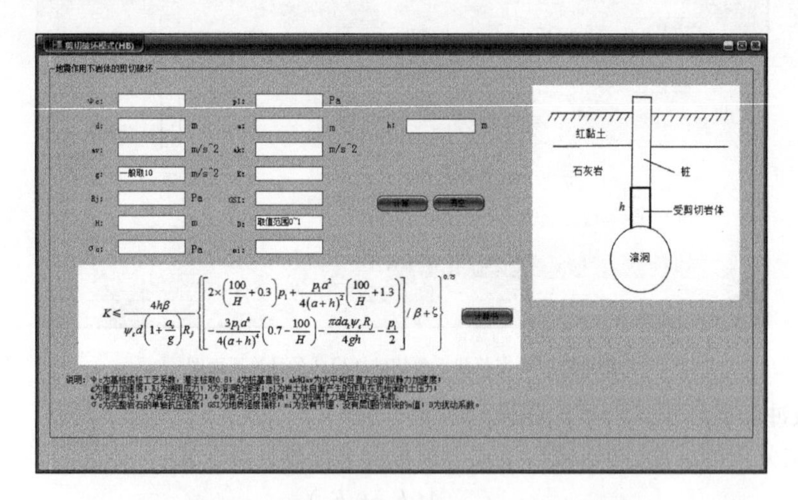

图 4-55　地震荷载下剪切破坏模式的计算界面图

(2)顶板冲切破坏模式的程序化设计

根据第四章得出的结论，冲切破坏模式下顶板安全厚度计算公式：

$$K \leqslant \frac{4}{\pi d^2 \psi_c \left(1 + \dfrac{a_v}{g}\right) R_j} \left\{ \begin{aligned} & 0.75\pi d^2 \left(k\sigma_t - \frac{\sqrt{2}}{2}\sigma_{\theta_6} - \frac{\sqrt{2}}{2}\sigma_k - \frac{\sqrt{2}}{2}p_2\right) + \\ & h\pi d\left[\beta\left(\frac{\sigma_\theta - \sigma_k}{\beta} + \zeta\right)^{0.75}\right] \end{aligned} \right\} \tag{4-113}$$

依据以上的桩端溶洞顶板安全厚度的计算公式，地震荷载下顶板冲切破坏模式的程序化计算界面如图 4-56 所示。

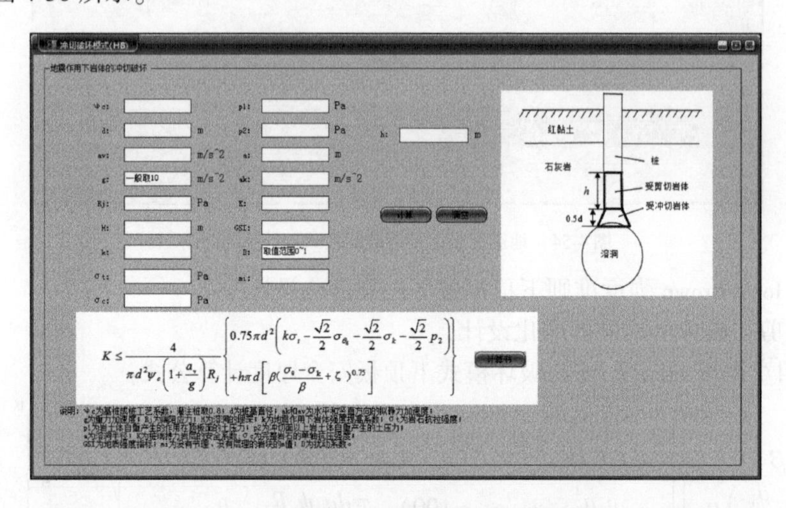

图 4-56　地震荷载下冲切破坏模式的计算界面图

4.4.5 算例验证

1)工程概况

新建渝黔铁路全长432.190km,设计时速200km/h,为客货共线Ⅰ级铁路,其地形起伏较大,地质条件复杂,桥隧比例占全长的75.385%,其中中铁十一局负责施工的龙场坝双线特大桥和周家湾双线大桥地质尤为复杂,桩基础全部采用钻孔桩。龙场坝双线特大桥全长634.8m,共19跨32米预置后张法简支T梁,下部结构为桩基础及扩大基础,其中ϕ1.25m桩基124根1985m,单桩长度为8~24m。依照设计图纸,该特大桥全桥共19跨20个墩台,15个墩身的下部结构为桩基础,其中12个墩的桩基础的地质钻孔存在溶洞,墩身桩基础施工时需进行溶洞处理,通常的处理方式是抛填块石及黄泥等进行填充。

周家湾双线大桥0~6号桥墩基本在岩溶地层之中,桩基下岩溶发育最为显著,在工程设计时采用多根非等长桩基进行处理,其中穿过多层溶洞之后的最长桩基达到了43m,桩体直径为1.25m,单桩设计承载力为10000kN。若在施工阶段对溶洞的处理不到位,极易对大桥整体的稳定性造成影响。

2)静力作用下顶板稳定性的对比分析

根据周家湾大桥的工程实际,利用程序对工程溶洞顶板稳定性进行计算分析。由桩基地质勘探资料可知,嵌岩桩桩端持力层为白云质灰岩,溶洞的直径取3.0m。在采用第一强度理论计算时,溶洞顶板的模型取圆板模型,岩层的主要物理参数见表4-36。

第一强度理论岩层物理参数 表4-36

岩层	泊松比	抗压强度σ(MPa)
灰岩	0.3	105.5

桩传递到溶洞顶板的均布荷载取$q=10$MPa,溶洞埋深为40m,即$H=40$m,取上部岩土层的平均密度为$\rho_1=2200\text{kg}\cdot\text{m}^{-3}$,则$q_1=\rho_1 gH=2200\times10\times40=0.88$MPa。

将计算参数输入程序,得到的结果如图4-57所示。

在采用莫尔—库仑强度理论计算时,溶洞顶板的模型取圆板模型,岩层的主要物理参数见表4-37。

莫尔—库仑强度理论岩层物理参数 表4-37

岩层	密度ρ ($\text{g}\cdot\text{cm}^{-3}$)	黏聚力c (kPa)	内摩擦角φ (°)	抗压强度R (MPa)
灰岩	2.7	1600	39	105.5

将计算参数输入程序,得到的结果如图4-58所示。

在采用Hoek-Brown强度准则计算时,溶洞顶板的模型取圆板模型,岩层的主要物理参数见表4-38。

Hoek-Brown强度准则岩层物理参数 表4-38

岩层	σ_{ci}/MPa	*GSI*	m_i	*D*
灰岩	105.5	60	7	0

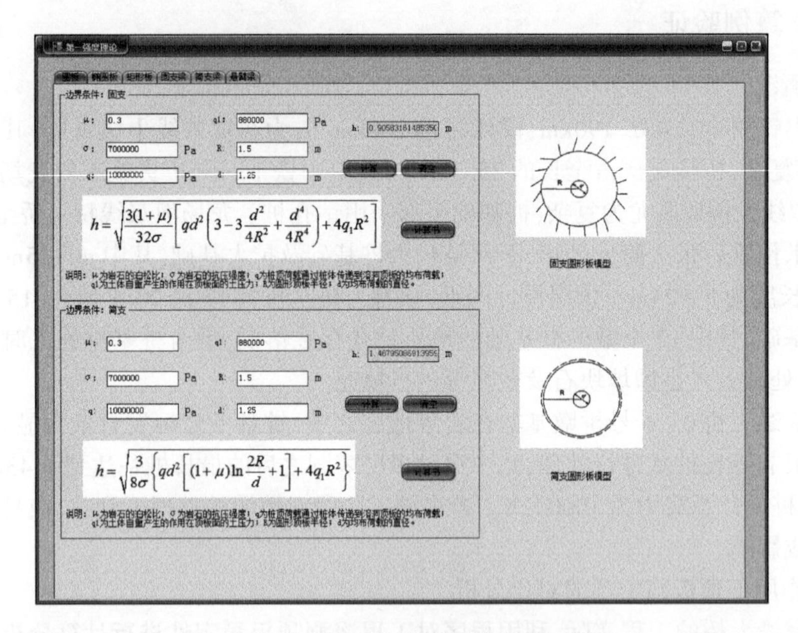

图 4-57　第一强度理论圆板模型的计算结果图

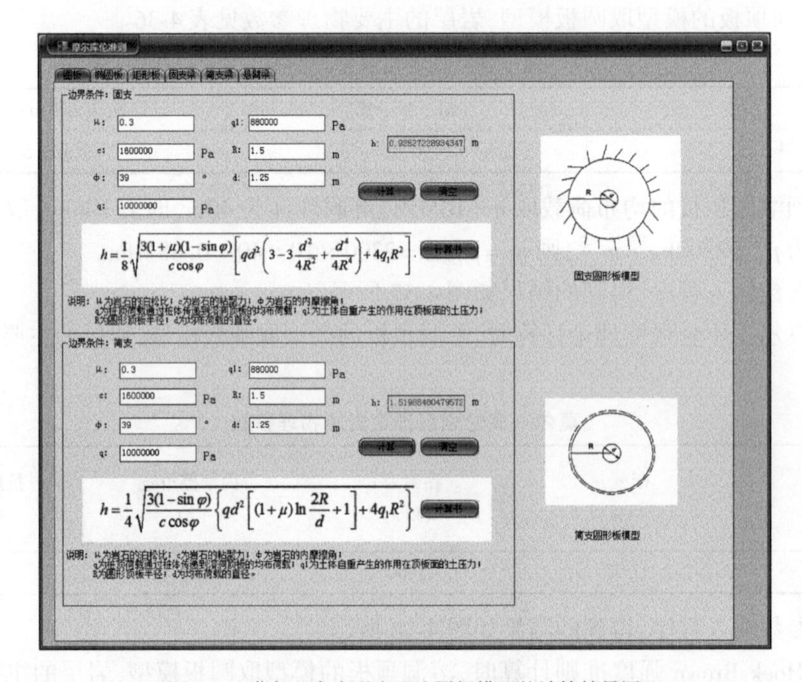

图 4-58　莫尔—库仑强度理论圆板模型的计算结果图

将计算参数输入程序，得到的结果如图 4-59 所示。

综合了第一强度理论、莫尔—库仑强度准则、Hoek-Brown 强度准则这三种理论下计算的圆板模型的顶板安全厚度，得出圆板模型下最小安全厚度的结果见表 4-39。

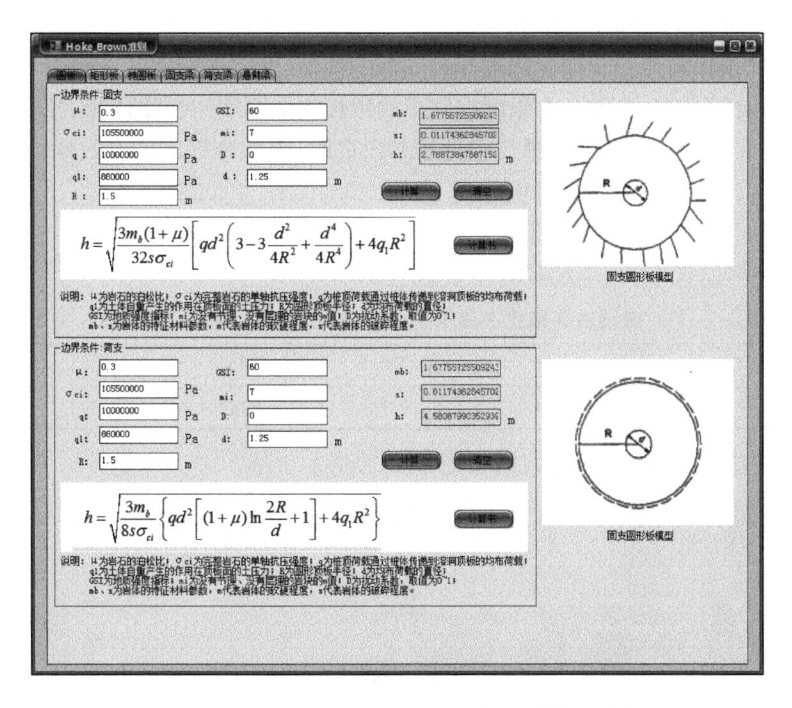

图 4-59　Hoek-Brown 强度准则圆板模型的计算结果图

不同理论下圆形溶洞顶板最小安全厚度　　　　表 4-39

强度理论	第一强度理论		莫尔—库仑理论		Hoek-Brown 理论	
边界条件	固支	简支	固支	简支	固支	简支
最小安全厚度	0.91	1.49	0.93	1.52	2.79	4.58

从表 4-39 中可知该工程采用第一强度理论和莫尔—库仑强度准则计算得出的结果相差不多,而 Hoek-Brown 强度准则计算出的结果是前两个理论计算结果 3 倍左右。Hoek-Brown 强度准则有考虑岩体的节理裂隙和风化程度等因素,因此得出的结果比前两个理论大,但是也更加地贴合现场实际情况与地质条件,在运用软件的过程中,应该先分析判断该地质适合的岩土体模型,再进行计算分析,这样得出的结果也会更加准确可靠。为了分析不同顶板模型的计算出结果的不同,表 4-40 列出了在不同强度准则下不同顶板模型的安全厚度。

在不同强度准则下不同顶板模型的安全厚度　　　　表 4-40

溶洞顶板模型	第一强度理论		莫尔—库仑理论		Hoek-Brown 理论		文献[13]	
	固支	简支	固支	简支	固支	简支	固支	简支
圆板	0.91	1.49	0.93	1.52	2.79	4.58	2.88	5.00
椭圆板	1.11	1.52	1.07	1.55	3.22	4.68	—	—
矩形板	1.14	1.30	1.17	1.32	3.52	3.99	3.15	4.25
固支梁	1.20		1.22		3.69		—	
简支梁	1.55		1.58		4.77		—	
悬臂梁	3.10		2.97		9.55		—	

从表4-40中可知不同理论下溶洞顶板模型中固支条件下板的模型安全厚度会小于梁的模型，尤其悬臂梁的顶板模型安全厚度远远超过其他的模型，这也符合实际工程中悬臂梁的不稳定性。结合文献中计算的Hoek-Brown强度准则下的顶板安全厚度与程序计算的结果也较为接近，其中的差异在于实际荷载的大小与地质条件的参数选取，表明该程序的有效性以及实用性。

3)动力作用下顶板稳定性的对比分析

在地震的作用下，也运用该程序对工程溶洞顶板稳定性进行计算分析。在莫尔—库仑强度理论的剪切破坏模式下，相应的计算参数见表4-41。

剪切破坏模式下莫尔—库仑强度理论的计算参数　　表4-41

岩　层	a_k(m·s^{-2})	a_v(m·s^{-2})	R_j(MPa)	c(kPa)	φ(°)	K
灰岩	0.64	0.43	19.1	1600	39	3

将计算参数输入程序，得到的结果如图4-60所示。

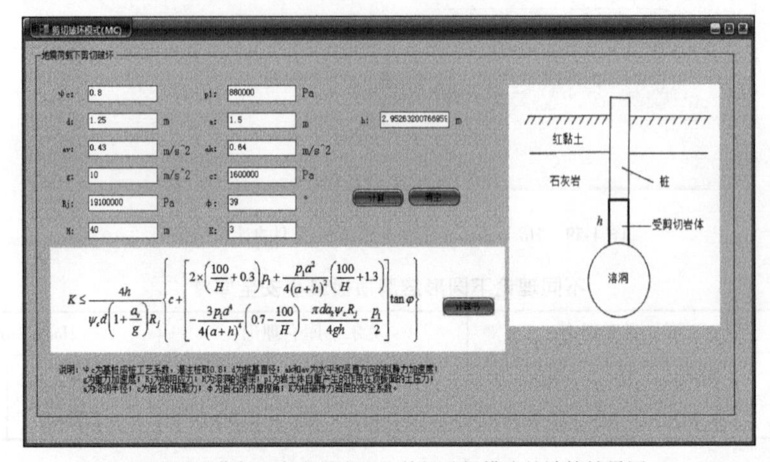

图4-60　莫尔—库仑强度理论剪切破坏模式的计算结果图

在莫尔—库仑强度理论的冲切破坏模式下，σ_t为岩体抗拉强度，$\sigma_t=7$MPa，上部岩土自重应力$p_2=\rho g(H-a)=2200\times10\times(40-3)=814000$Pa，即$p_2=0.814$MPa。其他计算参数见表4-41。

将计算参数输入程序，得到的结果如图4-61所示。

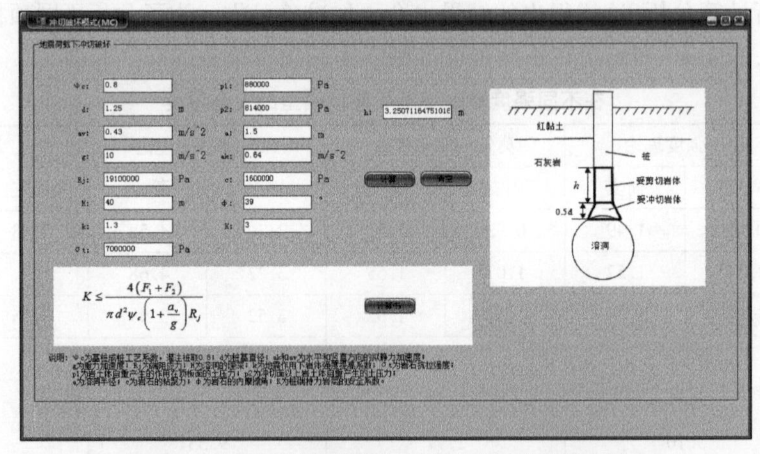

图4-61　莫尔—库仑强度理论冲切破坏模式的计算结果图

在 Hoek-Brown 强度准则的剪切破坏模式下,相应的计算参数见表 4-42。

剪切破坏模式下 Hoek-Brown 强度准则的计算参数 表 4-42

岩层	$a_k(\mathrm{m\cdot s^{-2}})$	$a_v(\mathrm{m\cdot s^{-2}})$	R_j(MPa)	GSI	m_i	D	K
灰岩	0.64	0.43	19.1	60	7	1	3

将计算参数输入程序,得到的结果如图 4-62 所示。

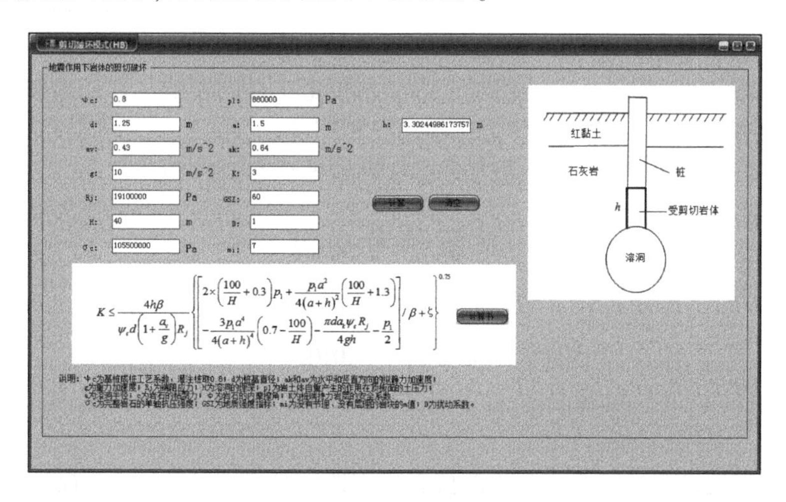

图 4-62 Hoek-Brown 强度准则剪切破坏模式的计算结果图

在 Hoek-Brown 强度准则的冲切破坏模式下,σ_t 为岩体抗拉强度,$\sigma_t = 7\mathrm{MPa}$,上部岩土自重应力 $p_2 = \rho g(H-a) = 2200\times10\times(40-3) = 814000\mathrm{Pa}$,即 $p_2 = 0.814\mathrm{MPa}$。其他计算参数见表 4-42。

将计算参数输入程序,得到的结果如图 4-63 所示。

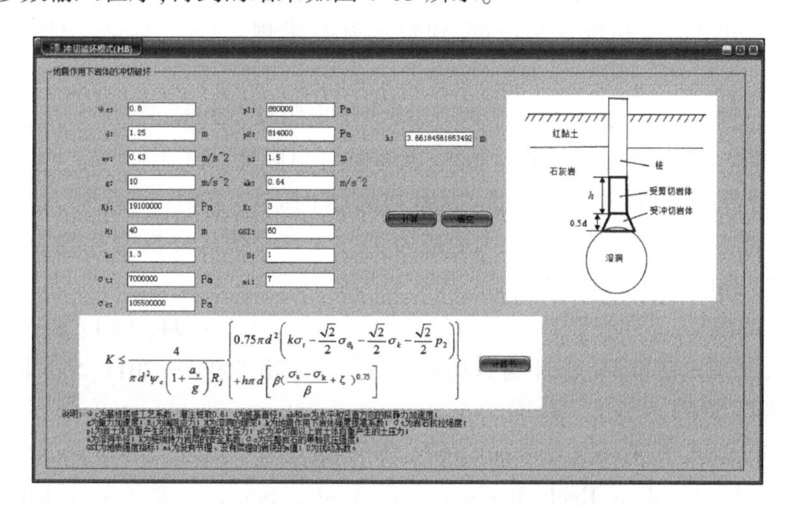

图 4-63 Hoek-Brown 强度准则冲切破坏模式的计算结果图

在地震作用下,综合了莫尔—库仑强度理论和 Hoek-Brown 强度准则在剪切、冲切两种破坏模式下的顶板安全厚度,得出的最小安全厚度结果见表 4-43。

地震作用下不同理论溶洞顶板最小安全厚度 表4-43

强度理论	莫尔—库仑强度理论		Hoek-Brown 强度准则	
破坏模式	剪切($K=3$)	冲切($K=3$)	剪切($K=3$)	冲切($K=3$)
最小安全厚度	2.95	3.25	3.30	3.66

从表4-43可知地震作用下溶洞顶板的最小安全厚度一般都比静力作用下的大,一般都在2~3倍桩径之间,这也说明了地震作用对于溶洞顶板稳定性的影响。冲切破坏模式下最小安全厚度都略大于剪切破坏模式。与静力作用情况相同的是,Hoek-Brown强度准则的最小安全厚度大于莫尔—库仑强度理论的,也相互印证这种结果是准确的。

本章参考文献

[1] 中华人民共和国住房和城乡建设部. 建筑抗震设计规范(附条文说明)(2016年版):GB 50011—2010[S]. 北京:中国建筑工业出版社, 2010.
[2] 程山. 桩端岩溶顶板稳定性评价方法优化及工程实用软件开发[D]. 福州:福州大学, 2018.
[3] 付俊杰. 岩溶地区大直径桥桩基础的抗震稳定性试验研究[D]. 福州:福州大学,2017.
[4] 《工程地质手册》编委会. 工程地质手册:第四版[M]. 北京:中国建筑工业出版社, 2007.
[5] 李栋梁, 刘新荣, 杨欣,等. 地震力作用下浅埋双侧偏压隧道松动的围岩压力[J]. 中南大学学报(自然科学版), 2016, 47(10): 3483-3490.
[6] 刘鸿文. 高等材料力学[M]. 北京:高等教育出版社, 1985.
[7] 罗克 R J, C 杨 W,等. 应力应变公式[M]. 北京:中国建筑工业出版社, 1985.
[8] 中华人民共和国住房和城乡建设部. 建筑桩基技术规范[S]. 北京:中国建筑工业出版社, 2008.
[9] 沈明荣, 陈建峰. 岩体力学[M]. 上海:同济大学出版社, 2006.
[10] 徐芝纶. 弹性力学简明教程[M]. 北京:高等教育出版社, 2013.
[11] 徐志英. 岩石力学:第三版[M]. 北京:水利电力出版社, 1981.
[12] 赵德安, 陈志敏, 蔡小林,等. 中国地应力场分布规律统计分析[J]. 岩石力学与工程学报, 2007, 26(6): 1265-1271.
[13] 朱焕春, 陶振宇. 不同岩石中地应力分布[J]. 地震学报, 1994, (1): 49-63
[14] 中华人民共和国建设部. 建筑地基基础设计规范:GB 50007—2011[S]. 北京:中国建材工业出版社,2011.
[15] Brown E T, Hoek E. Trends in relationships between measured in-situ stresses and depth[J]. International Journal of Rock Mechanics & Mining Sciences & Geomechanics Abstracts, 1978, 15(4): 211-215.
[16] Holl D L. Analysis of thin rectangular plates supported on opposite edges[J].
[17] Responsables S. Theory of plates and shells[M]. McGraw-Hill, 1959.

[18] Timoshen S. Uber die Biegung der allseitig unterstutzten reehteekigen Platte unter Wirkung einer Einzellast[J]. 1967.

[19] Westergaard H M. Stresses in concrete pavements computed by theoreticalanalysis[J]. Public Roads, 1926.

[20] Young D. Clamped reetangular plates with a central coneentrated load[J]. 1939.

第5章 串珠溶洞桩基的荷载传递与承载性状

本章以串珠状溶洞—桩基耦合体系为对象，介绍了串珠状溶洞的发育条件及其与桩基组成的耦合体系，并通过数值模拟探究串珠状溶洞—桩基耦合体系的传递机理及承载性状的影响因素，进一步阐释了串珠状溶洞地层桩基承载性能和稳定性。

5.1 串珠状溶洞—桩基耦合体系

现有研究成果主要是仅针对桩基支承于单个溶洞顶板之上的情况，鲜有考虑穿越若干溶洞(即串珠状溶洞)对桩身承载性能的影响。事实上，岩溶发育区，桩身往往需穿越若干溶洞并支承于某一溶洞顶板，由此带来更为复杂的影响，而目前的桩基础设计规范规定的计算方法并不能对这种相对复杂的溶洞分布情况提供有效的计算结果。因此，研究串珠状溶洞—桩基共同作用体系的整体稳定性对于指导岩溶地区工程建设、保障交通基础结构的安全性与稳定性、减少经济投资、加快施工进度等都具有重要意义。

5.2 荷载传递机理的数值分析

5.2.1 模型的建立

本节采用有限元软件ABAQUS6.12进行数值模拟。ABAQUS平台的作用繁多，可以进行各种线性和非线性的计算。ABAQUS具备丰富的、可模拟任意实际形状的单元库，也具有相当丰富的材料模型库，可以模拟大多数典型工程材料的性能，其中包括金、橡胶、高分子材料、复合材料、钢筋混凝土、可压缩的弹性泡沫以及岩土材料等。作为一款通用的模拟工具，ABAQUS能够解决结构分析、热传导、质量扩散、声学分析、岩土力学分析等领域的问题，其有效性在科学研究以及工程应用当中也得到了验证。

1)计算模型

通过对某岩溶区工程实际的钻孔勘察，揭露该工程所处范围内大小溶洞130余个，溶洞跨度为 3 ~ 10m 不等,溶洞高度 1 ~ 8m 不等,埋深主要集中于地表以下 10 ~ 30m,计算模型的溶洞尺寸选取该地区溶洞分布较多、较典型的尺寸,溶洞跨度为 $a = 8\text{m}$、高度为 $h = 4\text{m}$,最浅埋深为 14m。

通常桩对土体的影响范围为 5 ~ 10 倍的桩径,考虑到本模型受溶洞的影响,模型在水平方向上半径取 5 倍的溶洞半径,桩端以下岩层取 10 倍桩径。根据模型对称性的特点,选 1/4 模型进行模拟计算,ABAQUS 提供了多种计算单元类型,根据本模型的研究特点,选用 8 节点六面体线性完全积分单元(C3D8)对模型进行单元网格划分,为确保计算精度,对可能出现应力集中区域进行网格加密,在溶洞附近和桩侧进行了加密,同时为保证运算效率,单元体划分由中心向外围,单元密度会由密到疏进行过渡,如图 5-1 所示。

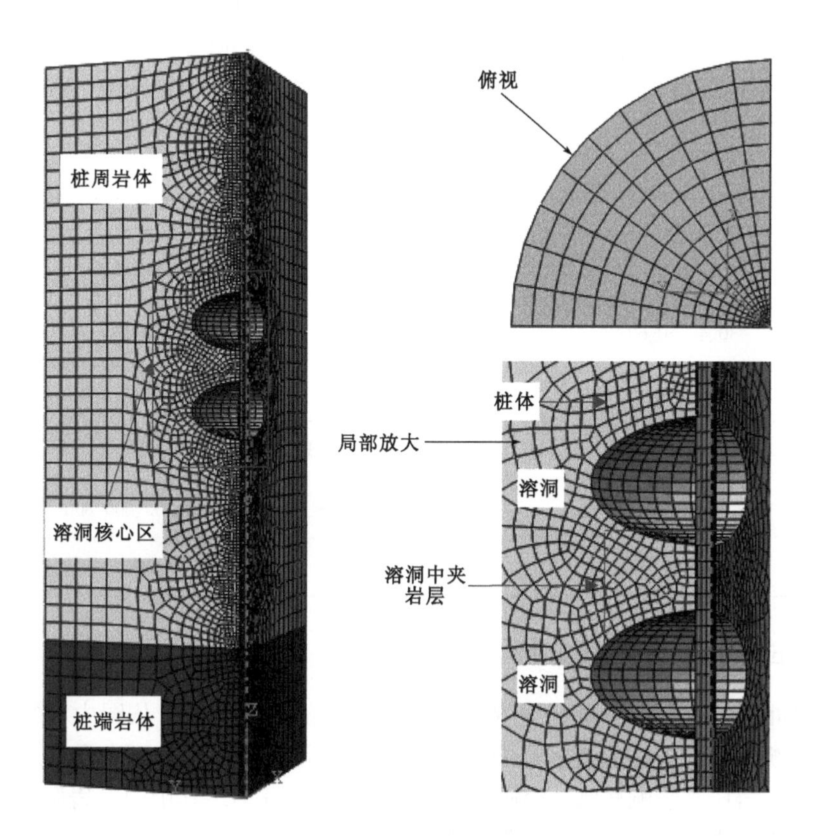

图 5-1　单元网格划分

2)边界条件

模型边界条件的正确定义是计算分析可靠的前提,对模型的外侧面法向位移进行固定,竖直方向的位移自由;对桩的侧边的法向位移固定,竖直方向位移自由。同时桩的圆弧侧面不加约束,溶洞的临空面不做约束;对模型底端竖直方向位移进行固定。

3)参数选择

对桩周岩层和桩端岩层采用莫尔—库仑模型进行分析,各岩层和界面的参数见表 5-1。

物理力学参数　　表 5-1

工程名称	重度 γ (kN/m^3)	弹性模量 E (MPa)	泊松比 ν	黏聚力 c (kPa)	内摩擦角 φ (°)	界面强度折减因子
桩周岩体	24	200	0.3	200	40	0.72
桩端岩体	26	4000	0.25	1200	45	0.8
桩	27	30000	0.2	—	—	—

4)分析方案

由于岩溶地区地质条件复杂,桩体在穿过串珠状溶洞时,其荷载传递方式和承载力特征受诸多因素影响,对每个因素都展开分析不切实际,因此在数值分析中选取对其影响较大影响因素进行分析,主要包括桩长、桩径、溶洞中夹岩层厚度及桩周岩体的黏聚力、内摩擦角。具体的分析方案见表 5-2。

影响因素分析方案表　　表 5-2

因素	桩长 l (m)	桩径 d (m)	溶洞中夹岩层厚度 b (m)	黏聚力 c (kPa)	内摩擦角 φ (°)
1	30、40、50、60	1	3	200	40
2	40	1、1.2、1.4、1.6	3	200	40
3	40	1	1、2、3、4	200	40
4	40	1	3	200、400、600、800	40
5	40	1	3	200	35、40、45、50

5.2.2　位移场与应力场分析

图 5-2 为桩顶在外荷载作用下,桩周岩体的位移场的等值云图。从图中可知,位移场在水平方向上的影响范围为溶洞的直径范围,位移等值面为漏斗形。当桩顶荷载较小时,溶洞上方岩体和溶洞中夹岩层受影响较大,溶洞区下方的岩体位移较小。其中中夹岩层的位移最大,其位移等值面基本与水平方向垂直。溶洞区上方和下方岩体的位移大致以中夹岩层为对称轴发展,溶洞上方岩体在临空处位移最大,越向上岩体位移越小,溶洞下方岩体也在临空面处位移最大,下方岩体的位移逐渐减小。随着荷载增大,桩周岩体的位移也随之增大,桩对岩体位移的影响也不断地加大。随着荷载的不断增大,溶洞中夹岩层的位移也不断增大,同时桩端岩体的位移急剧增大,当桩顶荷载达到某一水平时,桩端的竖向位移会超过中夹岩层的最大位移,桩周岩体的最大位移点也从溶洞中夹岩层转到桩端岩体。

图 5-3 为桩顶在外荷载作用下,溶洞核心区的最大主应力的发展等值云图。在 ABAQUS 中规定,拉应力为“正”,压应力为“负”。从图中可知,当桩顶荷载变化时,溶洞上方顶板岩层临空面处和溶洞中夹岩层的应力有显著变化,在溶洞范围之外以及溶洞区下方岩层的应力变

化极小。当桩顶荷载较小时,溶洞顶板临空面最早出现拉应力,拉应力的等值面呈拱形。随着桩顶荷载的增大,顶板临空处的拉应力影响范围不断增大,拉应力拱也不断增大,同时溶洞中夹岩层的下部临空处也开始产生拉应力,拉应力等值面呈“山峰形”。随着桩顶荷载的继续增加,溶洞顶板临空区的拉应力影响范围基本不变,拉应力值没有明显的增大,这是由于随着桩顶荷载的增大,桩周岩体产生了塑性变形,桩与岩体之间的机械咬合力已经完全发挥,因此,继续增大桩顶荷载对其应力变化影响不大。同时溶洞中夹岩层的拉应力范围不断增大,并且拉应力等值面会贯穿中夹岩层,拉应力等值面与竖直方向呈一定的倾斜夹角,同时溶洞区下方岩层压应力的影响深度增大。桩顶荷载继续增大,溶洞中夹岩层与桩体的机械咬合力也完全发挥,此时拉应力影响区在中夹岩层和顶板临空处的影响范围没有明显的变化,溶洞下方的岩体正应力不断增大,影响范围深度不断增加。

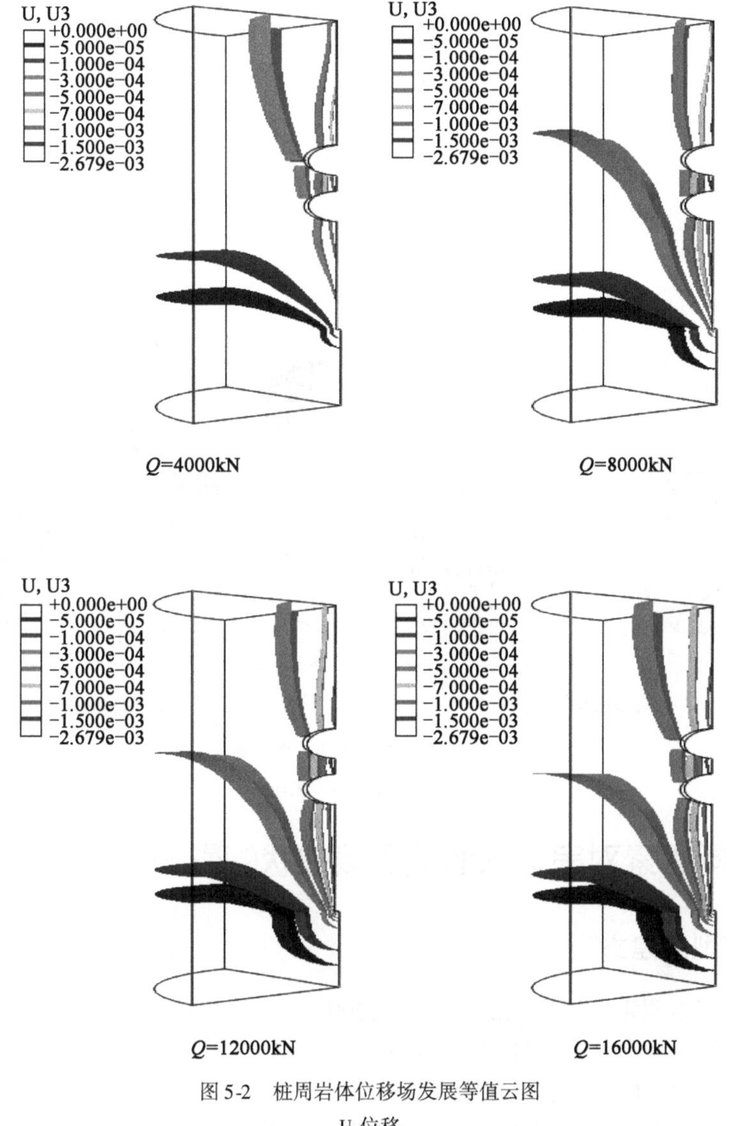

图 5-2　桩周岩体位移场发展等值云图

U-位移

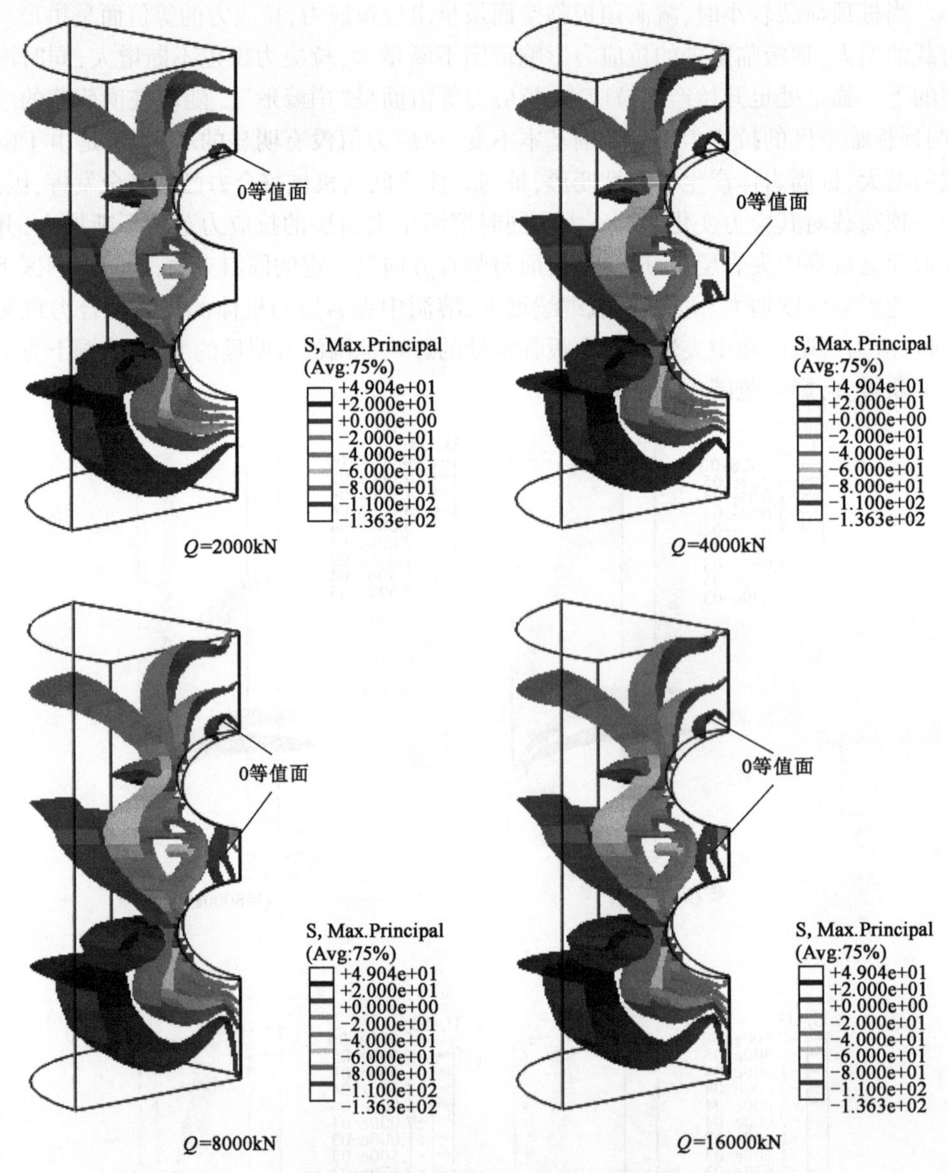

图 5-3　溶洞核心区最大主应力发展等值云图

S, Max. Principal-最大主应力

5.3　不同因素对串珠状溶洞承载性状的影响

5.3.1　模型的建立

1）计算模型基本假定（符策简，2010；黎斌，2002）

①桩端下方岩体视为各向同性的连续体；

②不考虑地质构造的影响；

③溶洞顶板所受荷载为静荷载，不考虑周期荷载、循环荷载及其对溶洞顶板的影响；

④由于溶洞经历了漫长的地质形成期,其已处于平衡的应力状态,因此自重应力变化对溶洞稳定性无显著影响;

⑤溶洞内填充物的物理力学性能通常远比围岩差,且填充物并不能将溶洞完全填充,因此将溶洞视为空洞,不考虑填充物对承载力的有利影响,这对溶洞的稳定性分析有利,同时也忽略地下水的作用;

⑥溶洞的形状可视为相对规则的椭球形或球形。

2)边界条件

根据模型的对称特性,取1/4模型进行分析计算。根据相关工程的理论分析及有关经验计算,通常水平方向上的边界取溶洞跨度的5倍,溶洞底部边界为洞高2倍。模型侧面受水平方向约束,底部受竖直方向的约束。对于溶洞顶部的约束,在数值模型分析中通常将顶板上方的覆盖层考虑为均布荷载形式,将桩基荷载简化为作用于溶洞顶板的集中荷载,模型上方边界不作约束,这种约束条件与实际情况不完全相符,通过比较考虑溶洞上方土体约束和不考虑溶洞上方土体约束两种情况,溶洞破坏时的塑性区分布情况如图5-4所示。从图中可知,图5-4a)中的塑性发展区与溶洞顶板的实际破坏形式更为接近,因此顶板在竖直方向上的边界用30d的覆盖层进行约束。桩端下伏串珠状溶洞的简化模型如图5-5所示。

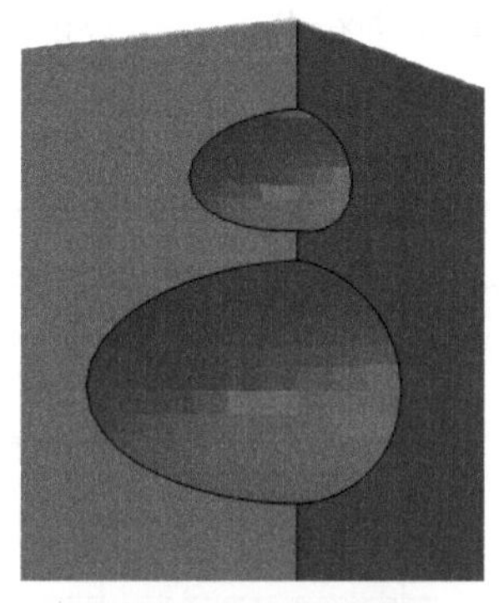

a)考虑土体约束塑性区

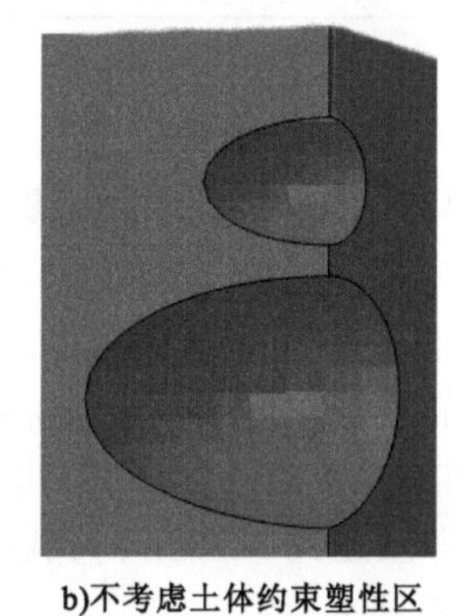

b)不考虑土体约束塑性区

图5-4　不同约束条件的顶板塑性区

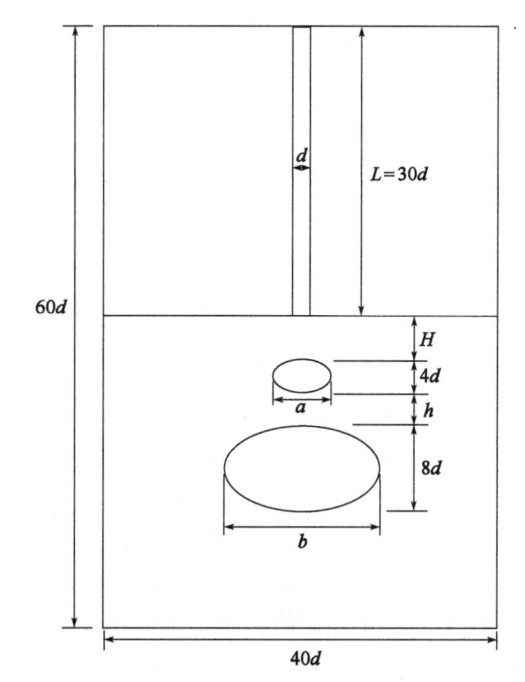

图5-5　桩端下伏串珠状溶洞计算简化模型

L-桩长;d-桩径

3)参数选取

GSI指标是岩体的节理、裂隙、岩性等特性的综合反映,可依据表5-3选取不同的GSI值来分析顶板节理裂隙对顶板稳定性的影响。从表5-3中选取结构表面特征为前五种情形，其GSI值分别为70、60、50、40、30，再结合Hoek-Brown强度准则与Mohr-Coulomb强度准则，即可确定考虑节理裂隙的溶洞顶板岩层力学参数，见表5-3。

溶洞顶板岩层力学参数 表5-3

岩体结构	GSI	σ_{ci}(MPa)	c(MPa)	φ(°)	ν	E(MPa)	γ(kN/m^3)
完整或块体结构	70	135	11	43	0.2	35000	26
块状结构	60	110	7	38	0.23	21000	26
镶嵌结构	50	80	3.5	33	0.25	9000	24
碎裂或裂隙结构	40	40	1.35	26.5	0.28	3350	22
散体结构	30	20	0.55	24	0.3	1400	20

4)分析方案

影响桩基荷载作用下溶洞顶板稳定性的因素繁多，如对其所有影响因素逐一分析，既不现实也无必要，因此，仅对影响溶洞稳定性的部分主要影响因素进行分析。在溶洞几何构造影响因素中选择第一层溶洞的洞跨a、顶板厚度H，溶洞围岩的物理特性影响因素中选择其黏聚力c、内摩擦角φ，及表征溶洞顶板岩体的节理裂隙等的参数GSI进行分布。参数的分析方案见表5-4。

影响因素分析方案表 表5-4

方案序号	H/d	a/d	c(MPa)	φ(°)	GSI
1	1、2、3、4、5	8	1.2	45	
2	3	2、4、6、8、10	1.2	45	
3	3	8	0.8、1.2、1.6、2、2.4	45	
4	3	8	1.2	35、40、45、50、55	
5	3	8			30、40、50、60、70

5.3.2 顶板厚度的影响

从溶洞顶板破坏时的位移等值面云图5-6可知，顶板厚度越大，破坏时的位移影响范围越大，这说明当顶板厚度较大时，外部荷载可以更加充分地传递到土体里。同时还可知在距中心较远处，顶板等值位移面会贯穿整个顶板，在桩端周围的位移等值面并不会贯穿顶板。那么，必然存在一个位移等值面恰好过溶洞顶板的中心处，不妨称这个等值位移面为临界位移等值面。临界位移等值面随顶板厚的增加，临界位移等值面与桩端中心点的距离也会增大，而其值会减小，最后趋于一个稳定值。由图5-6可以看出，当顶板厚度达到$3d$后，外荷载增加对顶板岩体位移场影响不大。因此，顶板厚度达到$3d$以后溶洞顶板基本稳定。

图5-7为溶洞顶板下顶板破坏时的最大主应力等值面云图，在ABAQUS有限元计算软件中，默认拉应力为“正”，压应力为“负”，从云图中可知，在荷载作用下，溶洞顶板上部受压应力，在靠近临空面部分受拉应力，在正负应力之间必然存在一个应力为0的“中性面”，从图中可知，溶洞顶板在靠近临空面的附近会形成一个拱形的“中性面”，在“中性面”的下方拉应力

形成了一个正应力拱，“中性面”上方的压应力形成了一个负应力拱；顶板厚度的改变对拱的高度没有明显的影响，而拱的跨度随顶板的厚度增加而增加，溶洞顶板的最大拉应力也不受顶板厚度变化的影响。同时在溶洞之间的中夹岩层也形成类似的拱。

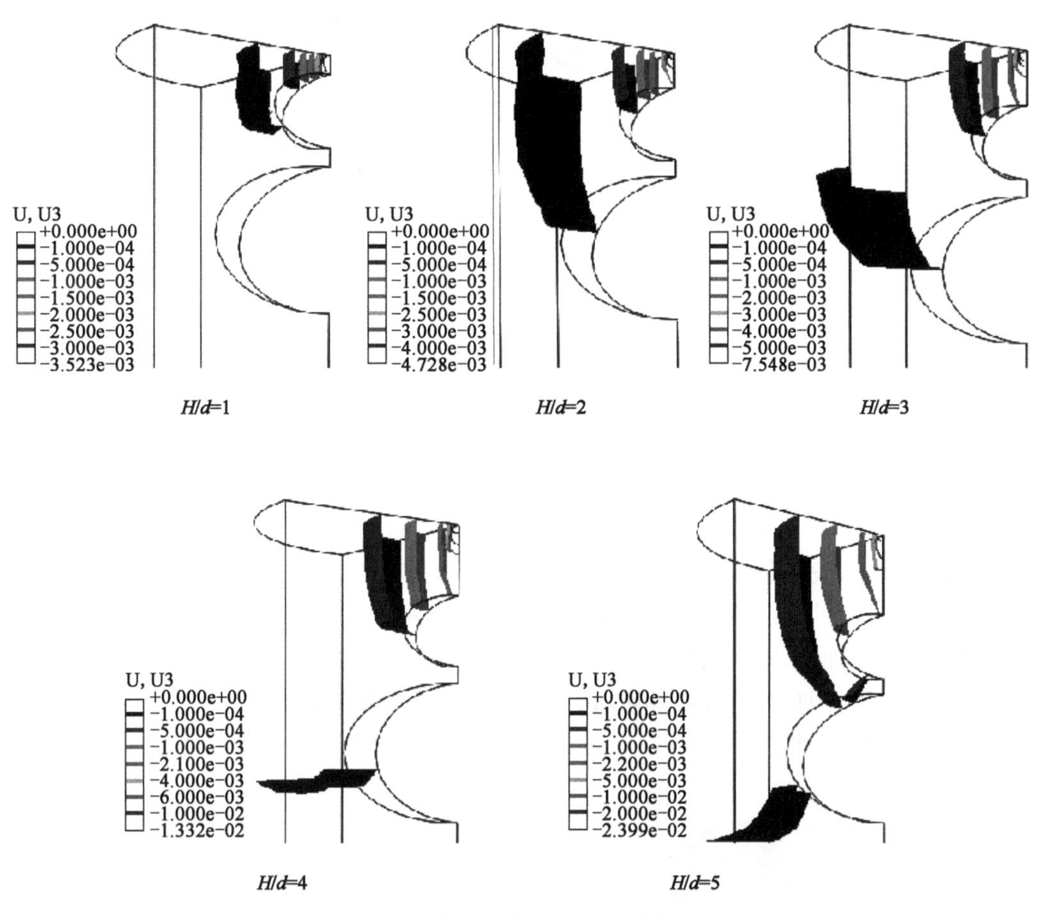

图 5-6　不同厚度顶板情况下位移等值云图

H-顶板厚度；d-桩径

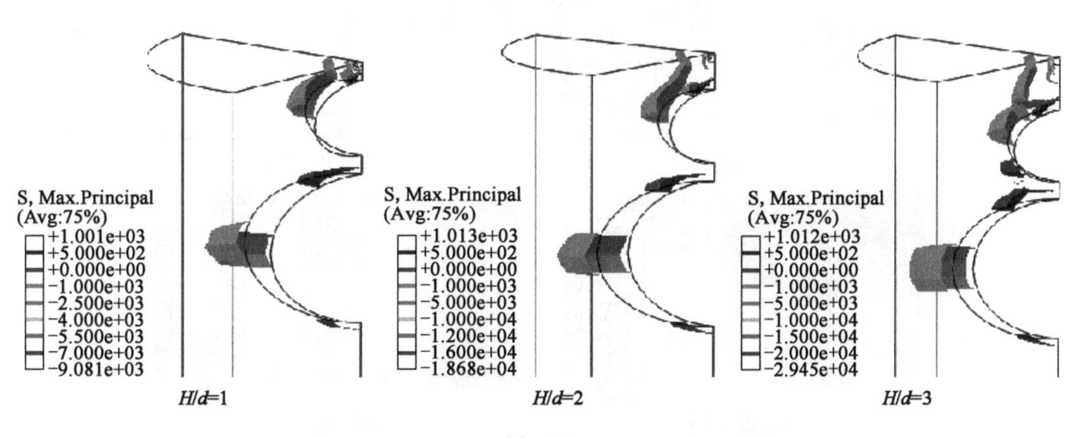

图　5-7

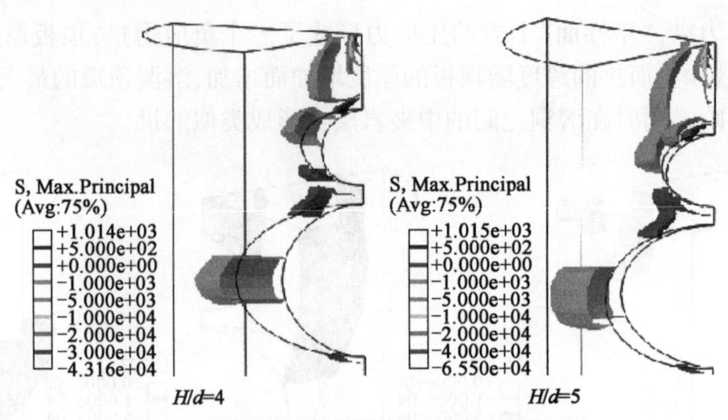

图 5-7　不同厚度顶板情况下最大主应力等值云图

S, Max. Principal-最大主应力

从云图可知,应力主要集中在溶洞顶板处。同时溶洞中夹岩层有部分应力集中,但中夹岩层的应力相对于顶板处小得多,应力的影响范围随顶板的厚度增大会稍有增大,可见抵抗外部荷载主要是由顶板岩体承担,顶板范围外的岩体承担的荷载极少,可见顶板厚度是决定岩溶地基稳定的主要因素。

图 5-8 为溶洞顶板厚度 $H = d$ 时,桩端荷载作用下溶洞顶板塑性变形的发展过程。从图中可知,顶板的塑性区发展分为三个阶段:①塑性变形出现阶段,溶洞顶板的塑性区最早出现在顶板的临空面,此时的桩端荷载与桩端最终荷载之比为 $P/P_u = 44.7\%$;②塑性变形发展阶段,随着桩端荷载的增加,临空面的塑性区不断向上和向水平方向发展,同时桩端岩层开始出现塑性变形,此时 $P/P_u = 94.1\%$;③破坏阶段,当桩端荷载进一步加大,桩端底部的塑性开始向下发展,与下方的塑性区相连,形成了一个贯通的塑性破坏区,此时桩端荷载达为桩端最终荷载,即 $P = P_u$。

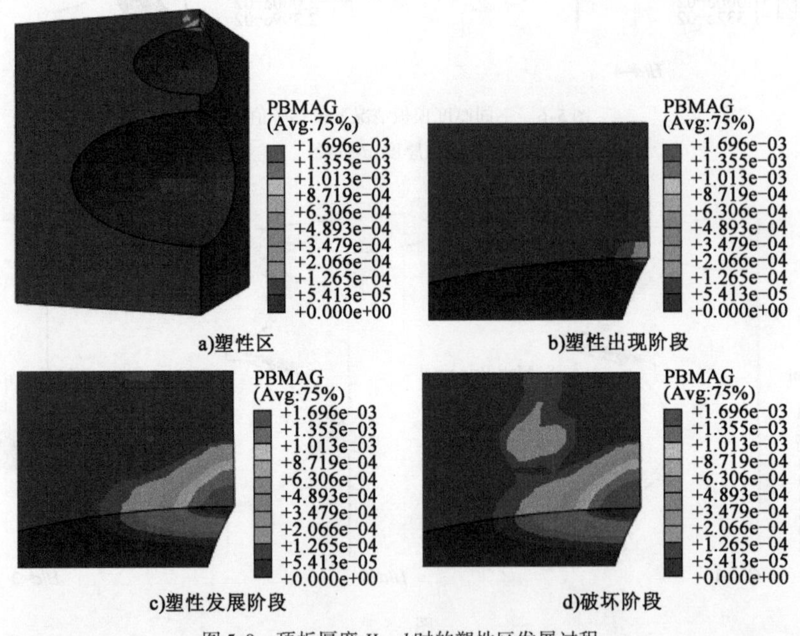

图 5-8　顶板厚度 $H = d$ 时的塑性区发展过程

桩端底部从开始出现塑性区到其与下方临空区的塑性区贯通，其桩端荷载增量仅为桩端最终荷载的5.9%，这表明其塑性区的贯通过程非常迅速，同时塑性变形区贯通路径几乎是沿垂直方向贯通，表现为典型的剪切破坏。

图5-9为顶板厚度 $H=2d$ 时，溶洞顶板区域的塑性变形发展过程。顶板的塑性发展阶段同样可以分为三个发展阶段：(1)塑性变形出现阶段，顶板首次出现塑性变形阶段，塑性变形最先出现在顶板临空区域，此时的桩端荷载与桩端最终荷载之比为 $P/P_u=53.3\%$；(2)塑性变形发展阶段，随着桩端荷载的增大，顶板临空区域的塑性变形区不断地向周围扩大，同时桩端下部的岩层也开始出现了塑性变形，此时 $P/P_u=84.3\%$；(3)破坏阶段，随着桩端荷载的进一步增大，临空区域的塑性变形区进一步发展，同时桩端下部岩层塑性变形区不断向下发展，最终于下方的塑性发展区相连通，从而形成了一个贯通的塑性变形区，溶洞顶板发生破坏，此时的桩端荷载为桩端最终荷载，即 $P=P_u$。

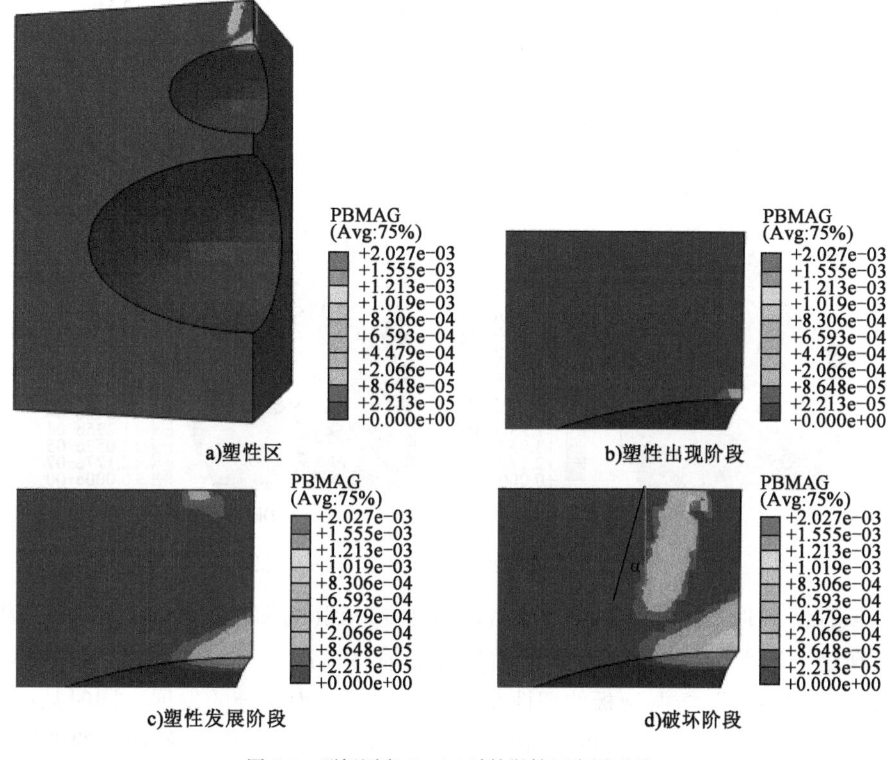

图5-9　顶板厚度 $H=2d$ 时的塑性区发展过程

在塑性变形的发展过程中，从桩端下部岩层开始出现塑性变形到其与下部塑性变形区贯通，桩端荷载增量为桩端最终荷载的15.7%，这表明顶板上下塑性变形区发展为贯通的塑性区有一个相对较长的过程。从破坏阶段可知，桩端岩层塑性变形区是沿着与竖直方向呈一定角度向下发展，定义塑性变形区发展的贯通路径与竖直方向的夹角为冲切角 α，溶洞顶板的破坏表现为冲切破坏。

图5-10为溶洞顶板厚度 $H=3d$ 时，溶洞顶板区域的塑性变形区的发展过程。塑性变形区的三个发展阶段为：①塑性变形出现阶段，与前两种工况不同的是，顶板的塑性变形最早出现

在桩端的下方岩层,此时桩端荷载与桩端最终荷载之比 $P/P_u=49.8\%$;②塑性变形发展阶段,在外荷载继续作用下,桩端下部岩层塑性区不断向下发展,同时顶板临空面开始出现塑性变形,此时 $P/P_u=71.7\%$;③破坏阶段,随着桩端荷载进一步增大,在桩端下部 $1d$ 和桩侧水平范围 $0.5d$ 范围内,塑性变形量很大且较为集中,之后塑性变形区沿冲切切角 α 斜向下发展,临空面的塑性变形区也以顶点为中心向周围发展,直至顶板发生破坏,但是顶板上部的塑性区并没有与下部的塑性变形区相贯通,此时桩端荷载为桩端最终荷载,即 $P/P_u=1$。

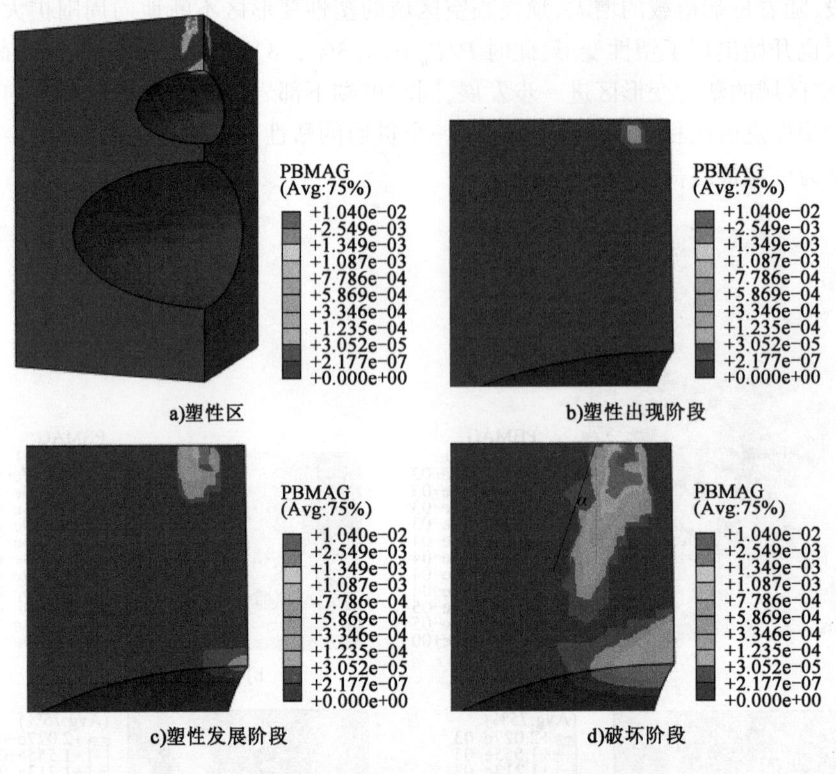

图 5-10 顶板厚度 $H=3d$ 时的塑性区发展过程

从(2)阶段溶洞顶板上部和下部同时出现塑性变形到(3)阶段溶洞顶板破坏,顶板完全失去承载力,在这一过程中,桩端的荷载增量为桩端最终荷载 P_u 的 28.3%,这一结果表明从(2)阶段发展到(3)阶段,溶洞顶板的塑性变形区得到了较为充分的发展。同时从(3)阶段可知,顶板的上部塑性变形区与下部的塑性变形区并没有明显的贯通,虽然顶板的破坏形式仍为冲切破坏模式,但是下部塑性变形区并未充分发展,桩端荷载的影响范围主要集中在桩端以下 2m 的区域。

图 5-11 为 $H=4d$ 时,溶洞顶板塑性变形区的发展过程。①塑性变形区出现阶段,塑性变形区最先出现在桩端下部岩层,桩端承载力与桩端最终承载力之比为 $P/P_u=36.6\%$;②塑性变形区发展阶段,随着桩端荷载的不断增大,桩端下部的塑性变形区不断向水平方向和竖直方向发展,当下部开始出现塑性变形时,上部的塑性变形已经发展的较为充分,$P/P_u=78.4\%$;③破坏阶段,随着桩端荷载的继续增大,桩端下部岩层塑性变形区沿着冲切角 α 斜向下发展,临空区的塑性变形也有一定的发展,直到溶洞顶板发生破坏,此时的桩端荷载即为桩端最终

荷载。

溶洞顶板塑性发展从阶段(2)到破坏阶段(3),桩端荷载增量为桩端最终荷载的21.6%,从阶段(2)可知,此时桩端下部的塑性变形发展较为充分,影响深度为2m,塑性变形发展到(3)阶段时,塑性区的影响深度达到3d,但是塑性变形量大且集中在深度2d左右,临空区域的塑性变形区虽有一定的发展,但是其塑性变形量相对上部区域明显要小,溶洞顶板的破坏主要是由顶板上部塑性变形过大导致。从图5-11c)可知,当溶洞顶板失效时,顶板并没有形成贯通的塑性区发展路径,塑性区由上向下发展的深度约为3d。由此可知,桩端下方的有效影响范围为桩端以下3d左右的深度。

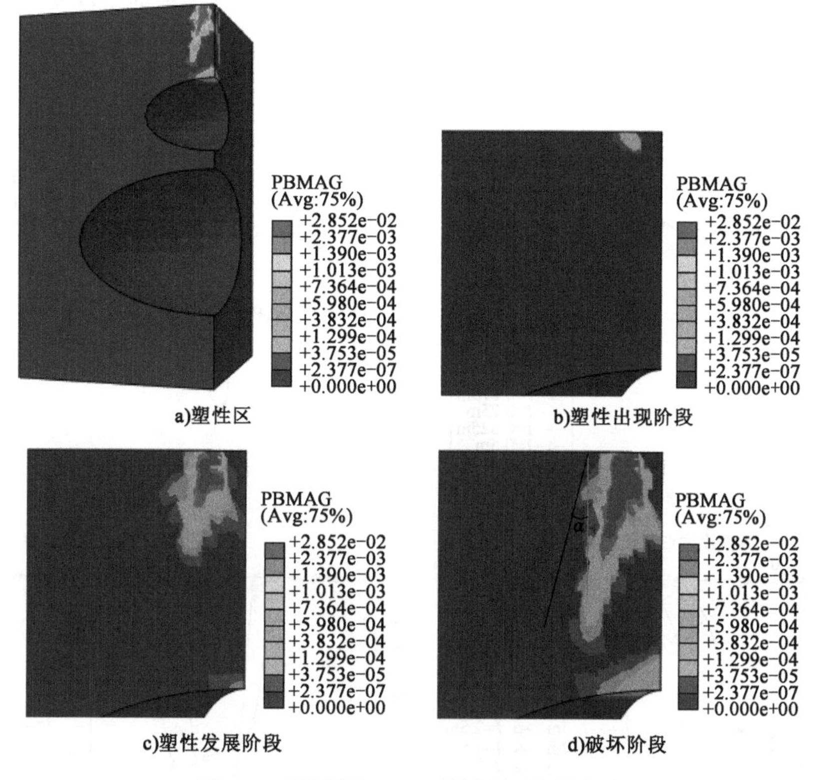

图5-11　顶板厚度$H=4d$时的塑性区发展过程

图5-12为不同溶洞顶板情况时,桩端最终荷载作用下各深度范围内的等效塑性变形量分布图。

图5-12a)为$H=d$时桩端以下各深度的塑性应变分布图。从图中可知塑性变形区的水平影响范围在1.2d左右;在桩端以下深度为0.5d范围内,桩端正下方的塑性变形几乎可以忽略不计;在桩端半径以外的区域,岩层的塑性变形较大,当深度大于0.5d后,塑性变形量随深度的增加而增加,溶洞最下方区域的等效塑性应变最大,为1.75×10^{-3}。

图5-12b)为顶板厚度$H=2d$的塑性应变分布图。塑性变形在水平方向上的影响范围为1.4d;在桩端下方深度1d范围内,桩端正下方圆柱体范围内,岩体的等效塑性变形极小,可以忽略不计,塑性变形主要分布在桩端圆柱体以外的范围,并且随着深度的增加,同一水平面上的塑性变形的最大值离桩的中心越远,将各个深度水平的最大值用直线连起来即为顶板的冲

切破坏路径。当深度大于 $1d$ 时,桩端正下方圆柱体岩体才开始出现塑性变形,等效塑性变形量随深度的增加而增加。溶洞顶板的最大塑性应变在桩端下部深度为 $0.25d$ 水平处,且距离中心为 $0.6d$。

图 5-12c)所示为 $H=3d$ 时,溶洞顶板的塑性变形分布图。从图中可知,溶洞顶板的塑性破坏区的水平影响范围为 $1.4d$。在桩端下方深度 $2d$ 的顶板范围内,桩端正下方圆柱体的塑性变形极小,在这个深度范围内,顶板的塑性变形区主要分布在桩端圆柱体以外,并且离桩端越近,等效塑性变形量越大,在水平方向上,深度越大,其所在平面的最大等效塑性变形量的位置离中心越远。同样,将各个深度水平的最大塑性变形量用线连接即为溶洞顶板的冲切破坏路径。在桩端下方深度大于 $2d$ 范围内,即顶板临空面区域,溶洞顶板的塑性变形较大,其塑性变形主要集中在桩端下方圆柱体范围内,临空面处的等效塑性变形量最大,距离临空面的垂直距离越大,则等效塑性变形量越小。溶洞顶的最大等效塑性应变为 2.92×10^{-3},位于溶洞顶板的顶面的桩侧位置。

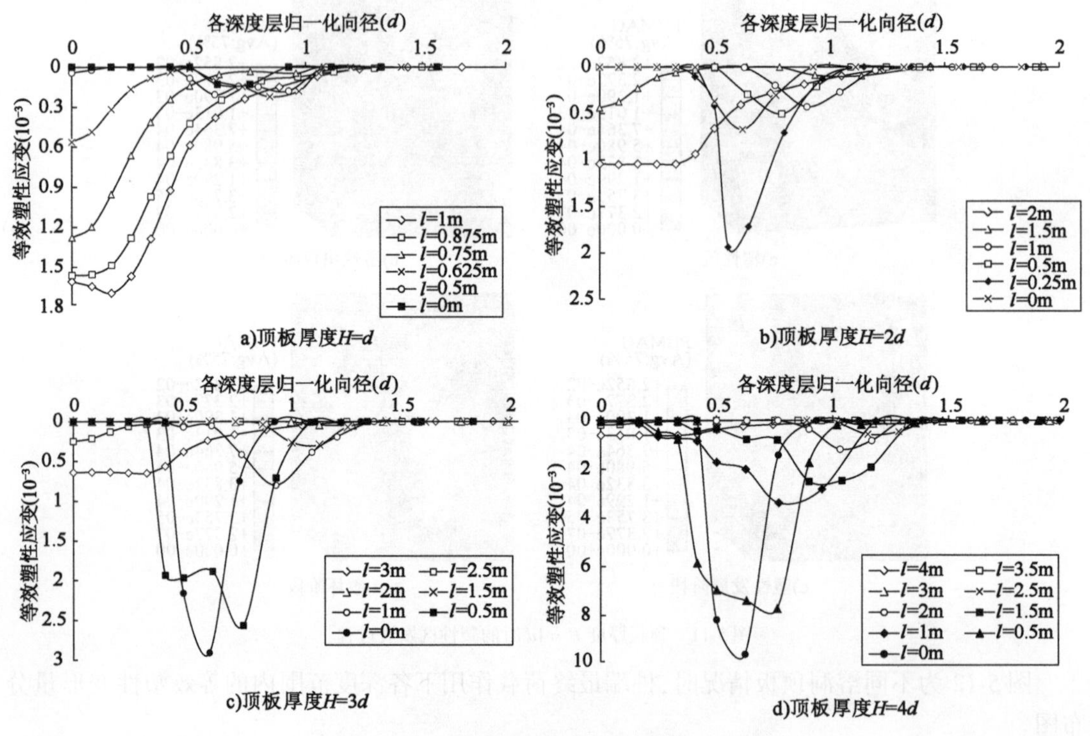

图 5-12 不同顶板厚度的各深度层塑性分布曲线

l-深度范围

图 5-12d)所示为 $H=4d$ 时的溶洞顶板塑性变形区的分布。溶洞顶板塑性破坏区在水平方向上的影响范围为 $1.4d$;在桩端以下 $2d$ 范围内,桩端下方圆柱体的等效塑性应变可以忽略不计,即使在临空面处的塑性变形量相对于最大塑性应变量也是很小的。塑性变形区主要是分布在圆柱体侧边,距离桩端的垂直距离越小,其所在水平的最大塑性变形最大值越大。随着深度的增加,在每一平面内的最大塑性应变的位置距中心的水平距离越远,将各个深度水平上的最大塑性变形位置连接起来即为溶洞顶板的冲切破坏路径。溶洞顶板的最大塑性变形为9.5×10^{-3}。

综上所述，通过对溶洞顶板的塑性变形分布的研究，可以得出以下结论：

(1)不论溶洞顶板的厚度如何，其破坏过程主要可以分为三个阶段：塑性变形出现阶段、塑性变形发展阶段、破坏阶段。

(2)根据溶洞顶板厚度的不同，溶洞顶板的破坏模式可分为剪切破坏和冲切破坏两种模式，当顶板厚度 $H \leqslant d$，溶洞顶板主要为剪切破坏模式，顶板厚度 $H > d$，溶洞顶板主要为冲切破坏模式。

(3)当溶洞顶板厚度 $H \leqslant 2d$，溶洞顶板的塑性变形最先出现在顶板的临空面处；顶板 $H > 2d$ 时，顶板的塑性变形最先出现在桩端下方，这种形式更有利于溶洞顶板的上部塑性区充分发展，溶洞顶板更趋于稳定，故溶洞顶板的厚度越大，其稳定性越高。

(4)对于溶洞顶板厚度 $H \leqslant 2d$ 的情形，溶洞顶板发生破坏时，可知顶板的上部塑性区和下部塑性区会形成贯通的塑性变形发展路径，而当溶洞顶板 $H > 2d$ 时，在溶洞顶板发生破坏时，顶板的上下塑性变形区没有形成一个贯通的路径，通过两者的比较可知，当溶洞顶板厚度大于2倍的桩径时，岩溶地基更趋于稳定。

由于在顶板厚度不同，其破坏时的最终荷载也存在巨大的差异，仅按照其极限荷载或最终荷载判断个种顶板条件的稳定性，只能做一些定性的评价，要定量地对岩溶桩基的稳定性做评价还存在很大的困难，因此本节选取溶洞顶板顶部(即桩端下部)和溶洞顶板底部(即临空面)处的点作为观察点来判断评价溶洞顶板的稳定性。

图5-13为在相同荷载水平作用下，不同顶板厚度的情况下，溶洞影响范围内竖向位移曲线图。

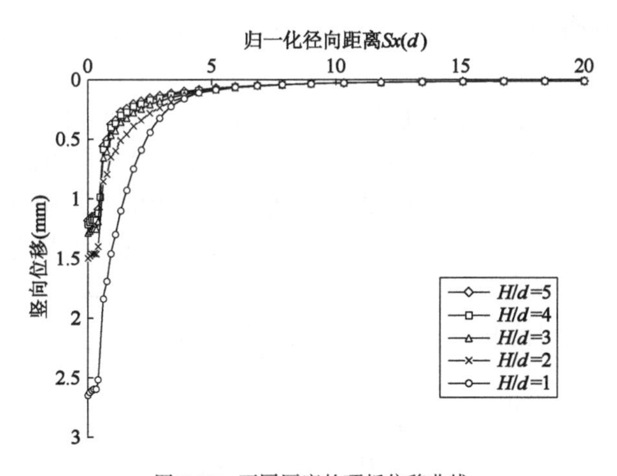

图5-13　不同厚度的顶板位移曲线

从图中可知，不论顶板厚度如何，竖向位移的有效影响范围都在距桩端中心 $5d$ 的水平范围内；各条位移曲线在桩端下方的位移都是最大，离中心越远，竖向位移越小；当 $H/d=1$ 时，溶洞顶板的沉降位移最大，桩端顶板处的位移为2.7mm，$H/d=2$ 时，顶板的最大位移为1.5mm，而当 $H/d=3$、4、5时，他们的位移曲线基本重合，顶板的最大位移为1.25mm左右。由此可见，当溶洞的顶板厚度越大，桩基越趋于稳定，当溶洞顶板厚度 $H \geqslant 3d$ 时，顶板范围内的位移曲线基本都是重合的，这说明它们的稳定性也都基本相同，因此当溶洞顶板厚度达到3d时，桩端荷载对溶洞的变形较小，有利于岩溶区的稳定性。

图 5-14 为溶洞顶板 H 与观察点处竖向位移 S_y 关系对比直方图。溶洞顶板的位移随顶板厚度 H 增大而减小，表明溶洞顶板厚度的大小直接决定溶洞稳定性的高低，溶洞顶板越厚，溶洞顶板的稳定性越高。从图中可知，当溶洞顶板厚度增大到 $3d$ 时，溶洞的位移基本达到一个相对稳定的状态，溶洞顶板厚度继续增加，顶板的顶部和底部位移都没有明显的减小。由此可见，溶洞顶板厚度为 $3d$ 时，溶洞处于一个稳定状态，可以将处于稳定状态的顶板厚度定为溶洞的安全厚度。

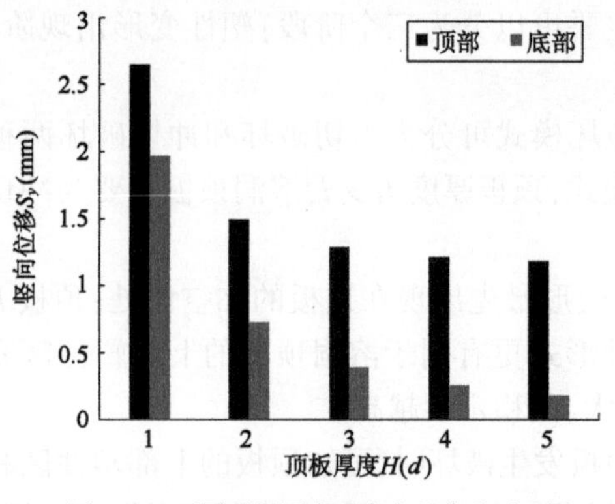

图 5-14　不同顶板厚度观察点处位移对比图

5.3.3　顶板跨度的影响

图 5-15 为不同跨度的溶洞顶板破坏时的位移等值面云图。从图中可知当溶洞顶板的跨度 a 越小（即高跨比越大），顶板破坏时，其位移的影响范围越大，桩端荷载在岩体中的影响范围也就越大，有利于荷载在岩体中的传递。顶板跨度较小时，位移等值面为弧状，而且在顶板范围外有较大的位移等值面存在，可以很好地分担桩端作用在顶板范围内的荷载，有利于溶洞顶板的稳定，随着跨度增大，位移等值面的弧度逐渐变小，直到变为竖直的柱状面，较大的位移都集中顶板范围内，不利于顶板的稳定。溶洞顶板的临界位移等值面的值随溶洞顶板的跨度增大而减小，当顶板跨度减小到 $6d$ 时，临界跨度值趋于稳定。通过上述分析可知，溶洞顶板的跨度越小，溶洞顶板越趋于稳定。

图 5-16 为不同跨度的溶洞顶板在破坏时的最大应力等值面云图。顶板的最大压应力随跨度的增大而增大，最大拉应力基本不变。顶板的“中性面”拱和应力拱的跨度随顶板跨度的增大而增大，同时“中性面”拱的和应力拱的高度也有一定的增大，“中性面”拱的增高意味着受压区的厚度减小，受拉区的厚度增大，通常岩体的受压强度远大于其受拉强度（通常为 $\sigma_t = 1/20\sigma_c$，σ_t 为受拉强度，σ_c 为受压强度），受拉区相对于受压区更容易屈服破坏，因此受压区厚度减小，受拉区厚度增加，对溶洞顶板稳定性具有不利影响。

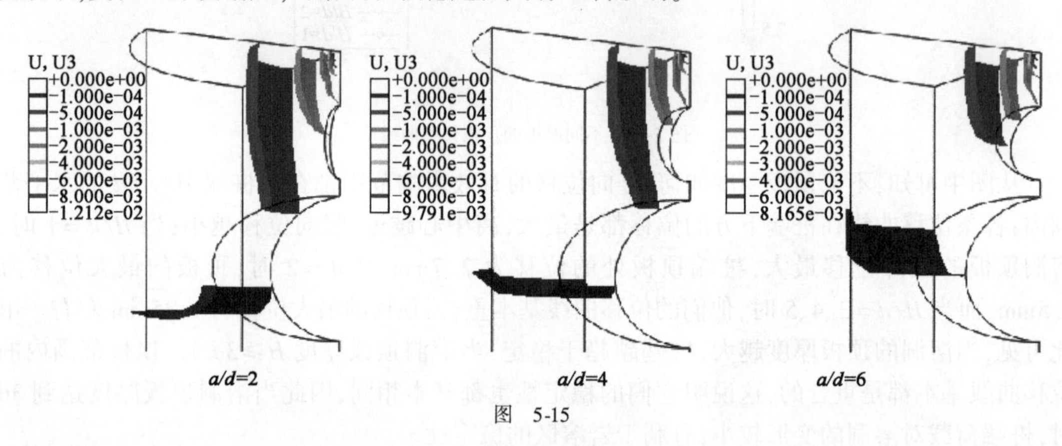

图　5-15

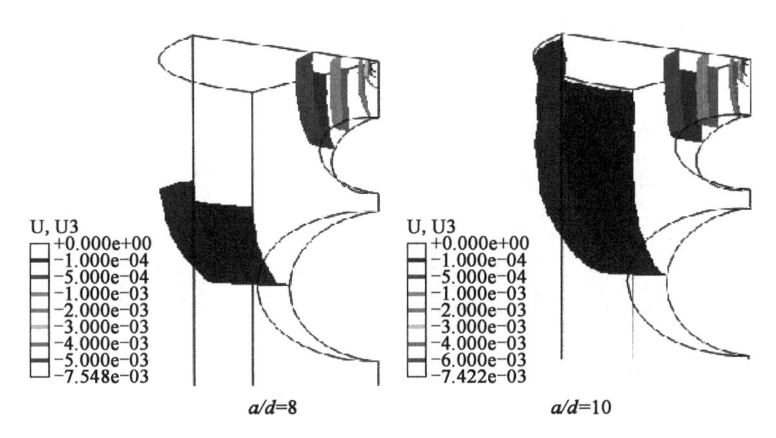

图 5-15　不同跨度的顶板位移等值云图

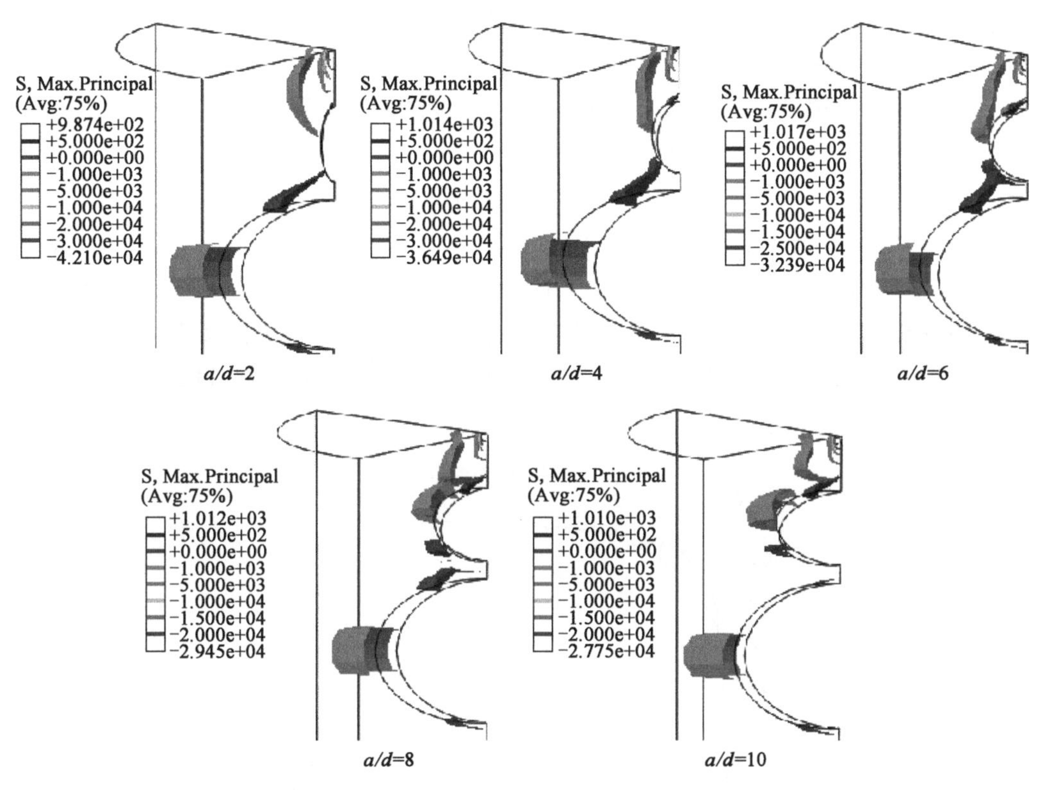

图 5-16　不同跨度的顶板大主应力等值云图

图 5-17 为不同溶洞顶板跨度情况下，顶板破坏时的等效塑性应变云图。从破坏方式来看有剪切破坏方式和冲切破坏方式，当溶洞顶板跨度较小时($a=2d$)，顶板容易发生剪切破坏，当溶洞顶板跨度 $a\geqslant 2d$ 时，溶洞顶板在最终荷载作用下将发生冲切破坏，其破坏路径于竖直方向呈一定的角度，称这一角度 α 为冲切角。当顶板跨度从 $4d$ 增加大 $6d$ 时，冲切角会增大，而从 $6d$ 增大到 $10d$，冲切角没有明显的变化。如果将剪切破坏看作是冲切角 $\alpha=0$ 的特殊冲切破坏，那么可以得出这样的结论：当顶板跨度 $h\leqslant 6d$ 时，顶板破坏时的冲切角 α 随顶板跨度的增加而增加；当 $h>6d$ 时，冲切角 α 基本保持不变。溶洞顶板跨度越大，溶洞临空区的塑性发

展范围越大,对溶洞顶板的稳定性不利。

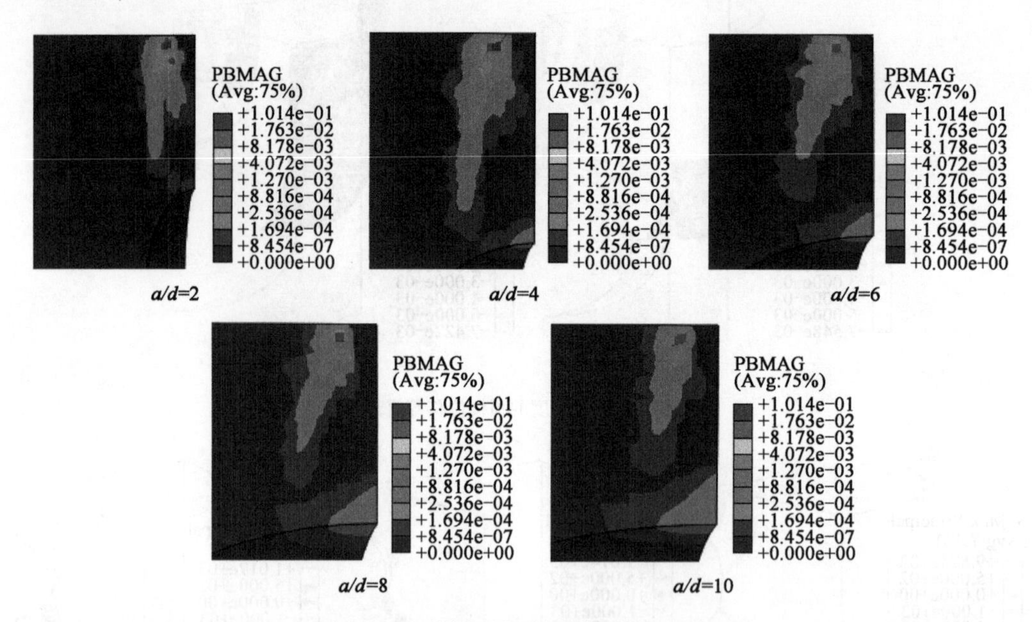

图 5-17　不同跨度的顶板塑性破坏区云图

图 5-18 为桩端荷载作用下,不同溶洞跨度的顶板竖向位移曲线。从曲线图中可知,虽然溶洞顶板的跨度不同,但在水平方向上,其影响范围基本相同,都在 15 倍桩径以内;桩端正下方的溶洞顶板位移最大,桩端以外顶板的位移迅速减小,在中心 5 倍桩径以外的顶板位移趋于直线;在 7 倍桩径以内,溶洞顶板跨度越大,顶板的位移越大,7 倍桩径以外的溶洞顶板位移基本重合。

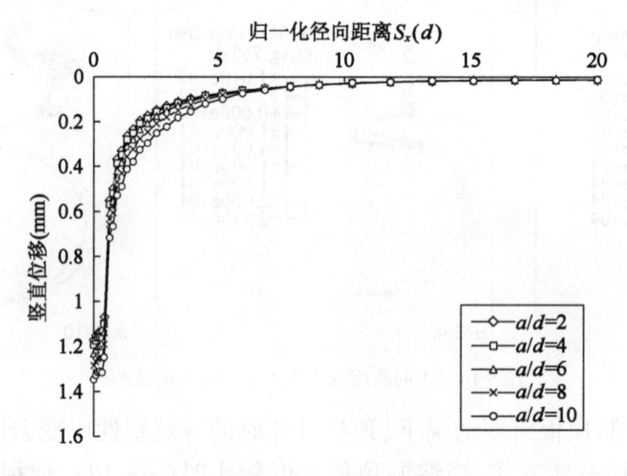

图 5-18　不同跨度的顶板竖向位移曲线

图 5-19 为溶洞顶板顶部和底部竖向位移柱状图,随着溶洞顶板跨度的增加,顶部和底部的竖向位移有一定的增加,底部位移与顶部位移的比值随顶板跨度的增大而减小,这是由于溶洞顶板跨度越小,由顶板周围围岩分担的桩端荷载越多,因此顶板的竖向变形就会相对减小,顶板底部位移也会进一步地减小,因此溶洞顶板跨度越小,溶洞顶板越趋于稳定。

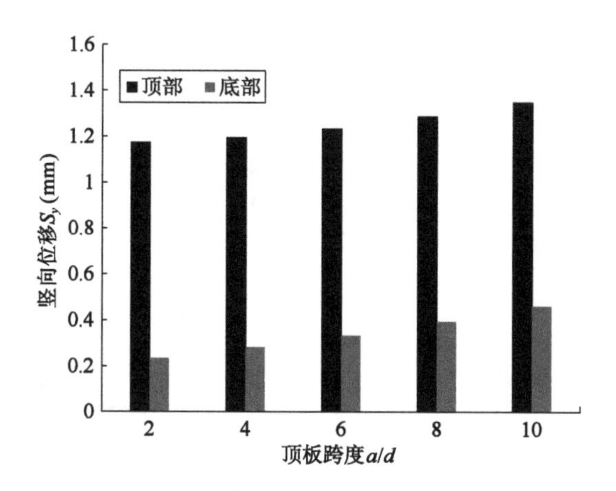

图 5-19 不同顶板跨度观察点处位移对比图

5.3.4 顶板黏聚力的影响

设溶洞顶板的厚度 $H=3d$,第一层溶洞跨度 $a=8d$,中夹岩层厚度 $h=d$,第二层溶洞跨度 $c=16d$,其中,d 为溶洞上方桩基直径。分别对顶板岩体黏聚力为 0.8MPa、1.2MPa、1.6MPa、2.0MPa、2.4MPa 进行数值计算。

从顶板破坏时的竖向位移等值面云图 5-20 可知随溶洞顶板黏聚力的增大,由破坏引起的岩体竖向位移的大小和影响范围逐渐增大,这是由于岩体黏聚力的增大,提高了顶板的承载能力,使溶洞顶板可以承受更多的桩端荷载,因此顶板在破坏状态时的位移大小和影响范围也会增大;同时可知黏聚力的增大,使得较大的位移等值面的分布更加稀疏,而不仅仅只集中在顶板范围内,对溶洞顶板的稳定性具有有利影响。

从最大应力等值面云图 5-21 可知,随着顶板黏聚力的增大,顶板的“中性面”拱和应力拱的拱跨与拱高没有明显的变化,拱角处弧度增大;应力分布的深度和水平范围随黏聚力的增大而增大,黏聚力越小应力越集中于顶板范围内,中夹岩层下方的应力分布基本相同,应力分布范围的增大有利于持力层的承载力发挥,有利于顶板的稳定性。

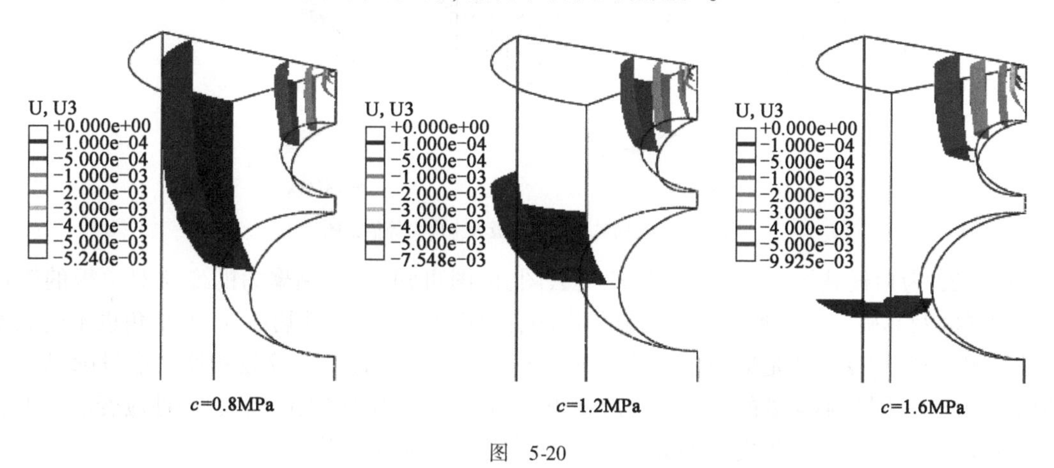

图 5-20

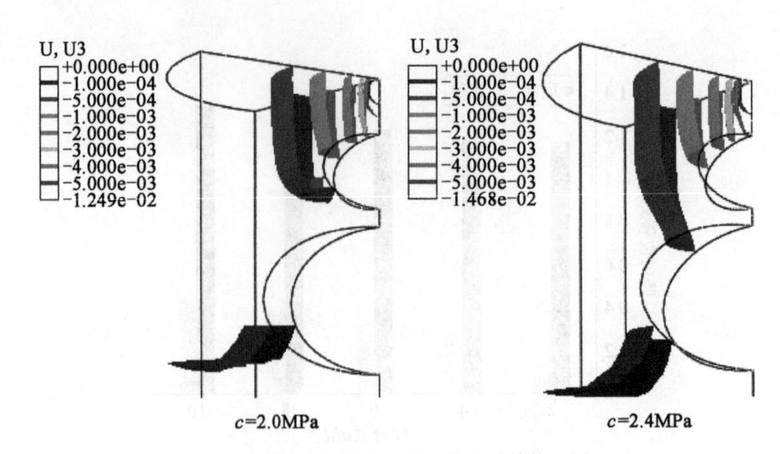

图 5-20　不同黏聚力的顶板位移等值云图

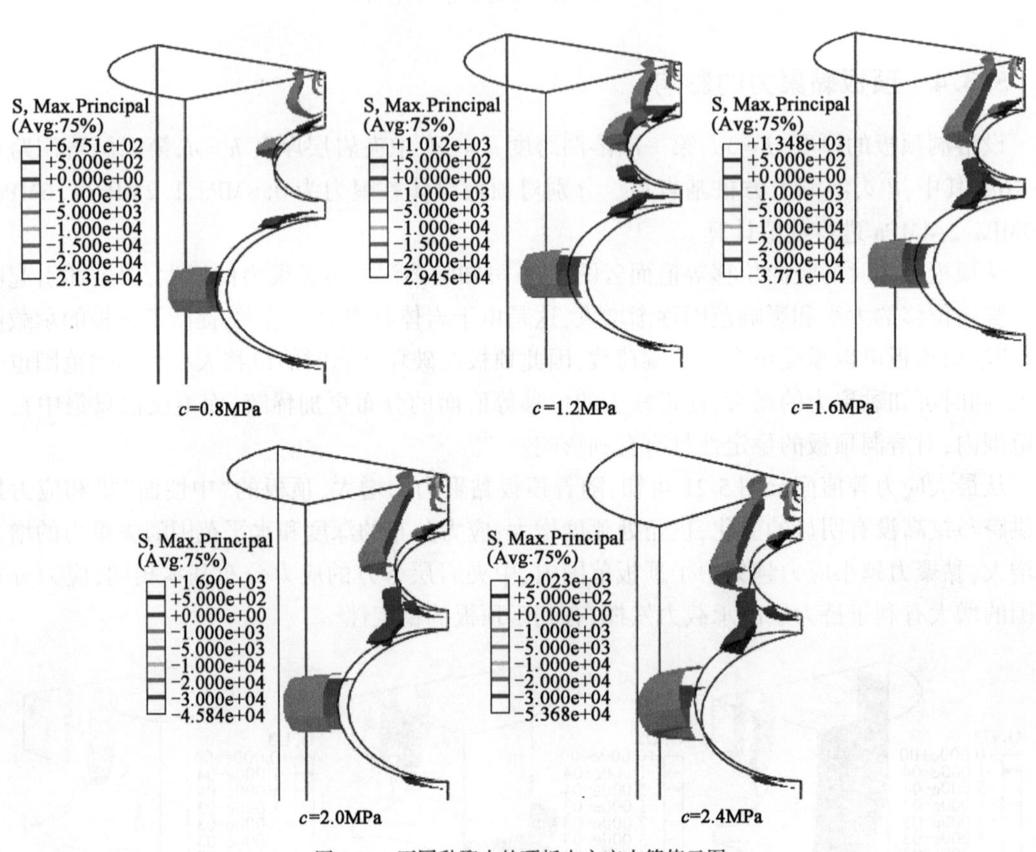

图 5-21　不同黏聚力的顶板大主应力等值云图

图 5-22 为顶板破坏时的等效塑性应变云图，由图可知：顶板黏聚力的变化对顶板的塑性变形发展区及其破坏时的形式没有明显的影响，破坏的形式都为冲切破坏，冲切角也不受黏聚力的影响；塑性应变主要是集中在桩端以下 $0.5d$ 深度范围内，最大等效塑性变形量随黏聚力的增大而增大，同时临空处的等效塑性应变也是随着黏聚力的增大而增大，塑性应变的增大意味着应变能的增大，能承担更多的桩端荷载，有利于溶洞顶板的稳定。

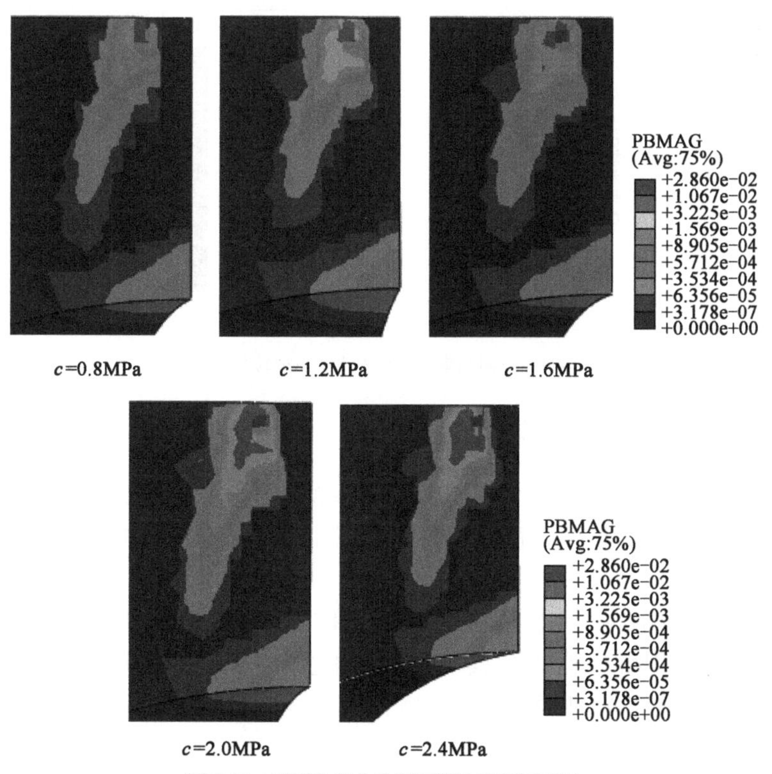

图 5-22　不同黏聚力的顶板塑性破坏区云图

由于岩石的黏聚力通常远大于土体黏聚力，在桩端荷载作用下，黏聚力对岩体的影响远不如对土体影响敏感，因此当顶板的黏聚力不同时很难看出其对顶板破坏类型的影响，塑性发展规律也基本相同。

如图 5-23 所示，在相同的桩端荷载作用下，溶洞顶板影响范围内的竖向位移曲线完全重合，由此可见，单独改变黏聚力对溶洞顶板的稳定性并无影响。

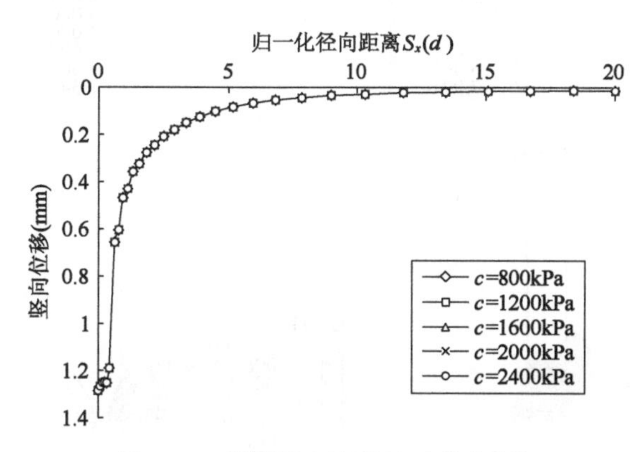

图 5-23　不同黏聚力的顶板竖向位移曲线

图 5-24 为在相同荷载作用下，溶洞顶板黏聚力 c 与观察点处位移 S_y 关系对比直方图，溶洞顶板的顶部位移和底部位移也不受黏聚力的明显影响，这也表明黏聚力的变化对溶洞顶板的稳定性影响不大。

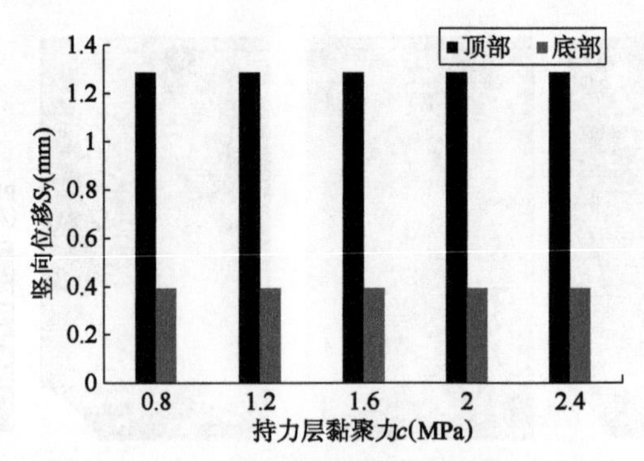

图 5-24 不同黏聚力的顶板观察点处位移对比图

5.3.5 顶板内摩擦角的影响

设溶洞顶板的厚度 $H=3d$，第一层溶洞跨度 $a=8d$，中夹岩层厚度 $h=d$，第二层溶洞跨度 $c=16d$，其中，d 为溶洞上方桩体直径，分别对顶板岩体内摩擦角为 35°、40°、45°、50°、55°进行数值计算。

从溶洞顶板影响范围内的竖向位移等值面云图 5-25 可知，随着顶板岩体的内摩擦角的增大，竖向位移的影响范围略有增大，但其增大幅度可忽略不计，较大位移也都集中在溶洞顶板范围之内，因此其对顶板稳定性没有明显影响。

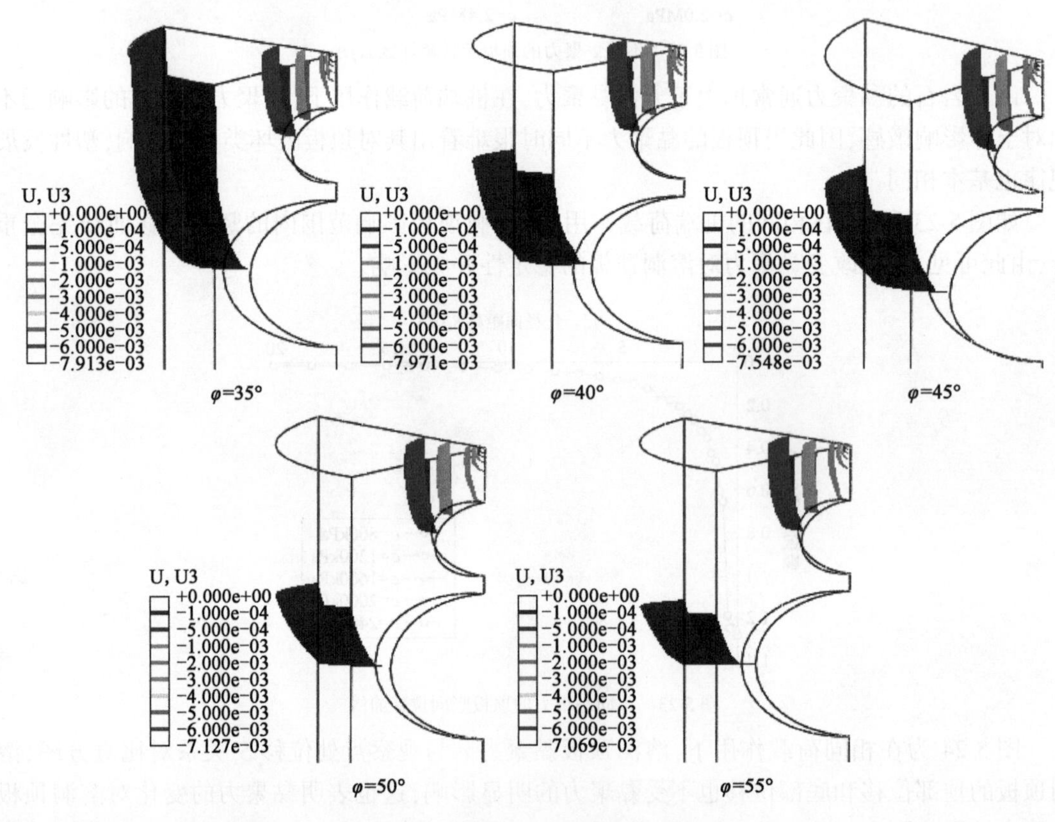

图 5-25 不同内摩擦角的顶板位移等值云图

图5-26为最大主应力等值面云图，随着顶板内摩擦角的增大，顶板的压应力最大值增大，拉应力最大值减小，应力的分布范围基本相同，中性拱和应力拱的拱跨和拱高基本不受影响，因此从应力分布的角度看，顶板的黏聚力增大对溶洞顶板的稳定性影响几乎可以忽略。

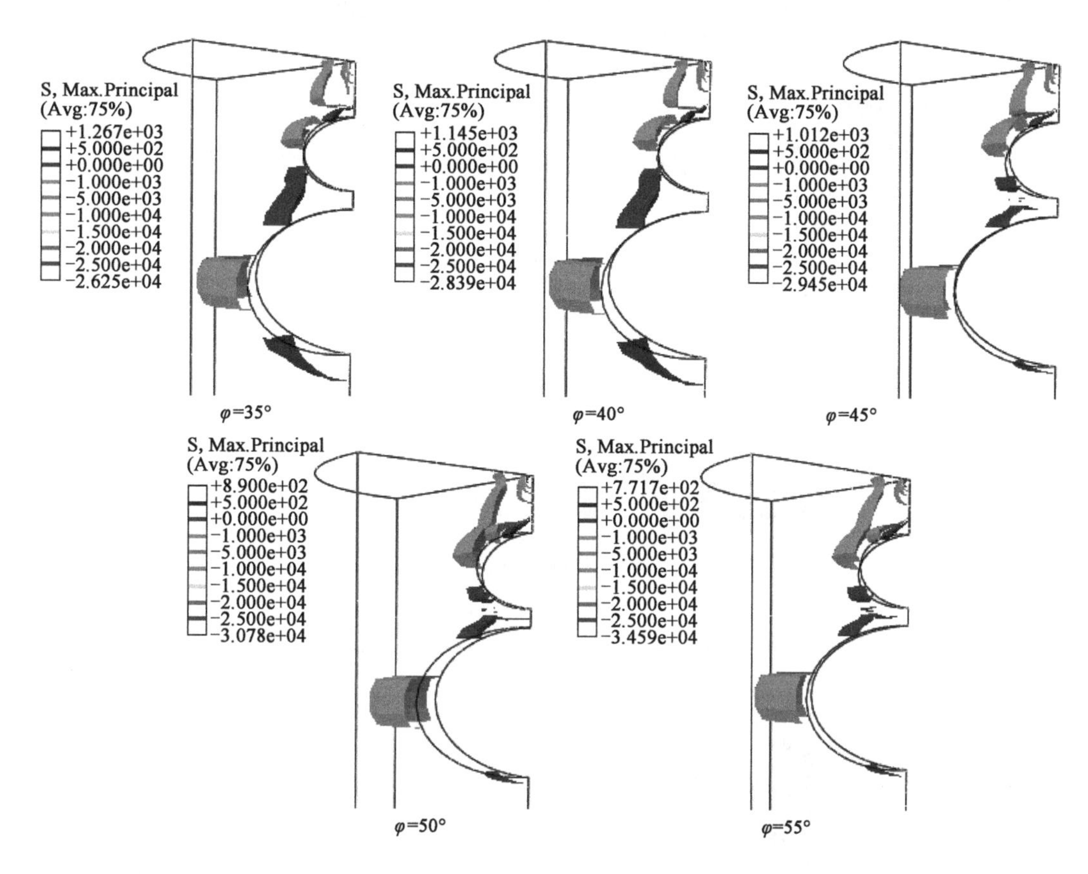

图5-26　不同内摩擦角的顶板大主应力等值云图

图5-27为溶洞顶板的等效塑性变形云图，从顶板的破坏形式来看，当顶板的内摩擦角$\varphi=35°$时，溶洞顶板为剪切破坏，当内摩擦角$\varphi>35°$时，溶洞顶板为冲切破坏，显然第二种破坏形式比第一种破坏形式更有利于溶洞顶板的稳定性发挥。如果将剪切破坏看作是冲切角$\alpha=0$的特殊冲切破坏，那么可以发现这样的规律：当溶洞顶板的内摩擦角$\varphi<35°$时，顶板破坏时的冲切角$\alpha=0$；当内摩擦角$35°<\varphi\leqslant40°$时，顶板破坏时的冲切角会从0增大到一定值α_0；当内摩擦角继续增大，$\varphi>40°$时，顶板破坏时的冲切角保持为α_0不变。

如图5-28所示，在相同荷载作用下，溶洞顶板的内摩擦角不同并不会影响顶板范围内的竖向位移，顶板范围内的竖向位移曲线完全重合，由此可见，顶板内摩擦角对溶洞顶板稳定性几乎没有影响。

图5-29为在相同桩端荷载作用下，溶洞顶板内摩擦角φ与观察点处位移S_y关系对比直方图，随着顶板内摩擦角的增大，溶洞顶板的顶部和底部临空处的竖向位移都基本保持不变，顶板的内摩擦角变化对溶洞顶板稳定性几乎没有影响。

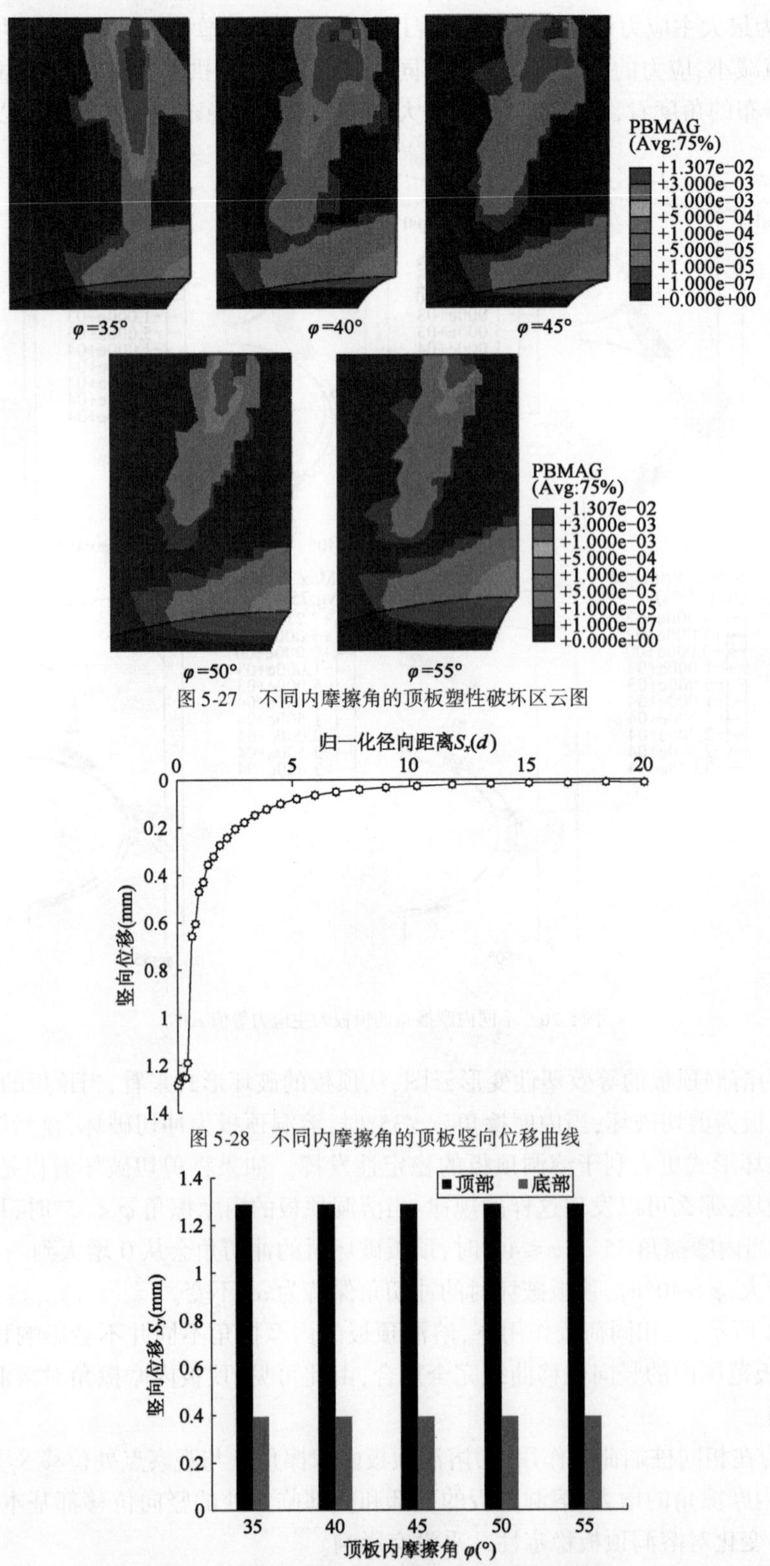

图 5-27　不同内摩擦角的顶板塑性破坏区云图

图 5-28　不同内摩擦角的顶板竖向位移曲线

图 5-29　不同内摩擦角的顶板观察点处位移对比图

5.3.6 顶板节理裂隙的影响

在极限荷载作用下,不同 GSI 值的溶洞顶板在发生塑性破坏时,溶洞顶板的最大主应力等值云图如图 5-30 所示。从图中可知,顶板的最大主应力随 GSI 值的增大而增大,这主要是由于 GSI 值越大,顶板岩层的节理裂隙等薄弱结构面越少,顶板岩层越完整,使溶洞顶板能够承担更多的外部荷载,从而使顶板的最大主应力有很大的增长。从应力的分布形式可知,在极限荷载作用下,应力在水平方向上的分布主要集中于溶洞正上方岩体,溶洞圆柱体以外分布的应力极小,相对于最大应力几乎可以忽略不计。随 GSI 值的增大,溶洞顶板的应力在水平方向上的分布范围也越来越大,同时应力的纵向分布也随 GSI 的增大而加深。这是由于溶洞顶板 GSI 较小时,在桩端荷载作用下,在应力传递到溶洞圆柱体以外之前,溶洞顶板就发生塑性破坏而失去承载力,当 GSI 较大时,在桩端荷载致使溶洞顶板发生破坏之前,应力已经可以传递到更深更远的岩体中,增加了溶洞顶板的承载力。其中,桩端圆柱体下方一定范围内分布的应力主要表现为压应力,拉应力的外包线为一个椭球形,顶板的底部为拉应力,最大拉应力随 GSI 的增大而增大,其应力包线为不规则的拱形。溶洞顶板之间夹层的应力主要表现为拉应力。

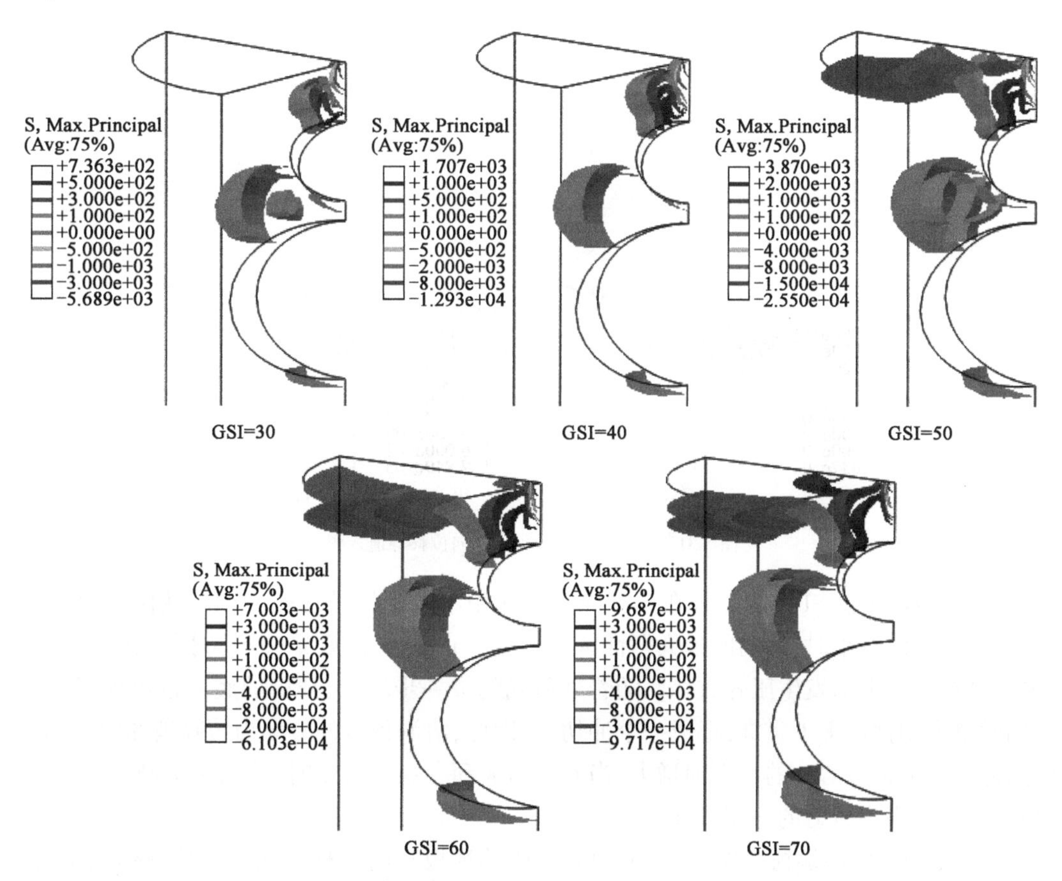

图 5-30　不同 GSI 值的顶板大主应力等值云图

图 5-31 为极限荷载作用下,不同 GSI 值的顶板竖向位移等值云图。由图可知,溶洞顶板

的竖向位移大体上随着顶板岩层 GSI 值的增大而减小,这是由于岩层顶板的 GSI 值越大,顶板的岩性越好,虽然 GSI 值更大的溶洞顶板能够承受更大的极限荷载,但是由于其更好的整体性,反而使其承受更大的外部荷载,同时产生更小的沉降。同时从图中可知,当溶洞顶板GSI = 40 时,溶洞顶板在其极限荷载作用下产生的竖向沉降稍大于 GSI = 30 时溶洞顶板的竖向沉降,这是由于 GSI = 30 时,溶洞的顶板岩层结构比较散碎,溶洞顶板在承受很小桩端荷载作用时,溶洞顶板就发生了塑性破坏,顶板位移不能进一步发展。

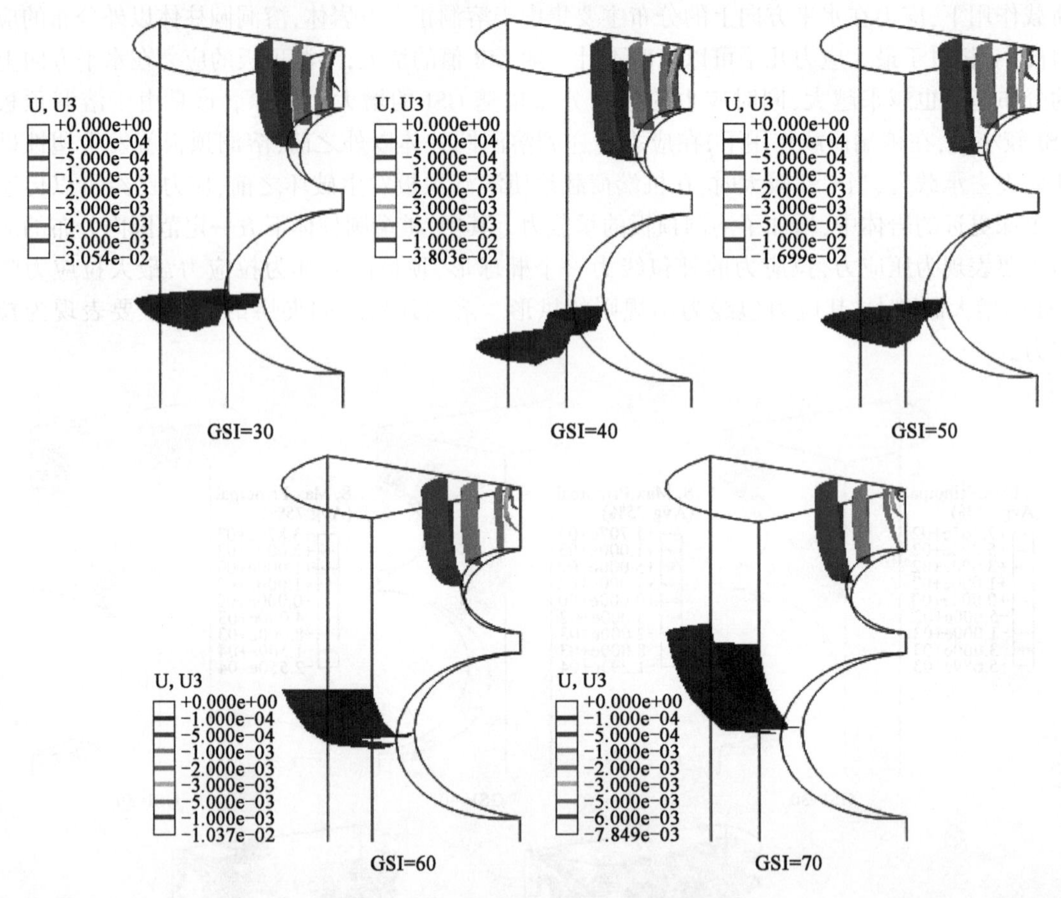

图 5-31　不同 GSI 值的顶板竖向位移等值云图

图 5-32 为不同 GSI 值的顶板在其极限荷载作用下的塑性破坏区云图。从图中可知当溶洞顶板的 GSI 值较小时,溶洞的最大塑性区在桩端的正下方呈现为一个半球体,因此,溶洞顶板最先是在桩端下部发生压碎破坏。随着外荷载的进一步增加,顶板的底部也出现了拉裂破坏,同时整个塑性区上下贯穿,形成一个冲切台,因此,溶洞顶板的破坏为压碎破坏驱动的冲切破坏,冲切角随顶板 GSI 的增大而增大,当 GSI 增大到一定的程度时,冲切角会减小到 0,溶洞顶板的破坏表现为典型的剪切破坏。

图 5-33 为相同桩端荷载作用下,不同 GSI 值的顶板竖向位移曲线。在荷载作用下,桩端处的岩层位移最大,溶洞顶板的最大位移随顶板岩层 GSI 值的增大呈非线性减小;而且 GSI 值对顶板沉降的影响范围具有极其重要的影响,当 GSI 很大时,沉降只对桩端附近产生影响,随

着 GSI 值的增大,沉降的影响范围也呈非线性增大。当溶洞顶板 GSI 值分别为 50、60、70 时,顶板的沉降范围相差不多,顶板的最大沉降量也没有很大的差距,因此,当溶洞顶板的 GSI 值达到 50 左右时,溶洞基本趋于稳定,GSI 继续增大,对溶洞顶板的稳定性没有太大的影响,当 GSI 值小于 30 时,溶洞顶板极不稳定。

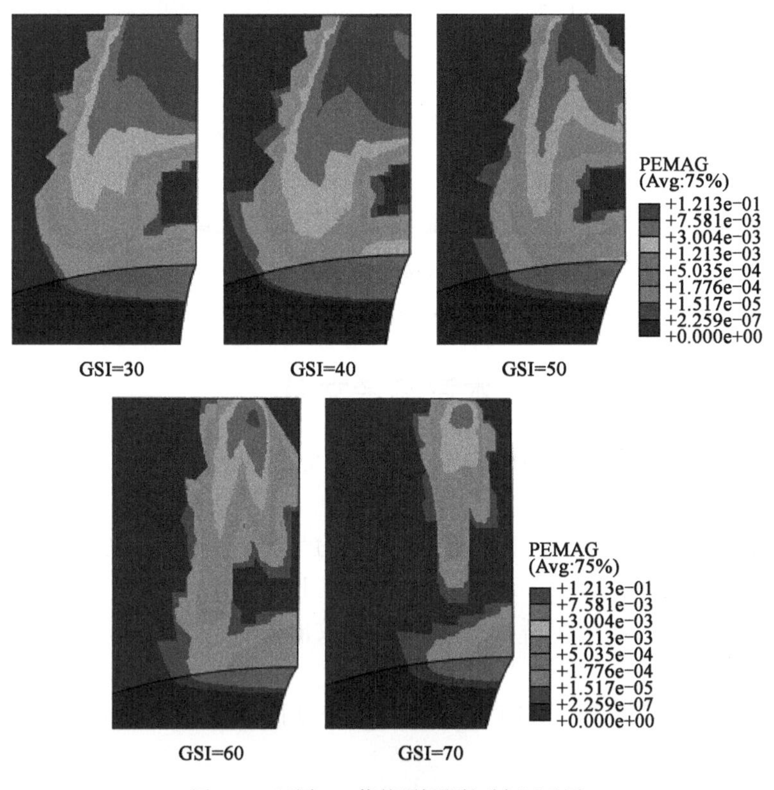

图 5-32　不同 GSI 值的顶板塑性破坏区云图

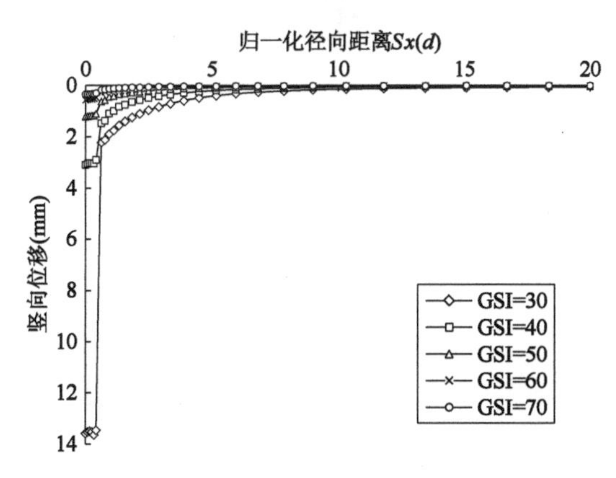

图 5-33　不同 GSI 值的顶板竖向位移曲线

在相同桩端荷载作用下,不同 GSI 值的顶板观察点处位移对比如图 5-34 所示。从图中可知,当顶板 GSI 值较小时,溶洞顶板的顶部位移远大于底部位移,这是由于 GSI 较小,顶板岩层的整体性较差,桩端附近的顶板岩层在桩端荷载的作用下产生局部的压碎破坏,只有少部分应力传递到顶板底部，因此溶洞底部的位移远小于顶部位移。随着 GSI 的增大，由于应力逐渐传递到溶洞顶板底部，溶洞底部位移与顶部位移的差值也不断减小，顶板越趋于稳定。

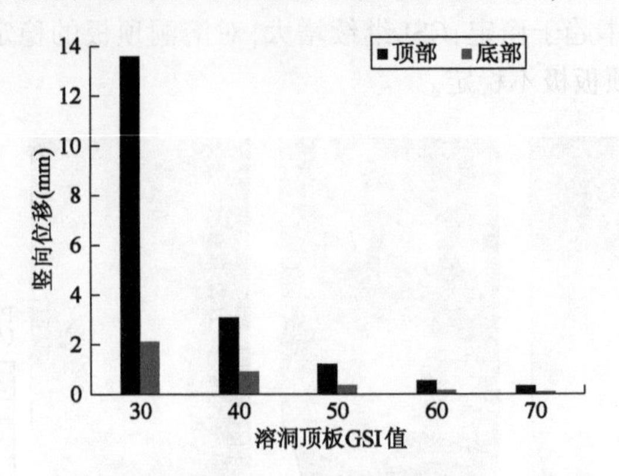

图 5-34 不同 GSI 值的顶板观察点处位移对比图

本章参考文献

[1] 符策简. 岩溶地区隐伏溶洞顶板稳定性及变形分析[J]. 岩土力学，2010，31(S2)：288-296.

[2] 黎斌. 岩溶地区溶洞顶板稳定性分析[J]. 岩石力学与工程学报，2002，21(4)：532-536.

[3] 陈惠发. 弹性与塑性力学[M]. 北京：中国建筑工业出版社，2004.

[4] 邓尚强. 串珠状溶洞地层中桥桩受力性状的数值模拟[J]. 路基工程，2015(05)：112-114 + 132.

[5] 黄明，张冰淇，陈福全，等. 串珠状溶洞地层中桩基荷载传递特征的数值计算[J]. 工程地质学报，2017，25(06)：1574-1582.

第6章

串珠溶洞桩基沉降计算与地震稳定性

本章提出了基于扰动状态理论的荷载传递模型，系统地介绍了扰动状态理论的基本原理和传递机理，构建了桩—土相互作用模型，并基于荷载传递法提出串珠状溶洞—桩基体系的沉降计算方法，以便读者解决相关串珠状溶洞—桩基体系的沉降问题。此外，本章还结合数值软件分析了串珠状溶洞地层中桩基在地震作用下的稳定性，使读者能够更直观了解串珠状溶洞—桩基承载体系的地震作用效应。

6.1 扰动状态土力学基本原理

扰动状态理论（DSC）（郑建业、葛修润、孙红，2009）将材料单元视为由相对完整（RI）状态和完全调整（FA）状态两种基准状态所组成的混合材料。在外荷载作用之前，材料几乎是完全处于RI状态的，只有极小部分处于FA状态（如由加工或残余应力等引起的材料裂隙和缺陷等）。当外荷载作用于材料时，材料的颗粒会自发地进行调整，其结构经过持续的扰动变化，最终由RI状态逐渐转变到FA状态，如图6-1所示。

扰动状态理论认为，材料受外荷载作用时，其力学响应为两个参考响应的加权平均值。如图6-2所示，材料的实际响应为处于RI状态的材料响应与处于FA状态的材料响应以一个扰动因子作圈相加构成。这两个参考响应状态都与材料的本身性质有关，每种参考响应状态分别对应着一种本构模型。

扰动状态理论认为两种参考本构模型得到的响应都是材料本身的固有响应，扰动是材料本身固有的性质，外部荷载作用只是诱因，材料的变化过程是自发产生的。岩土体的扰动状态理论基本表达式为（刘齐建、杨林德，2006）：

$$\sigma = (1 - D)\sigma_i + D\sigma_c \tag{6-1}$$

式中：σ——单元总应力；

σ_i——材料相对完整状态单元所承受的应力；

σ_c——材料完全调整状态单元所承受的应力；

D——扰动参数。

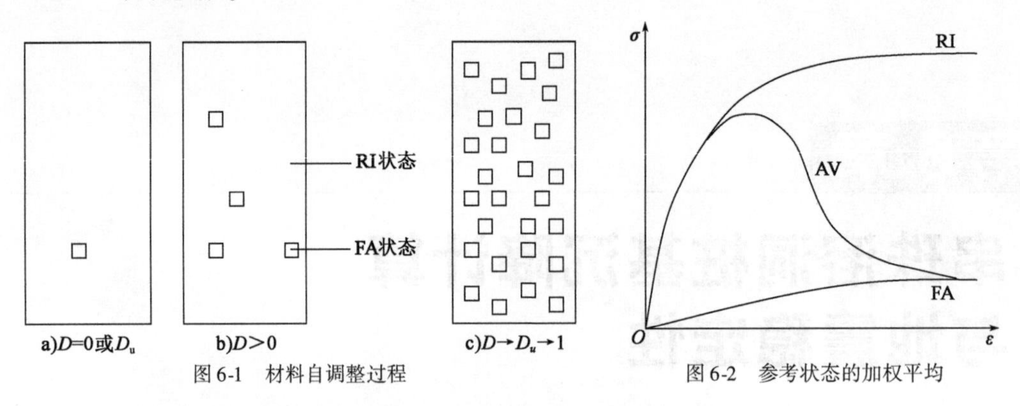

图 6-1　材料自调整过程　　　图 6-2　参考状态的加权平均

6.2　基于扰动状态理论的荷载传递模型

6.2.1　模型的构建

(1)模型应力分担方式。结合 DSC 理论的基本表达式(6-1),可知桩—土间荷载传递函数的表达式为:

$$\tau = (1 - D)\tau_i + D\tau_c \tag{6-2}$$

式中:τ——桩侧(底)的侧向(底部)的反力;

τ_i——处于相对完整状态单元承担的应力;

τ_c——处于完全调整状态单元承担的应力。

(2)相对完整状态模型。根据 DSC 理论,桩—土界面中处于相对完整状态部分可将界面的抗剪强度按线弹性理论计算,RI 状态借用佐藤悟模型(陈惠发,2004)的理想线弹性部分计算,其表达式如下:

$$\tau_i = ks \tag{6-3}$$

式中:k——劲度系数;

s——桩的竖向位移。

(3)完全调整状态模型。处于完全调整状态的部分,桩—土界面荷载与相对完整状态并不相同,其承担的应力可以看作是桩-土界面的残余强度,假定其符合理想塑性模型。FA 状态用佐藤悟模型(陈惠发,2004)中的理想塑性性部分计算,其表达式如下:

$$\tau_c = \tau_f \tag{6-4}$$

(4)扰动参数。扰动参数与桩-土间的塑性剪切位移有关,当出现塑性位移时,桩-土界面即出现扰动。定义扰动参数为桩-土界面已经破损的微元个数 n_f 与总微元个数 n 的比值为(Krajcinovic D、Silva M A G,1982):

$$D = \frac{n_f}{n} \tag{6-5}$$

设各微元体的强度按照 Weibull 函数分布,则其密度分布函数 $f(x)$ 为:

$$f(x) = \frac{\eta}{\xi}\left(\frac{x}{\xi}\right)^{\eta-1} \exp\left[-\left(\frac{x}{\xi}\right)^{\eta}\right] \tag{6-6}$$

式中：ξ、η——反映桩—土界面材料力学性质的 Weibull 分布参数。

当桩—土界面上塑性剪切位移为 s_f 时，桩—土界面上已达破坏的微元个数 $n_f(s_f)$ 为：

$$n_f(s_f) = \int_0^{s_f} nf(x)\,\mathrm{d}x \tag{6-7}$$

将式(6-6)、式(6-7)代入式(6-5)，即得扰动因子：

$$D = \frac{n_f(s_f)}{n} = \frac{n\{1 - \exp[-(s_f/\xi)^\eta]\}}{n} = 1 - \exp\left[-\left(\frac{s_f}{\xi}\right)^\eta\right] \tag{6-8}$$

塑性剪切位移 s_f 按下式计算：

$$s_f = s - s_e = s - \frac{\tau}{k}\sum_{i=1}^{n}(X_i - \overline{X})^2 \tag{6-9}$$

式中：s_e——桩的弹性位移。

将式(6-3)、式(6-4)、式(6-8)代入式(6-2)中，得到基于 DSC 理论的桩—土荷载传递函数：

$$\tau = ks \cdot \exp[-(s_f/\xi)^\eta] + \tau_f\{1 - \exp[-(s_f/\xi)^\eta]\} \tag{6-10}$$

式中：k——桩—土界面的抗剪系数；

ξ、η——桩—土界面材料力学性质的 Weibull 分布参数；

τ_f——极限桩侧摩阻力；

s——桩—土剪切位移；

s_f——桩—土塑性剪切位移。

式(6-10)即为基于扰动状态理论的荷载传递函数。

(5)参数确定。式(6-10)中有四个参数：k、τ_f、ξ、η。其中，k、τ_f 可由 τ-s 的实测曲线得到，k 为 τ-s 曲线的界面抗剪系数，τ_f 为 τ-s 的极限摩阻力。参数 ξ、η 可由实测的 k、τ_f 值确定。

将式(6-10)作如下变形：

$$y = ax + b \tag{6-11}$$

其中

$$\begin{cases} y = \ln[-\ln((\tau - ks)/(\tau_f - ks))] \\ x = \ln(s - \tau/k) \\ a = \eta \\ b = -\eta\ln\xi \end{cases} \tag{6-12}$$

将由 τ-s 的实测曲线确定的 k、τ_f 带入式(6-12)中可求出 x、y，则式(6-11)可变为关于 a、b 的线性方程。由直线方程(6-11)可以求解得到直线的斜率 a 和截距 b，进而求出参数 ξ 和 η。

6.2.2　模型参数分析

由式(6-10)可知，桩—土的荷载传递函数 $\tau(s)$ 受四个参数的影响，即桩—土界面抗剪系数 k、桩侧极限摩阻力 τ_f 和反映桩—土界面材料力学性质的 Weibull 分布参数 ξ、η。

图 6-3 所示为 ξ 对 τ-s 曲线的影响，当参数 k、τ_f、η 固定时(如取 $k = 8\text{kPa/mm}$、$\tau_f = 10\text{kPa}$、$\eta = 0.5$)，ξ 改变(分别取 0.2、0.4、0.6、0.8)对界面的 τ-s 曲线性状有一定的影响，总体曲线形

状没有明显的改变。

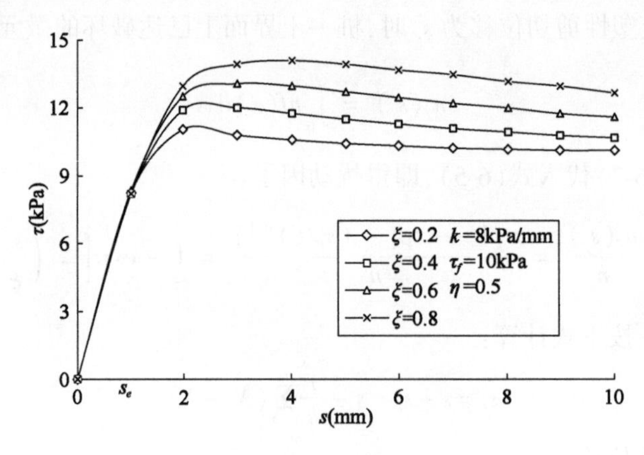

图 6-3 ξ 对 τ-s 曲线的影响

从图中可知：

(1)当桩土(岩)相对位移从 0 增长到弹性极限相对位移 s_e 时,桩侧摩阻力以相同的速率随剪切位移 s 呈线性增长;

(2)随着剪切位移的增大,侧摩阻力分别以不同的速率非线性增大,当剪切位移增大到某一值时,侧摩阻力会达到一个极值——桩侧摩阻力 τ_f;

(3)当剪切位移进一步增大,侧摩阻力会有一个极小幅度的减小,最后趋于稳定;

(4)桩—土界面强度总体表现出较小的软化现象,ξ 越小,这种软化现象越明显;

(5)ξ 越小,极限侧摩阻力 τ_f 出现时,对应的剪切位移值越小。

图 6-4 所示为 η 对 τ-s 曲线的影响,当参数 k、τ_f、ξ 不变时(如取 $k=8\text{kPa/mm}$、$\tau_f=10\text{kPa}$、$\xi=0.5$),η 改变(分别取 0.2、0.4、0.6、0.8)对界面的 τ-s 曲线形状的影响很大,当 η 值不同时曲线的形状会出现非常大的差异。

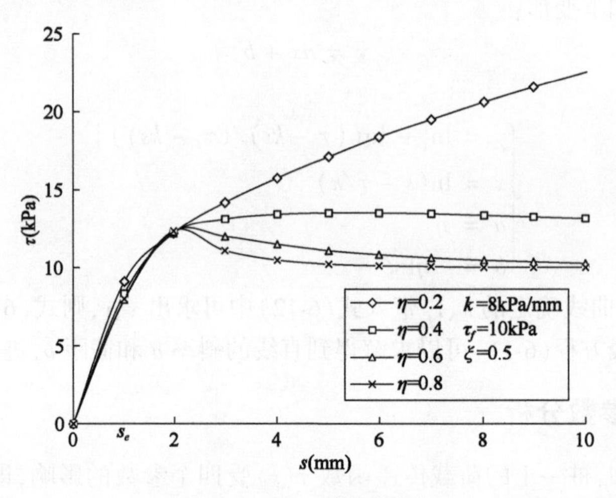

图 6-4 η 对 τ-s 曲线的影响

从图中可知：

(1)当界面位移 s 从 0 增大到 s_e 时,桩侧摩阻力以不同的速率随剪切位移 s 呈线性增长,

增长速率随 η 的增大而减小；

(2)当 η 处于某一取值范围时(如 $\eta=0.4$ 左右)，随着相对位移的继续增加，界面的剪切应力有一小段增长，之后界面的剪应力并没有明显的变化，界面强度表现出较理想的弹塑性特性；

(3)当 η 小于某一取值范围时(如 $\eta\leqslant0.2$)，当相对位移达到 s_e 后，剪应力有一段非线性的增长过程，最后随着相对位移的增加，界面剪切应力保持一定的斜率增加，界面强度表现出明显的加工硬化特性；

(4)当 η 大于某一取值范围时(如 $\eta\geqslant0.8$)，当相对位移达到 s_e 后，随着相对位移的继续增长，剪切应力会达到一个峰值，随后界面剪切应力会逐渐尖嘴，直到其稳定在某一值，界面强度表现出加工软化的特性，η 越大，界面强度的软化现象越明显。

图6-5所示为 k 对 τ-s 曲线的影响，当参数 τ_f、ξ、η 不变时(如取 $\tau_f=10\text{kPa}$、$\xi=0.5$、$\eta=0.5$)，k 改变(分别取4kPa/mm、8kPa/mm、12kPa/mm、16kPa/mm)对界面的 τ-s 曲线形状的影响较大。

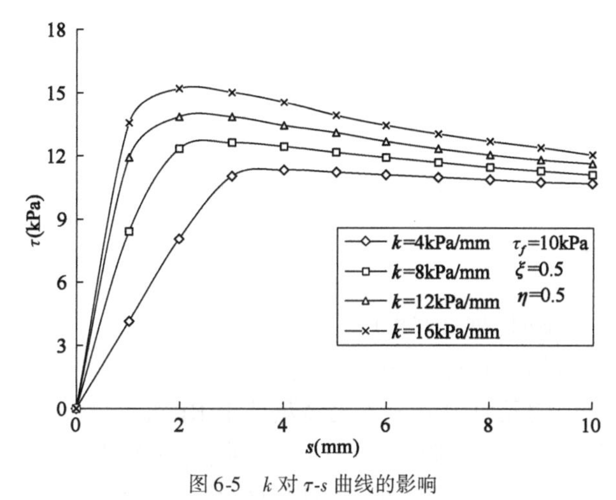

图6-5　k 对 τ-s 曲线的影响

从图中可知：

(1)在界面位移初始阶段，桩侧摩阻力随界面位移的增长呈线性增长，线性增长阶段过后，界面位移继续增加，侧摩阻力会达到一个极值，最后趋于平稳；

(2)k 越大，增长速度越快，达到侧摩阻力峰值所对应的界面位移越小；

(3)k 越大界面表现出的软化越明显，随着 k 值得减小，软化现象就越弱，直到界面特性表现为理想弹塑性；

(4)随着界面位移的增大，各条曲线的侧摩阻力值相差越来越小，最后会趋于相同。

图6-6所示为 τ_f 对 τ-s 曲线的影响，参数 k、ξ、η 不变时(取 $k=8\text{kPa/mm}$、$\xi=0.5$、$\eta=0.5$)，τ_f 变化(分别取8kPa、10kPa、12kPa、14kPa)对桩—土界面的 τ-s 曲线的形态完全没有影响，τ_f 仅对侧摩阻力的极值产生影响，τ_f 越大，侧摩阻力的极值也越大，各条 τ-s 曲线相互平行。

综上所述，从 k、τ_f、η、ξ 四个参数对桩—土界面的 τ-s 曲线的影响可以得出以下结论：

(1)参数 η 对桩—土界面的强度特性具有决定性的影响，合理的选取参数 η 可以表现出桩—土界面的硬化、软化及弹塑性的特性。

(2)参数 ξ 和 τ_f 对界面的强度特性影响较小,参数的改变只对最大侧摩阻力值产生影响,对 τ-s 曲线的线形几乎没有影响。

(3)参数 k 对界面强度特性和 τ-s 曲线的线形都有一定的影响。

(4)本文的模型曲线与现场静载试桩 τ-s 曲线的实测值吻合较好,可以为实际工程提供一定的参考。

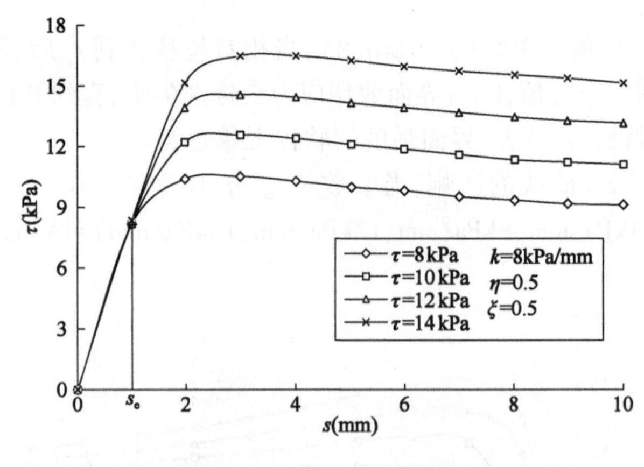

图 6-6 τ_f 对 τ-s 曲线的影响

6.2.3 模型验证

当桩顶在外荷载作用下时,桩身产生压缩变形,任一微元段中桩身与桩周土体产生相对位移,外荷载通过桩身传递到周围土体之中。当荷载较小时,微元段中桩体和土体相对位移较小,主要表现为弹性位移,微元段中的土体大多数处于 RI 状态,剪切应力全部由土体中处于 RI 状态的单元承担,因此,在达到极限相对位移 s_e 之前,界面剪切应力 τ 随相对位移 s 呈线性增长;随着外部荷载逐渐增大,微元段中桩土的相对位移进一步增大,当 $s > s_e$ 时,桩土开始出现塑性相对位移,土体中处于 RI 状态的单元的开始向 FA 状态转变,土体剪切应力由处于 RI 状态的土体单元承担的剪切应力开始减少,由处于 FA 状态的土体单元承担的剪切应力开始增加,这一阶段土体的剪切应力由土体中处于 RI 状态和 FA 状态的土体单元共同承担;随着外荷载的进一步增大,桩土的塑性相对位移也会增加,微元段中处于 RI 状态的土体单元越来越少,处于 FA 状态的土体单元所占比例越来越大,直至土体剪切应力全部由 FA 状态的土体单元承担。

为验证上述模型的正确性,拟用上海中心大厦大直径灌注桩现场静载试验桩作为验证对象(王卫东、李永辉、吴江斌,2011)。建筑主体为 118 层,地下 5 层,总高为 632m,结构高度为 580m。大厦主楼采用了大直径超长钻孔灌注桩作为承重桩基,桩径为 1m,桩端埋深为 88m,桩身设计强度等级 C45,水下浇筑按照 C55 配制。该大厦位于黄浦江东岸陆家嘴区域,场地属滨海平原地貌类型,属于第四纪覆盖层,主要由饱和黏性土、粉性土、砂土组成。选取试桩 SYZA02桩径 1m,桩长 88m,有效桩长 63m。选取桩长在 25m、35m、50m、65m 处桩段的荷载传递实测值与本模型进行对比分析。按本模型拟合计算的基本参数见表 6-1。

试桩参数　　表6-1

土　层	k(kPa/mm)	τ_f(kPa)	η	ξ
⑥粉质黏土	9.67	10.50	0.453	0.312
⑦$_1$ 砂质粉土夹粉砂	52.7	14.38	0.845	0.921
⑦$_2$ 粉细砂	50.02	66.36	0.662	0.813
⑦$_3$ 粉砂	65.04	166.45	0.637	0.796

由表6-1可知,土层特性对模型各个参数影响较大,桩—土界面抗剪系数 k 在粉质黏土中最小,其值仅为9.67kPa/mm,而在粉砂层中最大,是最小值的6.7倍,砂质粉土夹粉砂和粉细砂层次之,是最小值的5倍左右,可见土层力学特性越好,k 值越大。从粉质黏土到粉砂层,桩侧残余摩阻力 τ_f 依次增大。而参数 η 和 ξ 与土层的软化特性相关,在砂性土层中体现出一定的规律,随着砂质粉土夹粉砂、粉细砂、粉砂层界面软化特性的减弱,η 和 ξ 依次减小。如图6-7可知,模型的理论计算结果能够较好地反映桩—土荷载传递的软化特征,各深度处理论计算结果与实测数据吻合较好。在土层深度25m处桩侧阻力体现出加工软化特性,且随着土层深度的增大,砂性土层与桩间界面的加工软化特性明显比黏性土要弱。可见,采用荷载传递函数可以较好地描述软化以或硬化特性。

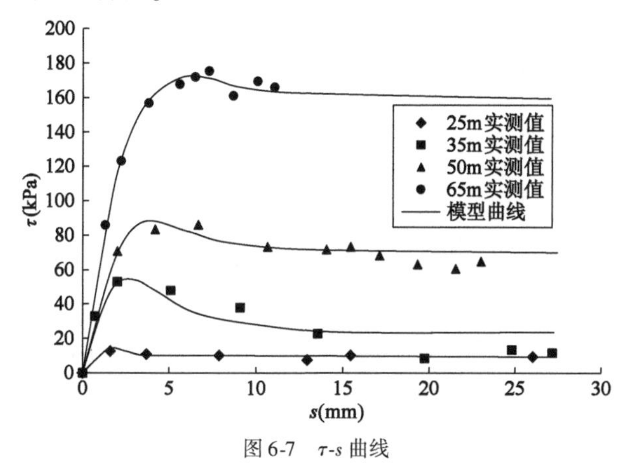

图6-7　τ-s 曲线

6.3　基于荷载传递法的串珠状溶洞—桩基沉降计算方法

6.3.1　荷载传递法

荷载传递法也被称为传递函数法,是研究桩体荷载与变形之间关系的最普遍的方法之一(张忠苗,2007)。桩顶在受到竖向荷载作用时,桩体以侧摩阻力及桩端阻力的形式将外荷载传递到桩周土体之中,单桩的沉降量则通过桩体侧摩阻力和桩端阻力的分布形式进行推导计算。

荷载传递法是通过将桩体划分成若干个弹性单元体,然后用非线性弹簧来表示桩单元与土体的相互作用,用以描述桩—土间荷载的传递方式;桩端也用这种弹簧将桩土连接起来,如图6-8a)所示。这种利用非线性弹簧的应力—应变关系表示的桩侧和桩端荷载-位移关系(τ_s-s 或 σ_p-s)称为传递函数。

如图6-8b)所示,任意一个单元体的静力平衡条件有:

$$\frac{\mathrm{d}P(z)}{\mathrm{d}z} = -U\tau_s(z) \tag{6-13}$$

桩单元的弹性压缩为:

$$\mathrm{d}s = \frac{P(z)\,\mathrm{d}z}{E_p A_p} \tag{6-14}$$

将式(6-14)求导后代入式(6-13),则有:

$$\frac{\mathrm{d}^2 s}{\mathrm{d}z^2} = \frac{U}{A_p E_p}\tau_s(z) \tag{6-15}$$

上述式中:s——桩体位移;

z——深度;

U——桩身周长;

A_p——桩身截面积大小;

E_p——桩体弹性模量;

τ_s——桩侧摩阻力。

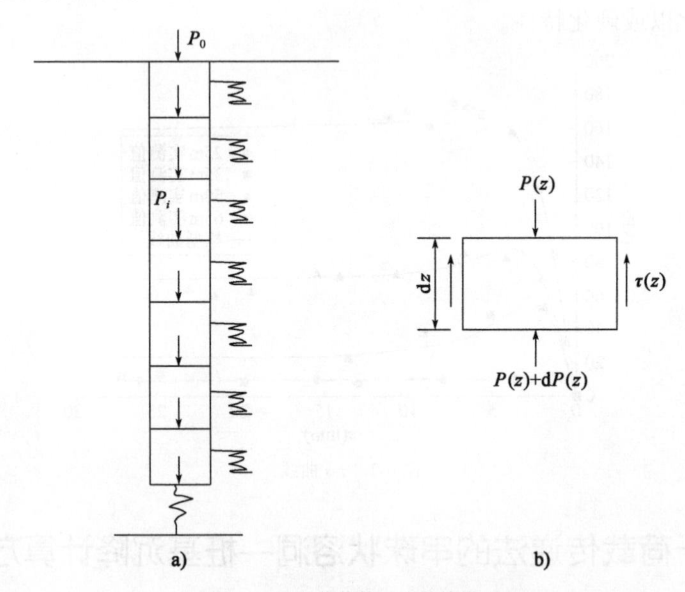

图6-8 桩的荷载传递法计算模型

式(6-15)即为荷载传递法基本微分方程,根据基本微分方程的求解方法不同,荷载传递法可分为解析法和位移协调法等。

6.3.2 均质地基单桩沉降计算

1)基本假定

为便于方程的建立与求解,现对桩—土模型做如下假定(张忠苗,2007):

(1)桩身混凝土为线性压缩;

(2)当桩体穿过溶洞时,考虑溶洞填充物为对沉降的有利影响,将填充物及其周围岩层视为均质岩层;

(3)均质岩层中的各物理参数在深度方向上没有变化；

(4)桩侧摩阻力先于桩端阻力发挥作用。

2)单桩沉降计算

单桩沉降主要由桩身混凝土自身压缩和桩端沉降组成，对于串珠状岩溶桩基，桩端沉降则较为复杂，桩端沉降主要为桩端沉渣的压缩，对于桩基下方存在溶洞的情况，应当考虑溶洞顶板挠曲变形产生的沉降。

根据桩桩侧摩阻力和桩端阻力的发挥情况，可以将桩周土体分为完全弹性、部分塑性和完全塑性三种情况。

(1)桩周土体完全弹性

桩顶的荷载与位移分别用 P_1、S_1 表示，桩端的荷载和位移分别用 P_2、S_2 表示，桩体的平衡微分方程为：

$$E_1A\frac{\mathrm{d}^2s}{\mathrm{d}x^2}-k_1s=0 \tag{6-16}$$

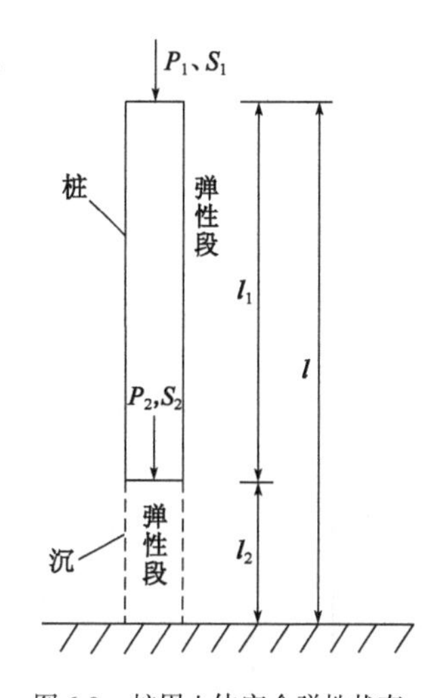

图6-9　桩周土体完全弹性状态

桩体的力与位移连续条件为：

$$\begin{cases}E_1A\dfrac{\mathrm{d}s}{\mathrm{d}x}\bigg|_{x=l_1}=-P_2\\ s\big|_{x=l_1}=S_2\end{cases} \tag{6-17}$$

沉渣段的平衡微分方程为：

$$E_2A\frac{\mathrm{d}^2s}{\mathrm{d}x^2}-k_2s=0 \tag{6-18}$$

沉渣段的力与位移连续条件为：

$$\begin{cases}E_2A\dfrac{\mathrm{d}s}{\mathrm{d}x}\bigg|_{x=l_1}=-P_2\\ s\big|_{x=l_1}=S_2\end{cases} \tag{6-19}$$

上述式中：E_1——桩体的弹性模量；

E_2——沉渣段的弹性模量；

A——桩体截面积。

根据力和边界条件式(6-17)、式(6-19)，求解平衡微分方程式(6-16)和式(6-18)即可求得整个桩段(包括沉渣段)任一截面位移方程：

$$\begin{cases}s(x)=\dfrac{b_1S_2-\dfrac{P_2}{E_1A}}{2b_1}\mathrm{e}^{b_1(x-l_1)}+\dfrac{b_1S_2+\dfrac{P_2}{E_1A}}{2b_1}\mathrm{e}^{-b_1(x-l_1)} & (0<x<l_1)\\ s(x)=\dfrac{b_2S_2-\dfrac{P_2}{E_2A}}{2b_2}\mathrm{e}^{b_2(x-l_1)}+\dfrac{b_2S_2+\dfrac{P_2}{E_2A}}{2b_2}\mathrm{e}^{-b_1(x-l_1)} & (l_1<x<l)\end{cases} \tag{6-20}$$

式中，$b_1=\sqrt{\dfrac{k_1}{E_1A}}$；

$b_2 = \sqrt{\dfrac{k_2}{E_2 A}}$。

当 $x=0$ 时,可得桩顶荷载 P_1 和沉降 S_1 的表达式:

$$\begin{cases} P_1 = -E_1 A \dfrac{\mathrm{d}s}{\mathrm{d}x}\bigg|_{x=0} = \dfrac{1}{2}E_1 A\left[\left(b_1 S_2 + \dfrac{P_2}{E_1 A}\right)\mathrm{e}^{b_1 l_1} - \left(b_1 S_2 - \dfrac{P_2}{E_1 A}\right)\mathrm{e}^{-b_1 l_1}\right] \\ S_1 = u|_{x=0} = \dfrac{b_1 S_2 + \dfrac{P_2}{E_1 A}}{2b_1}\mathrm{e}^{b_1 l_1} + \dfrac{b_1 S_2 - \dfrac{P_2}{E_1 A}}{2b_1}\mathrm{e}^{-b_1 l_1} \end{cases} \tag{6-21}$$

通常情况,桩顶的荷载 P_1 已知,再由桩端(深度 $x=l$)的边界条件即可求解出桩顶位移 S_1,边界条件由桩端下方是否存在溶洞确定。

当桩端下方不存在溶洞时,则位移边界条件:

$$s|_{x=l} = 0 \tag{6-22}$$

当桩端下方存在溶洞时,则位移边界条件:

$$s|_{x=l} = \omega_{\max} \tag{6-23}$$

基于厚板的理论研究,根据顶板的完整程度,可将顶板视为简支板或固支板。

对于周边简支圆板:

$$\omega_{\max} = \frac{(P_2 + \pi R^2 q_1)R^2}{64\pi D}\left[\frac{5+\nu}{1+\nu} + \frac{16}{5(1-\nu^2)}\left(\frac{h}{R}\right)^2\right] \tag{6-24}$$

对于周边固支圆板:

$$\omega_{\max} = \frac{(P_2 + \pi R^2 q_1)R^2}{64\pi D}\left[1 + \frac{16}{5(1-\nu)}\left(\frac{h}{R}\right)^2\right] \tag{6-25}$$

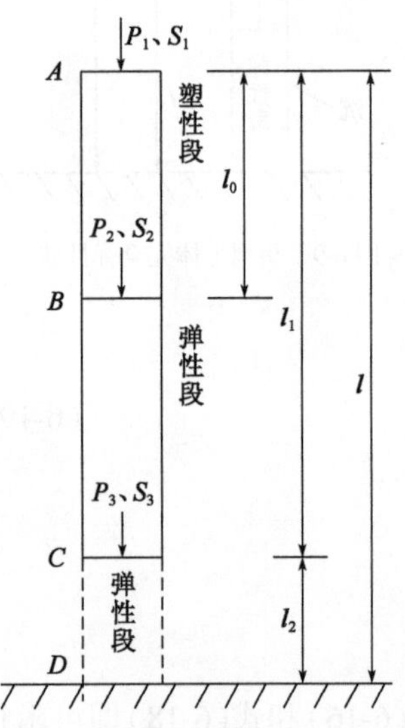

图 6-10　桩周土体部分塑性状态

(2)桩周土体部分塑性

图 6-10 所示为桩周土体部分塑性状态示意图,桩体塑性段为 $AB(0:l_0)$,桩体弹性段为 $BC(l_0:l_1)$,沉渣弹性段为 $CD(l_1:l)$。桩顶处的荷载与位移分别为 P_1、S_1,弹性段与塑性段分界处的荷载与位移分别为 P_2、S_2,桩端处的荷载与位移分别为 P_3、S_3。

①对弹性段分析(桩段 BC 和沉渣段 CD)。

对于部分桩身段和沉渣段组成的弹性段,其力学分析与桩周土体完全弹性的分析方法一致,由桩身段和沉渣段力与位移连续方程及平衡微分方程可以得到弹性段任意截面的位移方程:

$$\begin{cases} s(x) = \dfrac{b_1 S_3 - \dfrac{P_3}{E_1 A}}{2b_1}\mathrm{e}^{b_1(x-l_1)} + \dfrac{b_1 S_3 + \dfrac{P_3}{E_1 A}}{2b_1}\mathrm{e}^{-b_1(x-l_1)} & (l_0 < x < l_1) \\ s(x) = \dfrac{b_2 S_3 - \dfrac{P_3}{E_2 A}}{2b_2}\mathrm{e}^{b_2(x-l_1)} + \dfrac{b_2 S_3 + \dfrac{P_3}{E_2 A}}{2b_2}\mathrm{e}^{-b_1(x-l_1)} & (l_1 < x < l) \end{cases} \tag{6-26}$$

式中,$b_1 = \sqrt{\dfrac{k_1}{E_1 A}}$;

$b_2 = \sqrt{\dfrac{k_2}{E_2 A}}$。

当 $x = l_0$ 时,可得弹性段与塑性段界面 B 处的荷载 P_2 和沉降 S_2 的表达式:

$$\begin{cases} P_2 = -E_1 A \left.\dfrac{\mathrm{d}s}{\mathrm{d}x}\right|_{x=l_0} = \dfrac{1}{2} E_1 A \left[\left(b_1 S_3 + \dfrac{P_3}{E_1 A}\right) \mathrm{e}^{b_1 l_1} - \left(b_1 S_3 - \dfrac{P_3}{E_1 A}\right) \mathrm{e}^{-b_1 l_1} \right] \\ S_2 = u|_{x=l_0} = \dfrac{b_1 S_3 + \dfrac{P_3}{E_1 A}}{2b_1} \mathrm{e}^{b_1 l_1} + \dfrac{b_1 S_3 - \dfrac{P_3}{E_1 A}}{2b_1} \mathrm{e}^{-b_1 l_1} \end{cases} \tag{6-27}$$

截面 B 处为塑性段与弹性段的交界面,因此有边界条件:

$$s|_{x=l_0} = s_f \tag{6-28}$$

再由深度 $x = l$ 的边界条件即可求解出 B 处的荷载 P_2 和沉降 S_2,根据桩端下方是否存在溶洞,其边界条件可按式(6-22)或式(6-23)选取。

②对塑性段 AB 分析。

AB 段的平衡微分方程与边界条件为:

$$\begin{cases} E_1 A_1 \dfrac{\mathrm{d}^2 s}{\mathrm{d}x^2} - S_f = 0 \\ E_1 A_1 \left.\dfrac{\mathrm{d}s}{\mathrm{d}x}\right|_{x=l_0} = -P_2 \\ u|_{x=l_0} = S_2 \end{cases} \tag{6-29}$$

求解式(6-19)可得 AB 段任意截面位移方程:

$$s(x) = \frac{s_f}{2E_1 A} x^2 - \frac{P_2 + s_f l_0}{E_1 A} x + S_2 + \frac{P_2 l_0}{E_1 A} + \frac{s_f l_0^2}{2E_1 A} \quad (0 \leqslant x < l_0) \tag{6-30}$$

当 $x = 0$ 时,桩顶的荷载 P_1 和沉降 S_1 为:

$$\begin{cases} P_1 = -E_1 A \left.\dfrac{\mathrm{d}s}{\mathrm{d}x}\right|_{x=0} = P_2 + s_f l_0 \\ S_1 = s|_{x=0} = S_2 + \dfrac{P_2 l_0}{E_1 A} + \dfrac{s_f l_0^2}{2E_1 A} \end{cases} \tag{6-31}$$

(3)桩周土体完全塑性

图6-11所示为桩周土体完全塑性状态的示意图,即桩侧土体及桩端下方沉渣全部进入塑性状态。

令式(6-30)中 $l_0 = l_1$,可得桩体和沉渣段任意截面位移方程:

$$\begin{cases} s(x) = \dfrac{s_f}{2E_1 A} x^2 - \dfrac{P_2 + s_f l_1}{E_1 A} x + S_2 + \dfrac{P_2 l_1}{E_1 A} + \dfrac{s_f l_1^2}{2E_1 A} & (0 \leqslant x < l_1) \\ s(x) = \dfrac{s_f}{2E_2 A} x^2 - \dfrac{P_2 + s_f l_1}{E_2 A} x + S_2 + \dfrac{P_2 l_1}{E_1 A} + \dfrac{s_f l_1^2}{2E_1 A} & (l_1 \leqslant x < l) \end{cases} \tag{6-32}$$

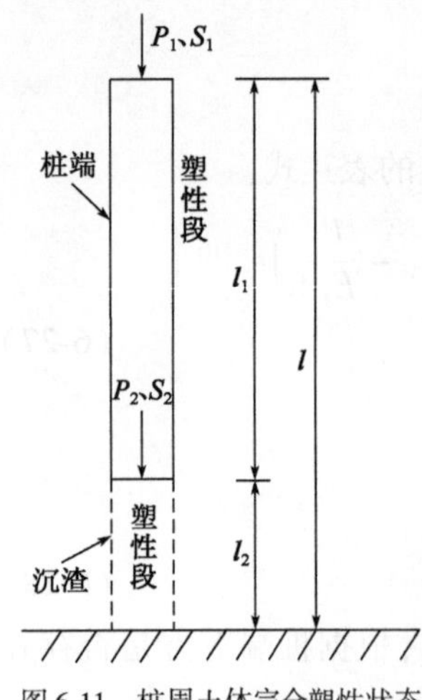

图 6-11　桩周土体完全塑性状态

当 $x=0$ 时,由式(6-32)可得桩顶荷载 P_1 和沉降 S_1 的表达式:

$$\begin{cases} P_1 = -E_1A\left.\dfrac{\mathrm{d}s}{\mathrm{d}x}\right|_{x=0} = P_2 + s_f l_1 \\ S_1 = s\mid_{x=0} = S_2 + \dfrac{P_2 l_1}{E_1 A} + \dfrac{s_f l_1^2}{2E_1 A} \end{cases} \tag{6-33}$$

通常情况,桩顶的荷载 P_1 已知,再由深度 $x=l$ 的边界条件即可求解出桩顶位移 S_1,其边界条件按桩端下方是否存在溶洞的情形,按式(6-22)或式(6-23)选取。

6.3.3　成层地基单桩沉降计算

将桩周岩层和桩端沉渣看作不同介质,可将其推广到成层地基中的单桩沉降计算。

1)基本假定

成层地层中单桩沉降计算假设如下(张忠苗,2007):

(1)桩身混凝土为线性压缩;

(2)当桩体穿过溶洞时,考虑溶洞填充物为沉降的有利影响,可将其视为一个土层;

(3)每层土体中的各物理参数在深度方向上没有变化;

(4)桩侧摩阻力先于桩端阻力发挥作用。

根据地基土成层情况,可将桩体和沉渣分为 n 段,从桩顶向下将各层编号为 $1,2,\cdots,i,\cdots,n-1,n$,各段厚度分别为 $l_1,l_2,\cdots,l_i,\cdots l_{n-1},l_n$,各段桩体埋深分别为 $z_1,z_2,\cdots,z_i,\cdots z_{n-1},z_n$。桩周土体分层模型如图 6-12 所示。

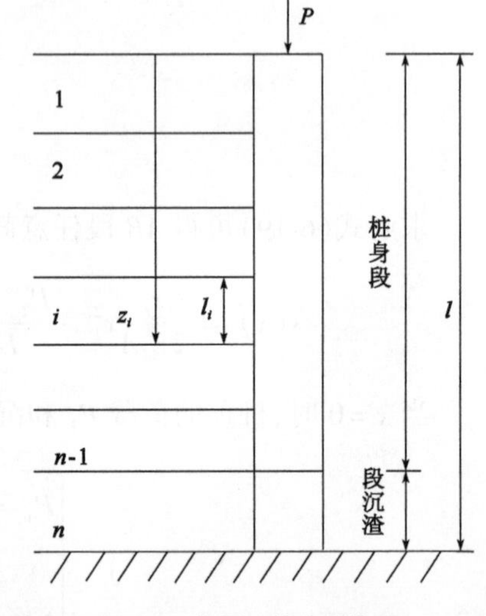

图 6-12　桩周土体分层模型

2)单桩沉降计算

(1)桩周土体完全弹性

对于桩周土体完全弹性,任意桩段 i 的截面位移 $s(x)$ 满足以下静力平衡方程及位移协调方程:

$$\begin{cases} E_iA\dfrac{\mathrm{d}^2 s}{\mathrm{d}x^2} - k_i s = 0 \\ E_iA\left.\dfrac{\mathrm{d}s}{\mathrm{d}x}\right|_{x=z_i} = -P_{i+1} \\ s\mid_{x=z_i} = S_{i+1} \end{cases} \tag{6-34}$$

式中:E_i——第 i 段材料的弹性模量;

A——桩体横截面积;

k_i——第 i 段抗剪切刚度系数。

求解式(6-34)可得第 i 段桩中任意截面的位移方程:

$$s(x)=\frac{b_iS_{i+1}-\dfrac{P_{i+1}}{E_iA}}{2b_i}e^{b_i(x-z_i)}+\frac{b_iS_{i+1}+\dfrac{P_{i+1}}{E_iA}}{2b_i}e^{-b_i(x-z_i)}\qquad(z_{i-1}<x<z_i)\tag{6-35}$$

式中：$b_i=\sqrt{\dfrac{k_i}{E_iA}}$。

第 i 段桩的桩顶荷载 P_i 和沉降 S_i 为：

$$\begin{cases}P_i=-E_iA\dfrac{\mathrm{d}s}{\mathrm{d}x}\Big|_{x=z_i-l_i}=\dfrac{1}{2}E_iA\left[\left(b_iS_{i+1}+\dfrac{P_{i+1}}{E_iA}\right)e^{b_il_i}-\left(b_iS_{i+1}-\dfrac{P_{i+1}}{E_iA}\right)e^{-b_il_i}\right]\\[2ex] S_i=u\mid_{x=z_i-l_i}=\dfrac{b_iS_{i+1}+\dfrac{P_{i+1}}{E_iA}}{2b_i}e^{b_il_i}+\dfrac{b_iS_{i+1}-\dfrac{P_{i+1}}{E_iA}}{2b_i}e^{-b_il_i}\end{cases}\tag{6-36}$$

再由桩端（深度 $x=l$）的边界条件即可求解出桩顶位移 S_1，边界条件由桩端下方是否存在溶洞而确定。

当桩端不存在溶洞时，其边界条件为：

$$s\mid_{x=z_n}=0\tag{6-37}$$

当桩端下方存在溶洞时，其边界条件为：

$$s\mid_{x=z_n}=\omega_{\max}\tag{6-38}$$

式中，$\omega_{\max}$ 可由式(6-24)、式(6-25)确定。

(2)桩周土体完全塑性

对于桩周土体完全塑性，任意桩段 i 的截面位移 $s(x)$ 满足以下静力平衡方程及位移协调方程：

$$\begin{cases}E_iA\dfrac{\mathrm{d}^2s}{\mathrm{d}x^2}-s_{if}=0\\[2ex] E_iA\dfrac{\mathrm{d}s}{\mathrm{d}x}\Big|_{x=z_i}=-P_{i+1}\\[2ex] s\mid_{x=z_i}=S_{i+1}\end{cases}\tag{6-39}$$

求解式(6-39)可得第 i 段桩中任意截面的位移方程：

$$s(x)=\frac{s_{if}}{2E_iA}x^2-\frac{P_{i+1}+s_fl_i}{E_iA}x+S_{i+1}+\frac{P_{i+1}l_i}{E_iA}+\frac{s_{if}l_i^2}{2E_iA}\qquad(z_{i-1}<x<z_i)\tag{6-40}$$

第 i 段桩的桩顶荷载 P_i 和沉降 S_i 为：

$$\begin{cases}P_i=-E_iA\dfrac{\mathrm{d}s}{\mathrm{d}x}\Big|_{x=z_i}=P_{i+1}+s_{if}l_i\\[2ex] S_i=s\mid_{x=z_i}=S_{i+1}+\dfrac{P_{i+1}l_i}{E_iA}+\dfrac{s_{if}l_i^2}{2E_iA}\end{cases}\tag{6-41}$$

由桩端的边界条件式(6-37)或式(6-38)即可求出桩顶位移 S_1。

(3)桩周土体部分塑性

对于桩周土体部分塑性状态，应将塑性段与弹性段之间的截面作为一个分层面，对于上方

塑性段部分,其任意段的荷载与位移可由式(6-41)表示;对于下方弹性段,其任意段的荷载与位移可由式(6-36)表示。由桩端边界条件式(6-37)或式(6-38)结合弹性段与塑性段处的位移条件 $s|_{x=z_i}=s_{if}$,即可求解桩顶位移 S_1。

6.3.4 算例验证

由于目前对岩溶区桩基础的研究多集中于对溶洞顶板的稳定性研究,对溶洞影响下的桩基沉降研究相对较少,因而缺少对溶洞上方桩基沉降的试验资料及工程资料,故拟基于数值模拟方法对本章所建立的沉降计算公式加以验证。在验证模型中,桩长为30m,桩径为1m,桩周岩体为中风化岩层,桩端下部岩体为微风化岩层,材料物理力学参数由表6-1给出,溶洞—桩相互作用简化模型如图6-8所示。

对于溶洞顶板分别为1m、2m、3m、4m、5m,桩顶荷载为6000kPa时,由本章计算方法得到的桩顶沉降与数值模拟计算得到的桩顶沉降量对比如图6-13所示。从图中可知桩顶沉降随顶板厚度增大而成非线性减小,当顶板达到一定厚度时,桩顶位移基本趋于一条直线。

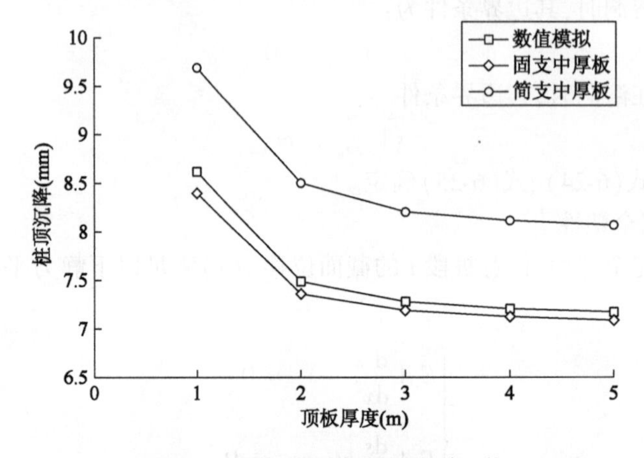

图6-13 不同顶板厚度的桩顶沉降比较

对于溶洞顶板为3m,桩顶荷载分别为4000kPa、8000kPa、12000kPa、16000kPa、20000kPa时,本章计算方法得到的桩顶沉降与数值模拟计算得到的桩顶沉降量对比如图6-14所示。

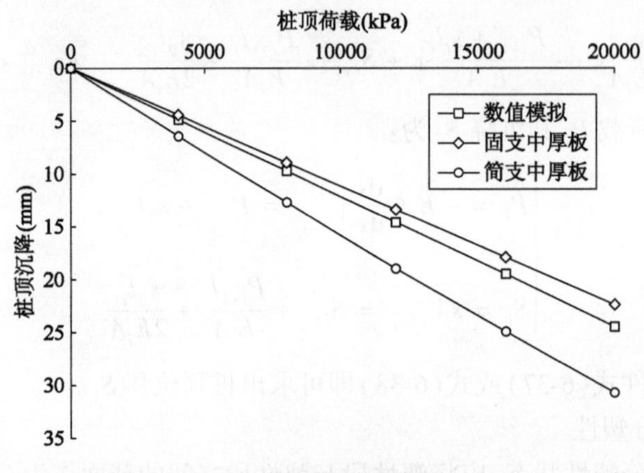

图6-14 不同荷载下桩顶沉降比较

对比结果可知,当按照溶洞顶板为固支中厚板计算时,理论计算沉降量比数值模拟方法结果略小,但是基本吻合,但按简支中厚板计算的沉降量要比数值计算结果大,说明按简支中厚板计算方向相对于固支板计算方法保守。因此,对于溶洞顶板完整性较好的情形,可采用固支中厚板方法计算,对溶洞顶板完整性较差的情况,可按简支中厚板方法计算。

6.4　串珠状溶洞—桩基的地震稳定性数值计算

6.4.1　桩基作用与单溶洞顶板的稳定性分析

1)建立溶洞—桩基模型

为了研究动力作用下溶洞—桩基共同作用体系的整体稳定性,建立的计算模型为二维平面应变模型,考虑地基为半无限体,模型的岩体边界条件采用无限元边界,桩基的边界条件为限制水平移动。为了提高计算精度,模型的区域应该尽可能的大,但是过大的计算区域难免会降低计算效率。本节模拟的溶洞为椭圆形溶洞,根据相关文献(闫双斌,2013),计算区域的上部边界为桩基底部所在的平面,下部边界取溶洞高度的2倍,水平边界取溶洞宽度的5倍,简化模型如图6-15a)所示,模型网格划分如图6-15b)所示。

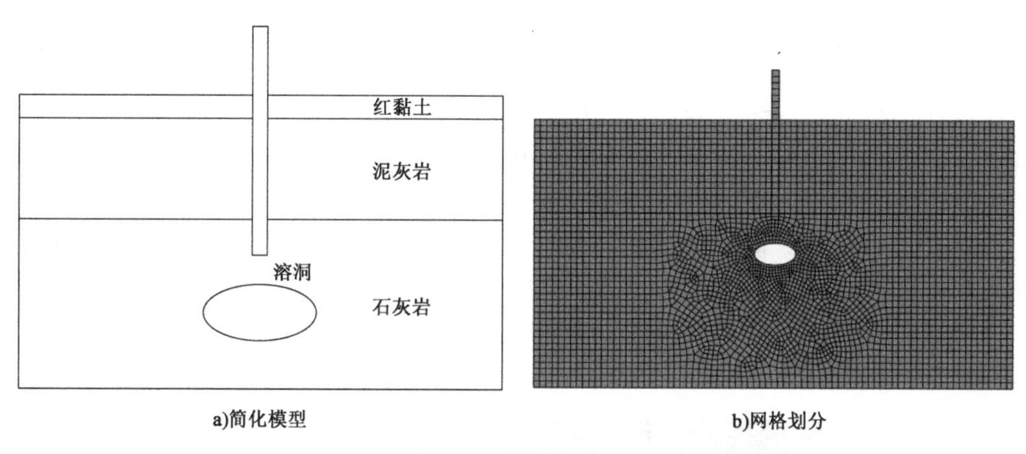

图6-15　溶洞分析模型

2)选取材料参数

根据相关资料,以及莫尔—库仑模型需要输入的材料参数,设定石灰岩密度为$2682kg/m^3$,内摩擦角为28°,泊松比为0.23,弹性模量为25GPa,黏聚力为1MPa,桩端应力R_j为6MPa,上覆土层作用在模型顶部的应力为0.33MPa。本数值模拟所选择的溶洞形状为长轴与短轴之比为2:1的椭圆形溶洞,输入的地震波为经过反演之后基岩处的地震波,其峰值加速度为$0.924m/s^2$,如图6-16所示。

3)溶洞—桩基模型网格划分

采用有限元软件对工程进行模拟,单元网格的划分是一项非常重要的工作,网格划分的不同决定着单元形状的不同,同时网格疏密的不同决定着单元数量的不同。在有限元模拟中,并非网格划分得越细越好,单元数量过多会使得计算效率下降,但却并不一定能提高多少精度,因此不同模型网格的划分方法可能带来不同的计算结果。

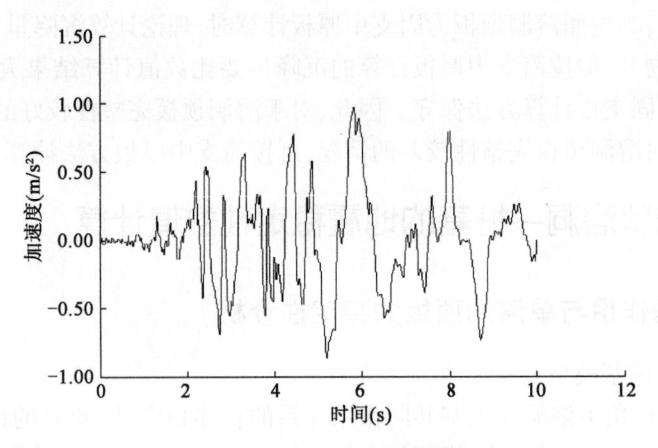

图 6-16　EI Centro 波加速度时程曲线

本章计算模型的网格划分如图 6-15 所示,其中模型溶洞周边区域选择自由网格划分技术,单元形状选择“以四边形主导”,单元类型选择 CPE4R;模型其余区域选择扫略网格划分技术,单元形状选择“四边形”,单元类型选择 CPE4R,其中模型左、右、下边缘的单元模型选择 CPE4。由于 ABAQUS 的单元类型中没有无限单元,要实现无限元边界条件,需要在模型生成的“. inp”文件中进行手动修改,即把模型左、右、下边缘的单元模型由 CPE4 修改为 CINPE4。

4)数值模拟结果分析

选取溶洞的洞径为宽 7m、高 3.5m,当设置石灰岩密度为 $2682kg/m^3$,内摩擦角为 28°,泊松比为 0.23,弹性模量为 25GPa,黏聚力为 1MPa,桩顶应力 R_j 为 6MPa,上覆土层作用在模型顶部的应力为 0.33MPa,输入的地震波如图 6-16 所示。

(1)应力应变分析。图 6-17 所示为 Mises 等效应力图,由图可知在桩端和溶洞两侧出现应力集中现象,说明下伏溶洞顶板应力集中极为显著,桩端应力有效作用到溶洞顶板上,此时溶洞周围土体主应力方向与水平方向约成 45°夹角,这是溶洞顶板在桩基荷载作用下的结果。

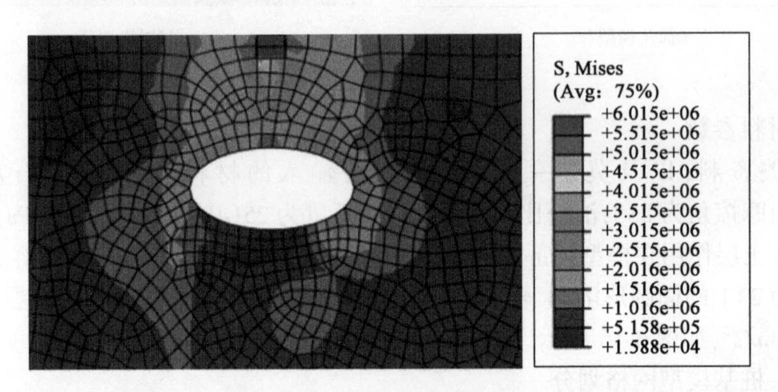

图 6-17　Mises 等效应力图

图 6-18 所示为塑性应变图,塑性区在溶洞顶板内形成两个“触手”,向下延伸到达溶洞顶部,结合本章的假设,当塑性区贯通到溶洞顶部时即认为溶洞顶板失稳。由数值模拟得到的计算结果可知,溶洞顶板的剪切破坏模式与模拟计算结果更加吻合。

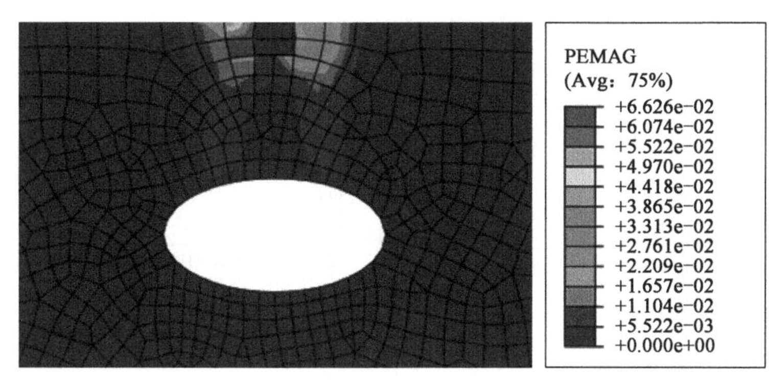

图 6-18　塑性应变图

(2)桩端位移分析。如图 6-19 所示,在桩基作用范围内的位移要比其他地方大,从桩端逐渐向下发展,直至溶洞顶部区域,其影响半径为 2m 左右。

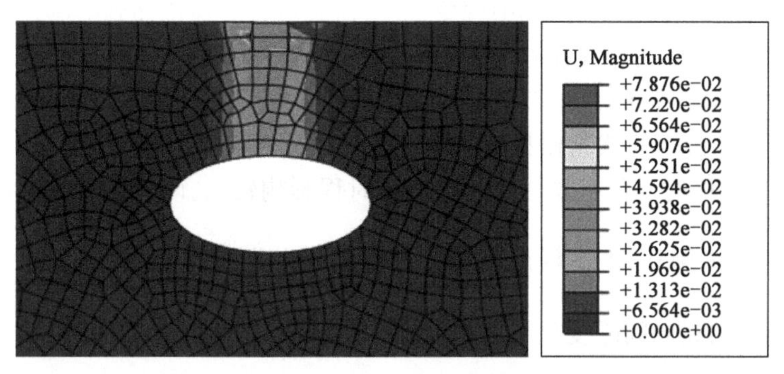

图 6-19　位移云图

图 6-20 所示为桩基竖向位移的变化曲线,选取桩基底部中点作为观察点,地震时程结束时的竖向位移值为 0.03467m。由图可知,前两秒为静力荷载作用的时间,在 2s 时,曲线明显趋于收敛,位移变化率减小。在 2 ~ 12s 的地震时程作用时间内,桩基位移持续增大,地震时程作用时间内的桩基竖向位移变化率变化曲线如图 6-21 所示,可知桩基竖向位移变化率极值出现在 5.646s。由地震波的 SRSTMS 时程曲线可知,均方根的极值出现在 5.68s 时,时间基本吻合,说明本次模拟中地震波加速度时程加载成功,同时也说明地震波对于桩基的竖向位移影响巨大。

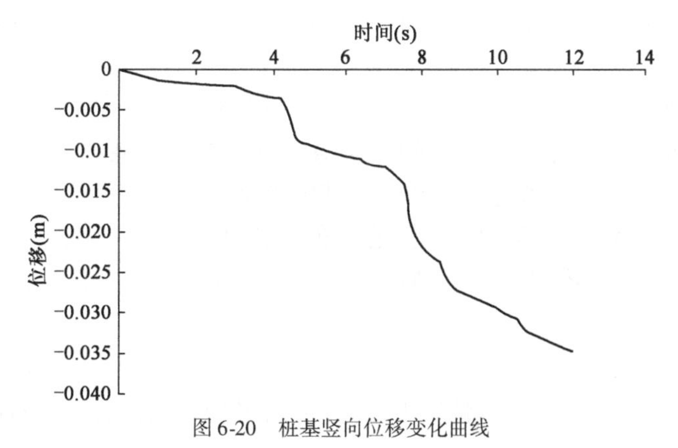

图 6-20　桩基竖向位移变化曲线

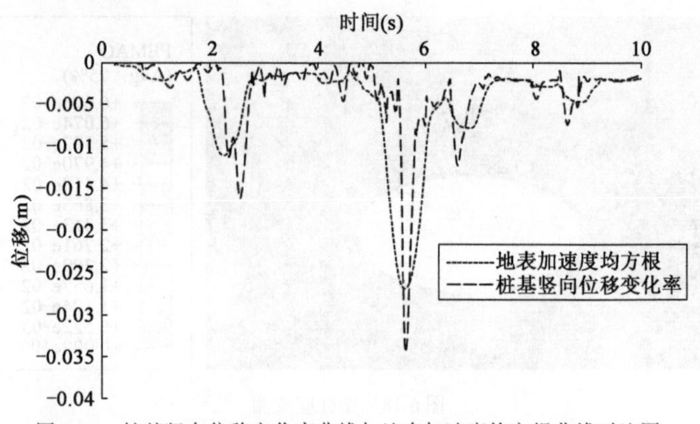

图 6-21　桩基竖向位移变化率曲线与地表加速度均方根曲线对比图

综上所述可以得到如下结论：

(1)桩端和溶洞周边出现应力集中现象，桩基荷载被有效地传递到溶洞顶板上。

(2)溶洞顶板的塑性区出现在桩基底部并形成两个"触手"向下延伸，结合溶洞顶板在桩基荷载下发生位移的区域可知，在影响半径 2m 处，岩体在桩基荷载的作用下发生剪切破坏，因此溶洞顶板的剪切破坏模式与模拟计算结果更加吻合。

(3)桩端竖向位移的变化率受输入的地震波时程影响较大，两者的变化规律基本一致。

6.4.2　桩基作用于串珠状溶洞顶板的稳定性分析

1)串珠状双溶洞竖向间距变化对其稳定性影响

(1)模型建立

简化模型如图 6-22a)所示。根据相关资料以及莫尔—库仑模型(Mohr-Coulomb 模型)需要输入的材料参数，设定石灰岩密度为 2682kg/m^3，内摩擦角为 28°，泊松比为 0.23，弹性模量为 28GPa，黏聚力为 1MPa，桩端应力 R_j 为 6MPa，红黏土土层作用于基岩顶面的应力为 0.33MPa。本模型采用钻孔灌注桩，桩的直径为 1.2m，桩端嵌岩深度为 1m。数值模拟所选择的溶洞形状为长轴与短轴之比为 2∶1 的椭圆形溶洞，模型取溶洞宽、高分别为 7m、3.5m，取双溶洞之间的间距为 1m、1.5m、2m、2.5m、3m、3.5m、4m 几种情况进行分析。桩体为混凝土材料，用线弹性来模拟，视为理想轴对称体，密度为 2500kg/m^3，弹性模量为 30GPa，泊松比为 0.2。输入的地震波与前文相同。分析步的设置如下：①岩体重力加载；②地应力平衡；③土层重力加载；④桩基荷载加载；⑤地震加速度时程加载。

本模型的网格划分如图 6-22b)所示，其中模型溶洞周边区域选择自由网格划分技术，单元形状选择"以四边形主导"，单元类型选择 CPE4R；模型其余区域选择扫略网格划分技术，单元形状选择"四边形"，单元类型选择 CPE4R，其中模型左、右、下边缘的单元模型选择 CPE4。由于 ABAQUS 软件的 CAE 单元类型中没有无限单元，因此要实现无限元边界条件，需要在模型生成的.inp 文件中进行手动修改，即把模型左、右、下边缘的单元模型由 CPE4 修改为 CINPE4。

(2)计算结果分析

①应力应变分析

图 6-23 为桩基作用于溶洞顶板情况下的 Mises 等效应力云图，图 a)的双溶洞间距为 1m，

图 b)的双溶洞间距为 4m。与图 6-17 单溶洞情况下的 Mises 等效应力图对比可知，在桩基底部以及溶洞两侧均存在应力集中现象并且分布类似，说明无论对于单个溶洞还是串珠状溶洞，桩基对溶洞顶板的影响均相同。对于底部溶洞，应力集中区域也出现在溶洞两侧，而溶洞之间的岩层并不存在应力集中现象。总体表明，对于桩基作用于竖向排列双溶洞顶板的情况下，溶洞顶板内的应力集中现象最为明显，说明桩基荷载主要由溶洞顶板承担。对比图 6-23a) 和图 6-23b) 可知，随着下部溶洞深度的增大，应力集中区域也相应下移，始终分布在溶洞周边，说明溶洞的存在会影响岩体内的应力分布，在地震作用下溶洞周边会出现应力集中现象，从而影响地基的整体稳定性。

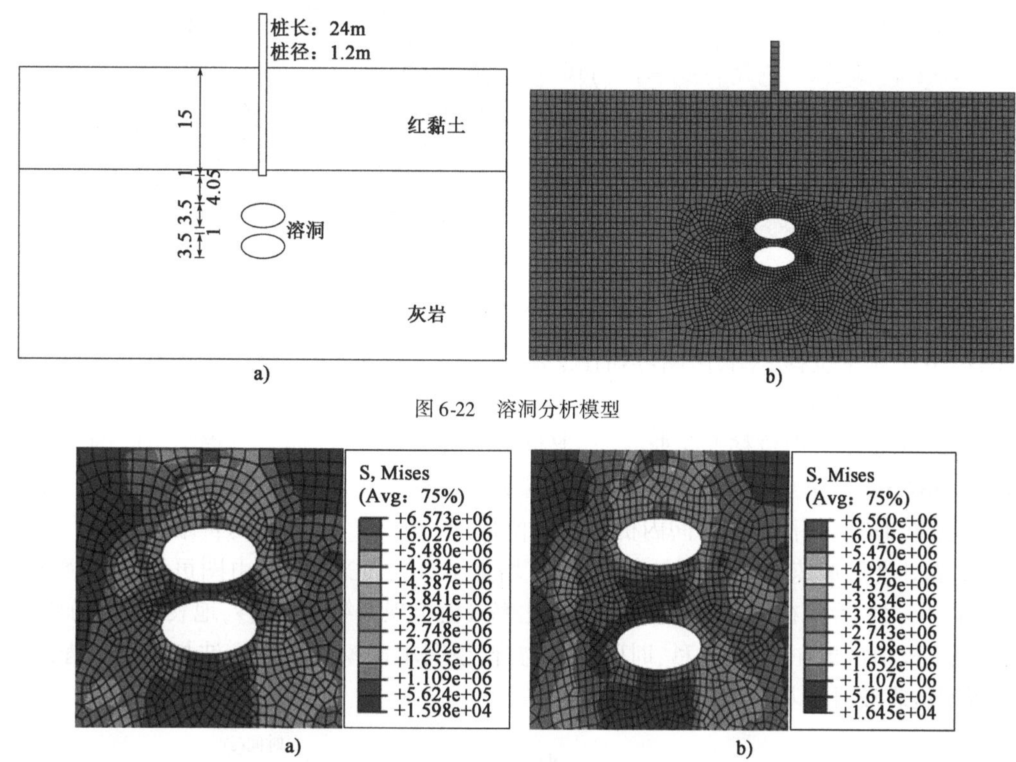

图 6-22　溶洞分析模型

图 6-23　Mises 等效应力云图

如图 6-24 所示为桩基作用于溶洞顶板情况下的塑性应变云图，随着双溶洞间距离的增大，溶洞顶板内塑性区的分布相同。与图 6-18 单溶洞情况下的塑性应变图对比，塑性区的分布情况类似，均是在溶洞顶板内形成两个“触手”向下延伸到达溶洞顶部而引起溶洞顶板失稳。由此可以判断，溶洞顶板内塑性区的分布不受下部溶洞的影响，在地震作用下桩基荷载只影响溶洞顶板的稳定性，而对下部溶洞无影响。

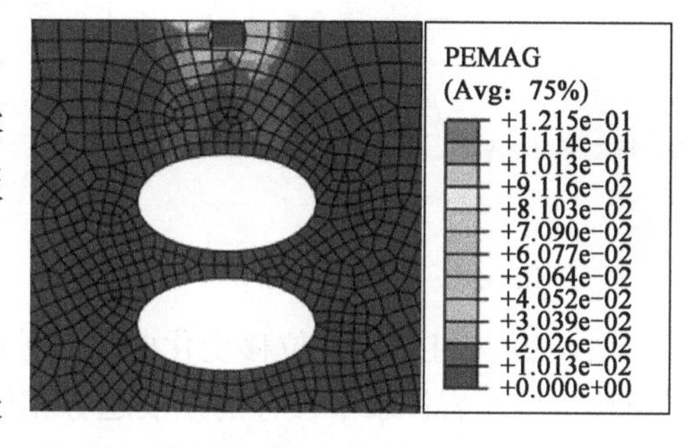

图 6-24　塑性应力云图

②桩端位移分析

图 6-25 为桩基作用于溶洞顶板情况下的竖向位移云图，图 a) 的双溶洞间距为 1m，图 b) 的双溶洞间距为 4m。由图可知溶洞顶板和桩端竖向位移

最大,其影响半径约3m,在影响半径范围内,由桩身向两侧发展,岩体竖向位移逐渐减小。对比图6-25a)和图6-25b)可知,当双溶洞间距为4m时,溶洞之间的岩层竖向位移比双溶洞间距为1m时大,产生位移的区域与水平方向呈45°向下发展直到下部溶洞顶面。与图6-19对比可知,在单溶洞情况下,溶洞底部并未发生竖向位移。产生此位移的原因主要是下部溶洞埋深增大,使得下部溶洞对上部溶洞的影响减小,可以把下部溶洞以上的岩体,包括上部溶洞在内,均看成下部溶洞的顶板,在桩基荷载的作用下,此溶洞顶板会形成一个整体区域产生竖向位移。

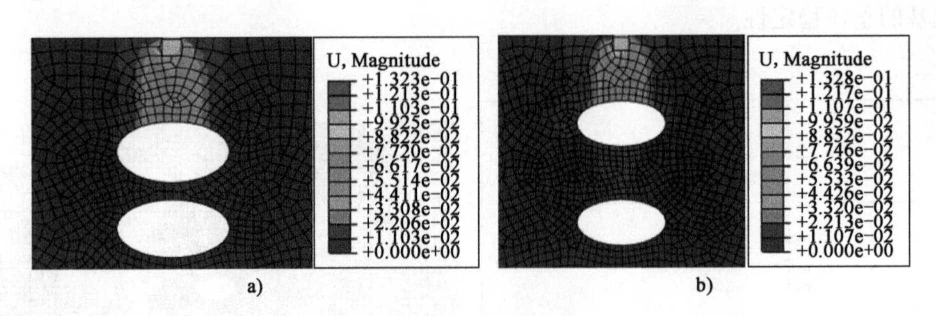

图6-25　竖向位移云图

图6-26为水平位移云图,由图可知在溶洞顶板部位存在水平位移,这是由于施加水平地震加速度时程而产生的。

图6-27为桩端竖向位移变化曲线,选取桩端节点为观察点,地震时程结束时的竖向位移值为0.08967m。在静力荷载加载结束时,桩端竖向位移变化曲线明显趋于收敛,位移变化率减小,在地震加速度时程作用时间内桩端竖向位移持续增大。图6-28为桩端竖向位移变化率曲线与地表处地震加速度均方根变化率曲线(增大10倍)的对比图,由图可知桩端竖向位移变化率在第5.68秒左右出现剧烈波动,且变化率极值出现在第5.68秒,地表处地震加速度均方根变化率极值出现在第5.68秒,时间完全吻合,说明本次模拟中地震波加速度时程加载成功,也说明地震波对桩基的竖向位移影响巨大。

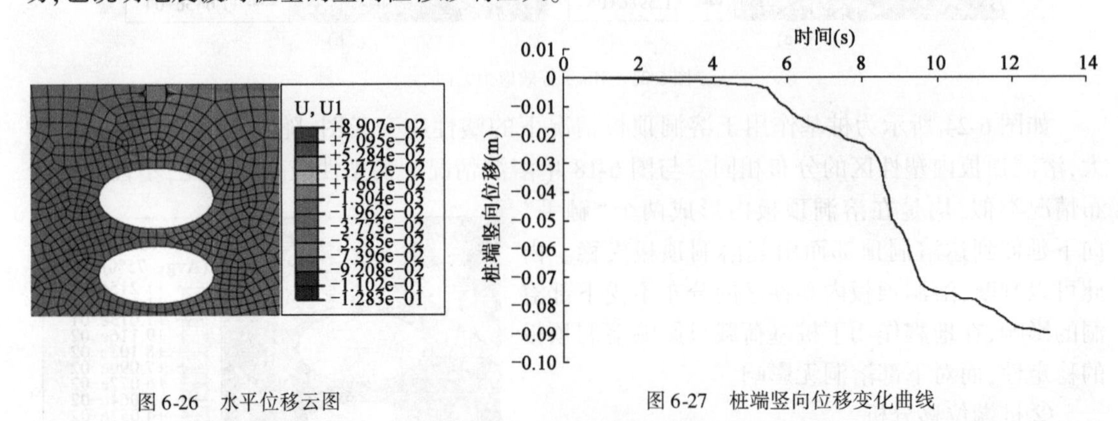

图6-26　水平位移云图

图6-27　桩端竖向位移变化曲线

图6-29为桩端水平位移变化曲线与桩端岩体水平位移变化曲线对比图,由图可知桩端水平位移与桩端岩体水平位移的发展趋势相似。前期两者的变化曲线基本相同,说明此时桩基与岩体结合紧密,并未出现桩岩脱离的现象。随着地震加速度的增大,岩体出现弱化现象,在

地震加速度达到峰值时,桩基在惯性的作用下其水平位移大于岩体的水平位移,说明此时桩基周围的岩体已经进入塑性区,丧失抗剪能力,桩岩之间出现脱离现象。在地震加速度时程加载的尾期,桩端水平位移较小,由于此时的地震加速度开始减小,而桩基受到红黏土层的水平约束作用,因此其水平位移较小,而岩体已经产生塑性位移,因此位移无法恢复,始终保持较大值。图6-30为桩端水平位移变化率曲线与地表处地震加速度均方根变化率曲线(增大10倍)的对比图,桩端水平位移变化率与地表处地震加速度均方根变化率极值出现时间完全吻合,说明地震波对桩基的水平位移影响巨大。

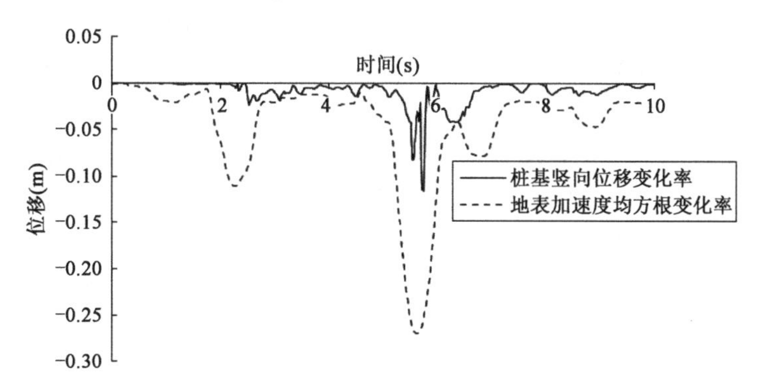

图6-28 桩端竖向位移变化率曲线与地表加速度均方根变化率曲线对比图

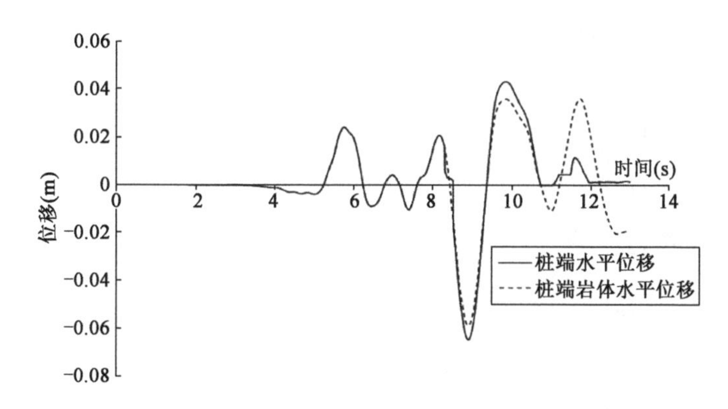

图6-29 桩端水平位移与桩端岩体水平位移变化曲线对比图

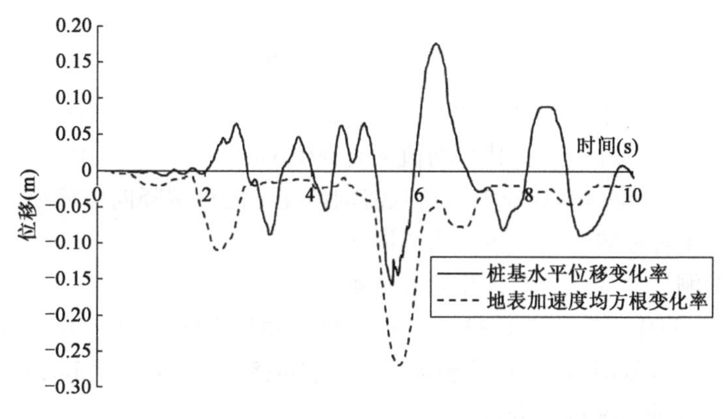

图6-30 桩端水平位移变化率曲线与地表加速度均方根变化率曲线对比图

通过桩端竖向位移、水平位移的变化率与地表加速度均方根的对比,可知桩端位移受地震波的影响较大。由变化率曲线对比图可知,桩基的位移变化率发展与地表加速度均方根变化率基本一致,两者均在同一时间达到峰值,说明桩端位移的变化是由地震波决定的。根据桩端水平位移变化曲线与相同埋深岩体水平位移变化曲线对比,可知桩岩接触在地震加速度作用一段时间之后出现脱离现象,岩土体丧失抗剪能力,侧摩阻力消失,桩基变为端承桩,由此可以判断地震作用下的桩基竖向荷载完全由溶洞顶板承担。

图6-31为溶洞顶板安全厚度随双溶洞间距的变化曲线,当双溶洞间距较小时,随着溶洞间距的增大,溶洞顶板安全厚度减小。当双溶洞间距较大时,随着溶洞间距的增大,溶洞顶板安全厚度保持一个稳定值3.85m。由此可以判断当双溶洞间距离大于1.5m时,溶洞顶板安全厚度保持不变。为了进一步探究双溶洞间距离在1~1.5m之间时溶洞顶板安全厚度的变化规律,增设双溶洞间距为1.1m、1.2m、1.3m、1.4m四个点进行数值模拟,如图6-31所示。由图可知,在1~1.5m范围内随着双溶洞间距的增大,溶洞顶板安全厚度逐渐减小并收敛于3.85m,进一步说明当溶洞的宽、高分别为7m、3.5m时,双溶洞间距超过1.5m时,溶洞顶板安全厚度保持不变。这主要是由于当双溶洞间距增大时,下部溶洞对于溶洞顶板安全厚度的影响将会逐渐减小,当双溶洞间距超过某一临界值时,下部溶洞将不会对溶洞顶板安全厚度产生影响。通过分析可知,当单溶洞的宽、高分别为7m、3.5m,顶板安全厚度为3.75m的计算结果,与双溶洞间距离超过1.5m时的溶洞顶板安全厚度3.85m相比误差为2.7%,说明当双溶洞间距超过1.5m时,下部溶洞对溶洞顶板安全厚度的影响消失。

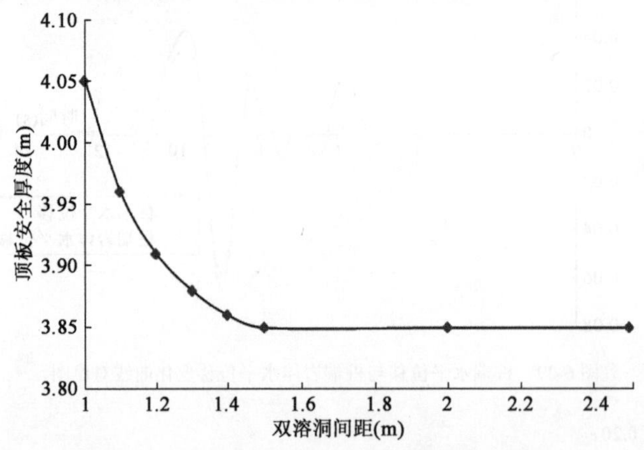

图6-31 溶洞顶板安全厚度随双溶洞间距变化曲线

图6-32为桩端竖向位移随双溶洞间距的变化曲线,随着双溶洞间距的增大,桩端竖向位移无明显变化趋势,基本保持不变,其平均值为0.09191m。分析单溶洞情况下溶洞高、宽分别为7m、3.5m时桩端竖向位移为0.091m,与双溶洞情况下的桩端竖向位移相同,由此可以判断双溶洞间距离的变化对桩端竖向位移无明显影响。

2)串珠状双溶洞尺寸变化对整体稳定性影响分析

(1)模型建立。简化模型如图6-33a)所示。材料物理力学参数与第6.3.1.1节相同,模型双溶洞间距为3m,取双溶洞的宽、高分别为:4m、2m;5m、2.5m;6m、3m;7m、3.5m;8m、4m;9m、4.5m;10m、5m几种情况进行分析。

本模型的网格划分如图6-33b)所示,模型的单元类型、网格划分技术以及无限元边界条件实现方法均与第6.3.1.1节相同。

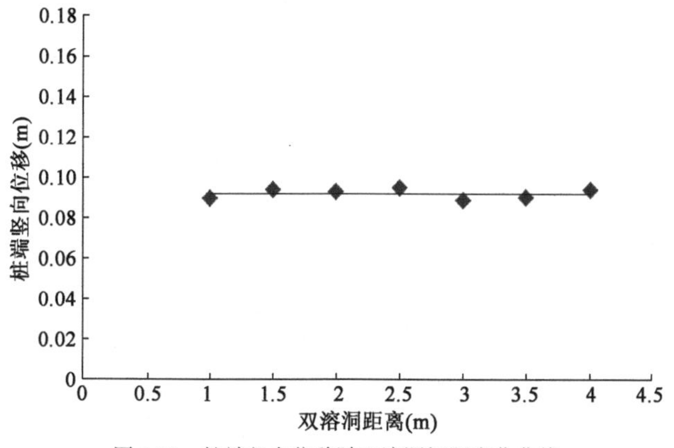

图6-32　桩端竖向位移随双溶洞间距变化曲线

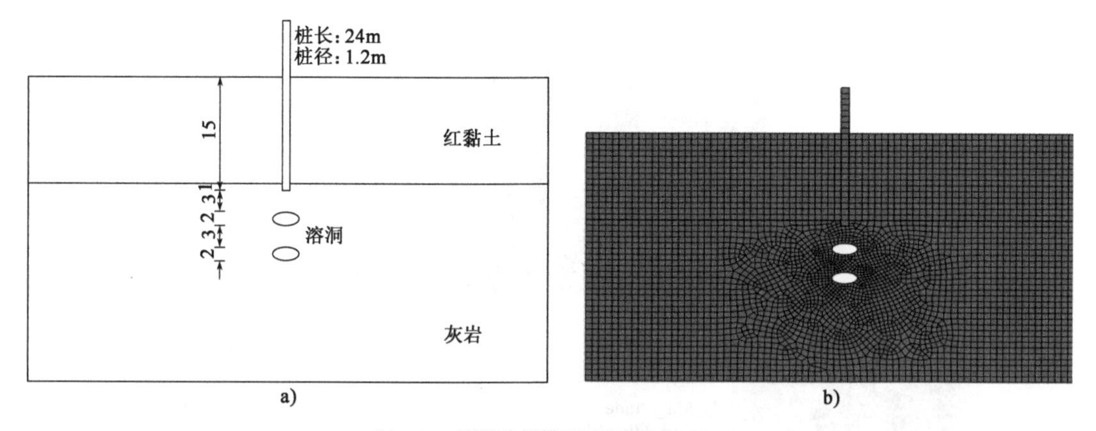

图6-33　溶洞分析模型(尺寸单位:m)

(2)计算结果分析。

①应力应变分析

图6-34为Mises等效应力云图,图a)的溶洞宽、高分别为4m、2m,图b)的溶洞宽、高分别为10m、5m。对比两图可知,溶洞顶板内应力集中区域始终由桩端处以与水平面呈45°向下发展,直到溶洞顶面,随着溶洞尺寸的增大这种现象更加明显。由图6-34a)可知,当溶洞尺寸较小时,顶板内应力集中区域分布较为紧密,此时的溶洞成拱效应较好,因此溶洞顶板以剪切效应为主。而当溶洞尺寸增大时,顶板内应力集中区域明显向溶洞两侧转移,形成一个以桩端为顶角的45°等腰直角三角形区域,由此可以判断此时溶洞顶板如同一个底角为45°的抗冲切锥台。由上述分析可知,当溶洞尺寸由小变大时,溶洞顶板的承载机理由以抗剪模式为主逐渐向以抗冲切模式为主发展,与模型试验结果较为一致。

图6-35为塑性应变云图,随着溶洞尺寸的变化,其分布特点并无太大差异,此处不做过多分析。

②桩端位移分析

图6-36为竖向位移云图,图a)的溶洞宽、高分别为4m、2m,图b)的溶洞宽、高分别为

10m、5m。由图可知，当溶洞尺寸较小时，溶洞顶板产生的竖向位移较小，影响半径也较小。当溶洞尺寸增大时，溶洞顶板产生的竖向位移增大影响半径也相应增大，但是无论溶洞尺寸如何变化，顶板竖向位移的影响区域均处于溶洞宽度范围内。由此可以判断，溶洞尺寸的大小对桩端竖向位移的影响较大，当桩基下溶洞洞径较大时，应严格控制桩基沉降量。图6-37为水平位移云图，由图可知地震作用使桩端处岩体出现水平位移。

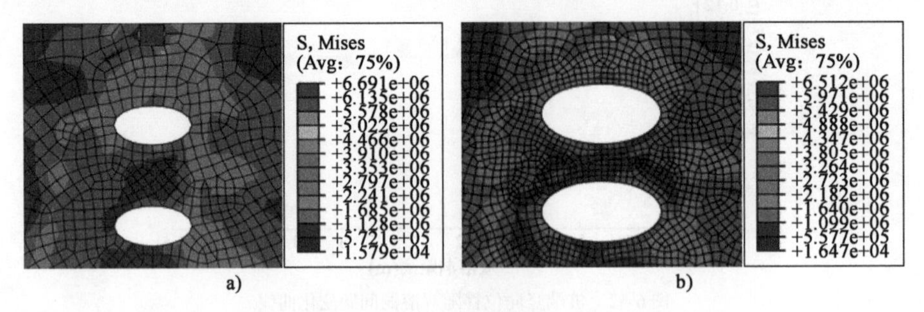

a) b)

图6-34 Mises等效应力云图

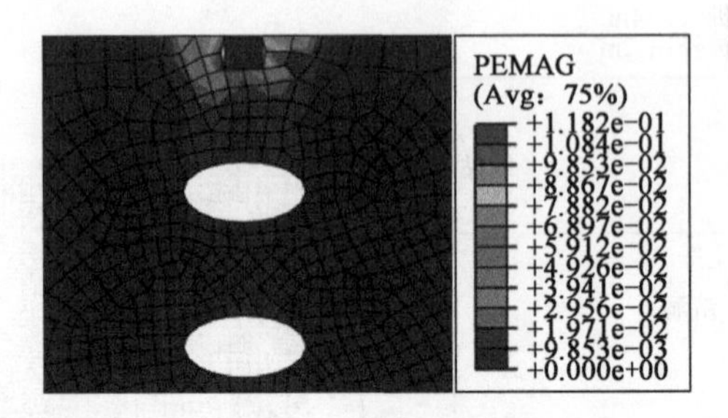

图6-35 塑性应变云图

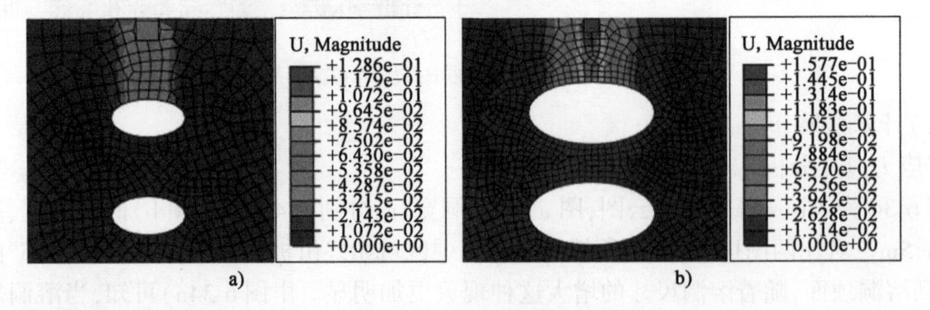

a) b)

图6-36 竖向位移云图

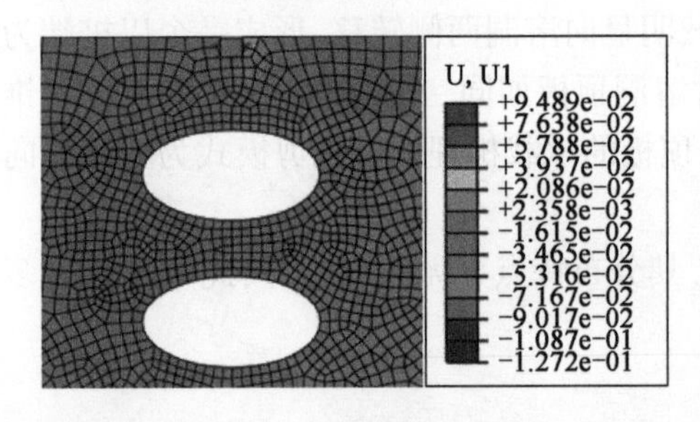

图6-37 水平位移云图

本节数值模拟得到的桩端顶板的竖向和水平位移变化曲线，桩端竖向位移变化率曲线、桩端水平位移变化率曲线发展趋势均与第6.3.1.1小节相同，故此处不做重复分析。

图6-38为溶洞顶板安全厚度随双溶洞尺寸的变化曲线，由图可知，当双溶洞宽度较小时，随着溶洞宽度的增大，溶洞顶板安全厚度呈线性增长。当双溶洞宽度较大时，随着溶洞宽度的增大，溶洞顶

板安全厚度变化速度减小。为了比较单溶洞情况与双溶洞情况顶板安全厚度随溶洞尺寸变化规律的异同,将两者的变化曲线合并在图6-38中。由图可知,单溶洞情况与双溶洞情况的溶洞顶板安全厚度受洞径的影响曲线变化趋势相同,两条拟合曲线的相关系数为0.92,但双溶洞情况下溶洞顶板安全厚度比单溶洞情况下溶洞顶板安全厚度略大。当溶洞宽度较小时,两种情况下的溶洞顶板安全厚度相差较小。随着溶洞宽度的增大,溶洞顶板安全厚度的差值也在增大,主要是由于溶洞宽度较小时下部溶洞对上部溶洞的影响较小,随着溶洞宽度的增大下部溶洞对上部溶洞的影响增大。下部溶洞的存在会使溶洞顶板产生应力重分布,从而影响溶洞顶板安全厚度的大小。

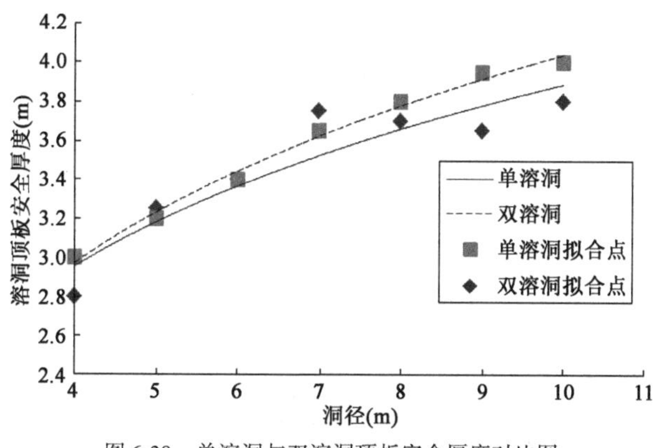

图6-38　单溶洞与双溶洞顶板安全厚度对比图

图6-39为桩端竖向位移随双溶洞尺寸的变化曲线,由图可知,随着双溶洞宽度的增大,桩端竖向位移总体呈线性增长。单溶洞情况下桩端竖向位移与双溶洞情况下桩端竖向位移对比如图6-39所示,可知两者的变化趋势相同,两条拟合曲线的相关系数为0.99。但双溶洞情况下桩端竖向位移比单溶洞情况略大,说明下部溶洞对溶洞顶板安全厚度存在一定的影响,串珠状溶洞比单溶洞需要更大的顶板安全厚度。

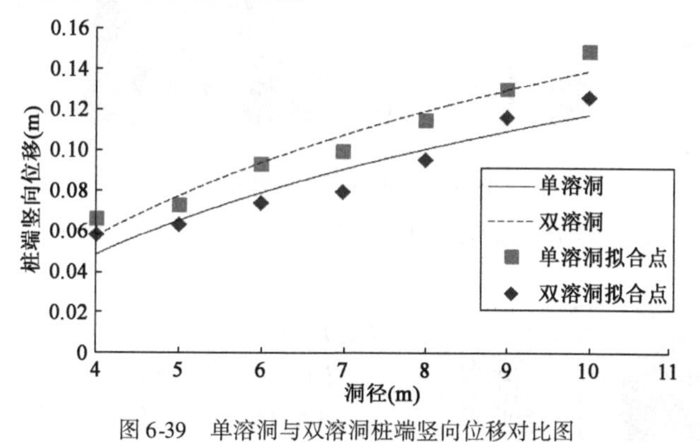

图6-39　单溶洞与双溶洞桩端竖向位移对比图

6.4.3　桩基下穿串珠状溶洞支撑于底部的稳定性分析

1)串珠状双溶洞竖向间距变化对整体稳定性影响分析

(1)模型建立

简化模型如图6-40a)所示,材料物理力学参数与第6.3.1.1节相同,模型取溶洞宽、高分别为7m、3.5m,取双溶洞间距分别为0.5m、1m、1.5m、2m、2.5m、3m、3.5m、4m、5m、6m、7m几种情况进行分析。

该模型的网格划分如图6-40b)所示,模型的单元类型、网格划分技术以及无限元边界条件实现方法均与前文相同。

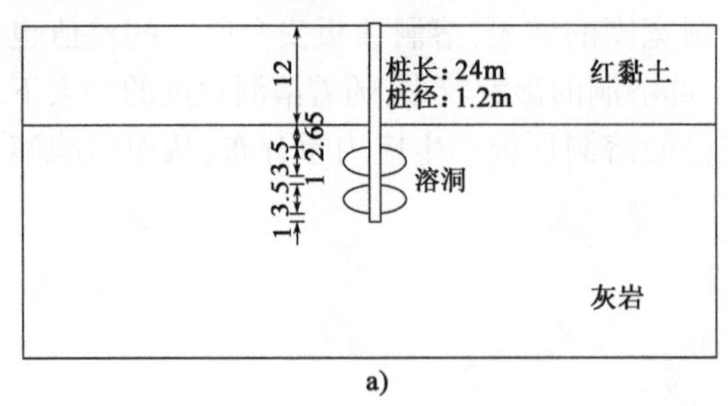

a)

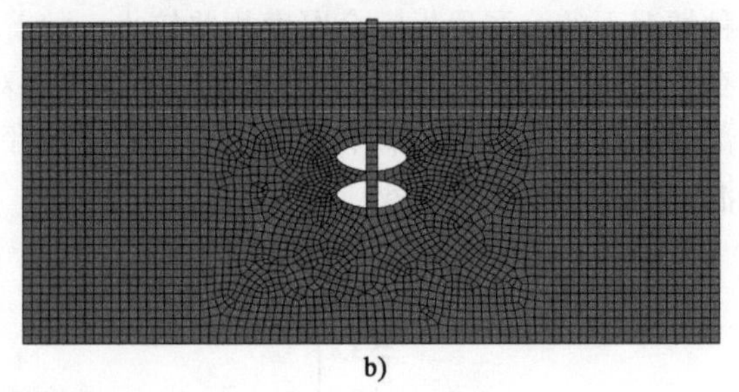
b)

图6-40　溶洞分析模型(尺寸单位:m)

(2)计算结果分析

①应力应变分析

图6-41为桩基作用于溶洞底部情况下的Mises等效应力云图,图a)的双溶洞间距离为1m,图b)的双溶洞间距离为4m。由图可知,在桩基作用于溶洞底部的情况下,溶洞周边同样存在应力集中现象,但是桩端的应力集中现象最为显著。对比两图,可知随着双溶洞间距的增大,溶洞之间的岩层应力增大现象并不明显,而桩端处岩体的应力分布基本相同,说明在地震作用下,溶洞之间的岩层对桩基的侧摩阻效应变小,并未承担桩基的竖向荷载,竖向荷载主要由桩端岩体承担。

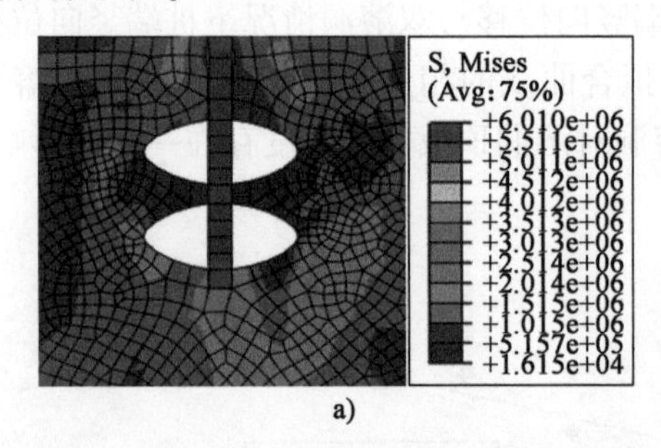

a)

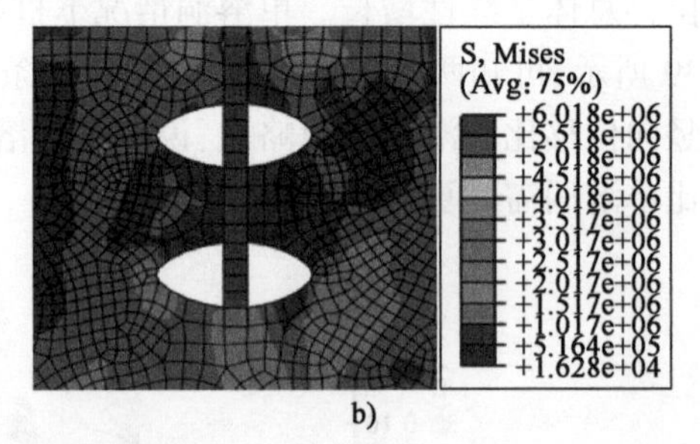

b)

图6-41　Mises等效应力云图

图6-42为桩基作用于溶洞底部情况下的塑性应变云图,与桩基作用于溶洞顶板的情况不同,此时塑性区在与桩基接触处的岩体内形成一个连续分布的区域。

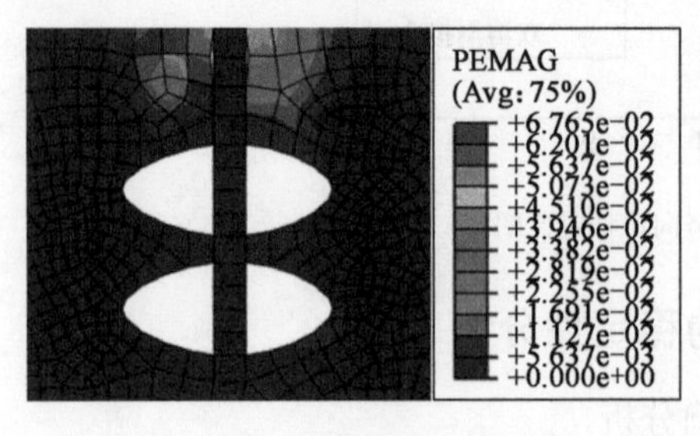

图6-42　塑性应力云图

②桩端位移分析

图6-43为桩基作用于溶洞底部情况下的竖向位移云图,图a)的双溶洞间距离为1m,图b)的双溶洞间距离为4m。由图可知溶洞顶板和桩端的竖向位移最大,位移影响半径约3m,在影响半径范围内,有桩身向两侧发展,岩体竖向位移逐渐减小。由此可知,相比于上部溶洞顶部岩层,双溶洞之间的岩层产生的竖向位移较小,说明对桩基的

侧摩阻效应较小，而上部溶洞顶部岩层产生较大竖向位移的原因主要是由于基岩顶面为地震波加速度加载面，在地震波的影响下，此处会发生较大的位移。对比两图，可知双溶洞间距离的增大，并不会使溶洞之间岩层对桩基提供更多的侧摩阻力，竖向荷载主要由桩端岩体承担。图6-44为桩基作用于溶洞底部情况下的水平位移云图，由图可知在基岩顶面以下1m左右的位置产生了水平位移。

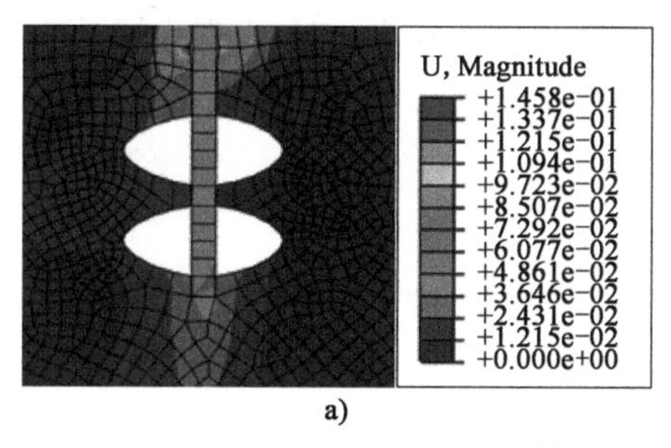

a)

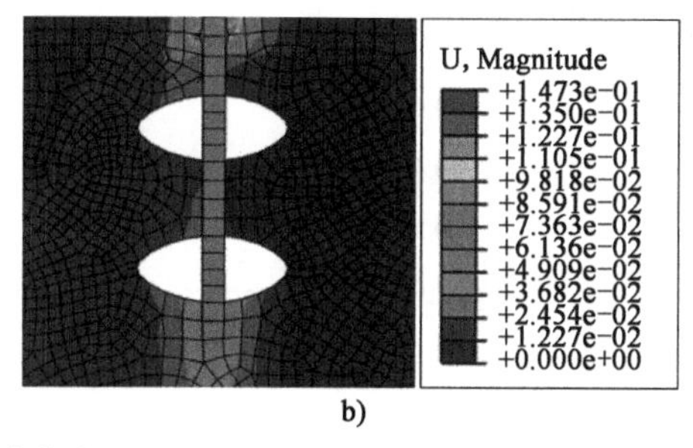

b)

图6-43　竖向位移云图

图6-45为桩基作用于溶洞底部情况下的桩端竖向位移变化曲线，选取桩端节点为观察点，地震时程结束时的竖向位移值为0.03685m。由图可知，在静力荷载加载结束时，桩端竖向位移变化曲线明显趋于收敛，位移变化率减小，在地震作用下桩端竖向位移持续增大。

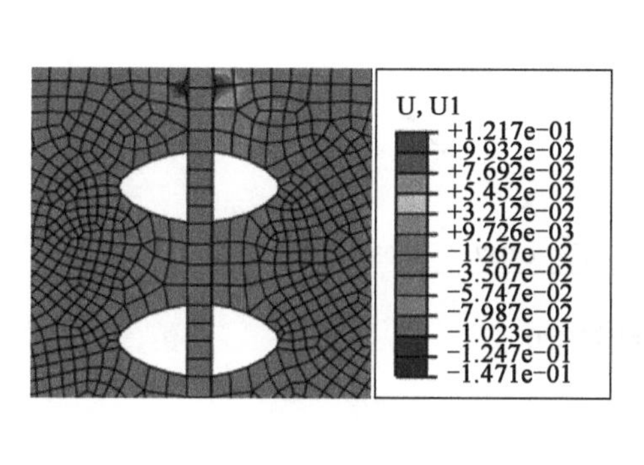

图6-44　水平位移云图

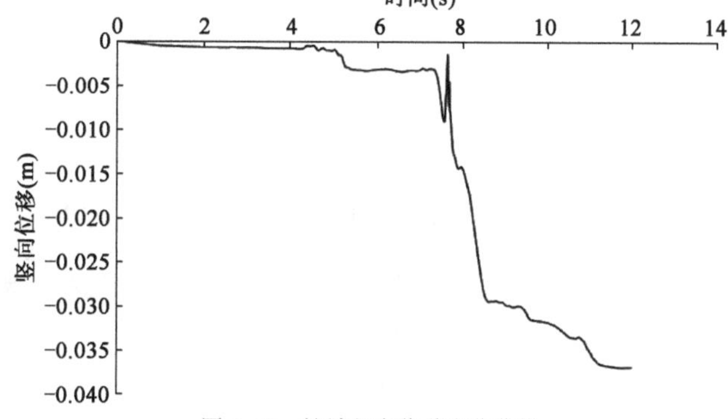

图6-45　桩端竖向位移变化曲线

图6-46为桩端竖向位移变化率曲线与地表处地震加速度均方根变化率曲线（增大10倍）的对比图。桩端竖向位移变化率在第5.68秒左右出现剧烈波动，且变化率极值出现在第5.68秒，地表处地震加速度均方根变化率极值也出现在第5.68秒，时间完全吻合，这与桩基作用于溶洞顶板的情况相同，说明地震波对桩基作用于溶洞底部情况下的竖向位移影响很大。对比图6-17和图6-18结果，可以发现桩基作用于溶洞底部时桩端竖向位移的变化较为平缓，仅在地震波加速度达到峰值时变化较大，且桩基有一个“反弹”的现象。而桩基作用于溶洞顶板情况下，曲线出现了较大的突变，但并未出现桩基的“反弹”现象。由此可以判断，在地震作用下，桩基作用于溶洞底部时由于岩体的弹性特征，可能会使桩基发生瞬时的反向运动，而当桩基作用于溶洞顶板时，由于桩端以下溶洞的存在削弱了这种现象，使得溶洞顶板容易产生塑性应变，因而不会出现桩基“反弹”的现象。

图6-47a）为地震加速度时程作用下桩身在竖直方向上的位移曲线。由图可知，在溶洞底部嵌岩段以上区域，桩身竖向位移呈线性减少，在溶洞底部嵌岩段桩身位移变化速率降低，呈

现典型端承桩特点。图6-47b)为静力作用下桩身在竖直方向上的位移曲线,由图可知,在基岩顶面以上的桩身部分,竖向位移呈线性减小,基岩顶面以下的桩身部分,竖向位移同样呈线性减小,但位移变化速率小于基岩顶面以上部分,这是由于基岩对桩基的侧摩阻力比红黏土强。对两图进行比较可知,静力作用下桩身竖向位移的发展受红黏土基岩侧摩阻效应的影响较大,而地震加速度时程作用下桩身竖向位移的发展并未受到红黏土和基岩侧摩阻效应的影响,说明在水平地震作用下,桩基与基岩之间的侧摩阻效应不显著,桩基表现为端承桩。

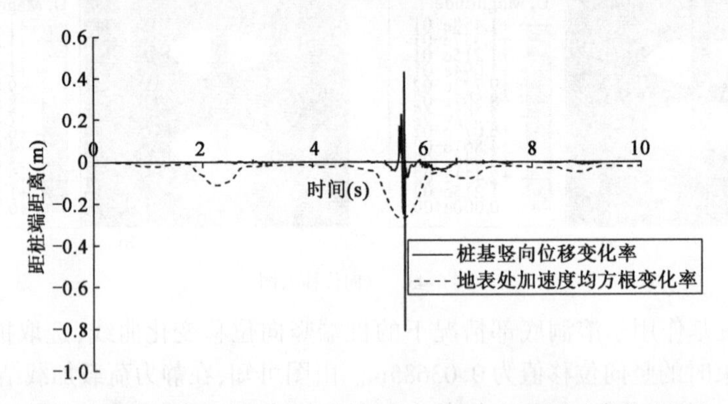

图6-46 桩端竖向位移变化率曲线与地表加速度均方根变化率曲线对比图

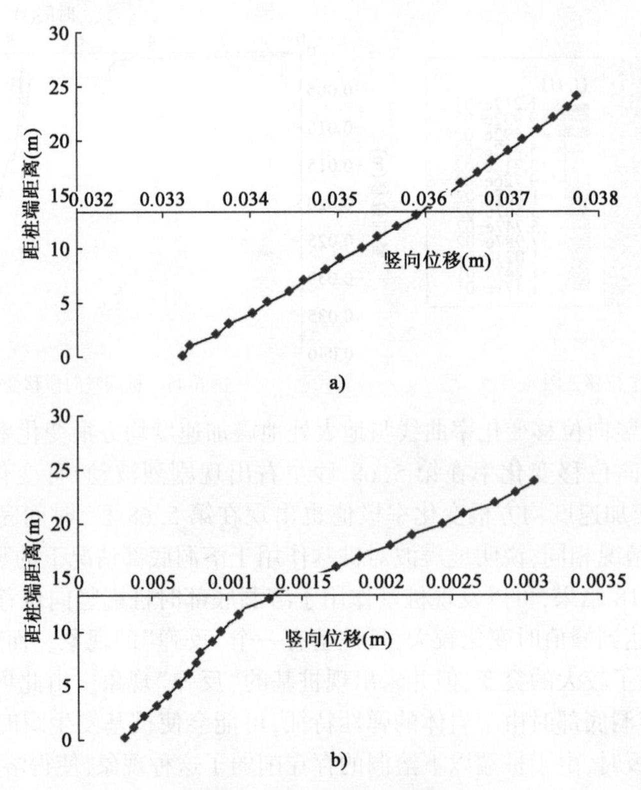

图6-47 桩身竖向位移变化曲线

图6-48a)为双溶洞间的中夹岩层中点位置的桩身与岩体水平位移变化曲线对比图,图6-48b)为桩端与桩端岩体的水平位移变化曲线对比图。由图可知,在两处位置桩身与土体

的水平位移变化模式都相似，但是对两图进行对比，可以发现图6-48a)在第6秒时就已经出现桩体位移大于岩体位移的现象，即双溶洞间的中夹岩层在较早时就已经出现桩岩脱离现象，此时岩体已经丧失抗剪能力。而图6-48b)直到地震加速度时程加载结束时才出现桩岩脱离想象。由此可以推断，在地震作用下，岩土体与桩身接触位置丧失抗剪能力，对桩基没有侧摩阻效应。此外，随着埋深的增大，桩岩脱离现象出现的时间越晚，桩岩相对位移越小。图6-49为桩端水平位移变化率曲线与地表处地震加速度均方根变化率曲线(增大10倍)的对比图，由图可知，桩端水平位移变化率极值与地表处地震加速度均方根变化率极值出现时间完全吻合。桩基作用于溶洞底部的情况与作用于溶洞顶板的情况类似，地震波对于桩基的水平位移影响巨大。

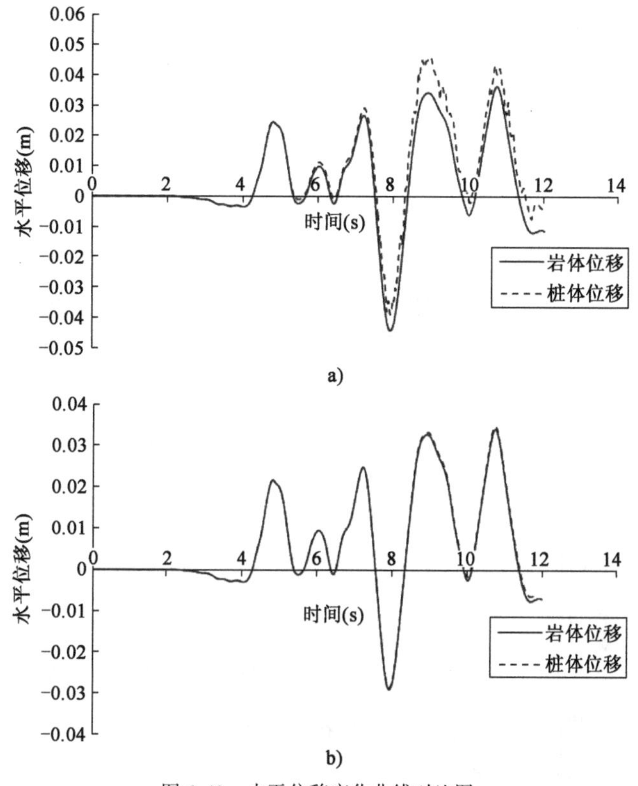

图6-48　水平位移变化曲线对比图

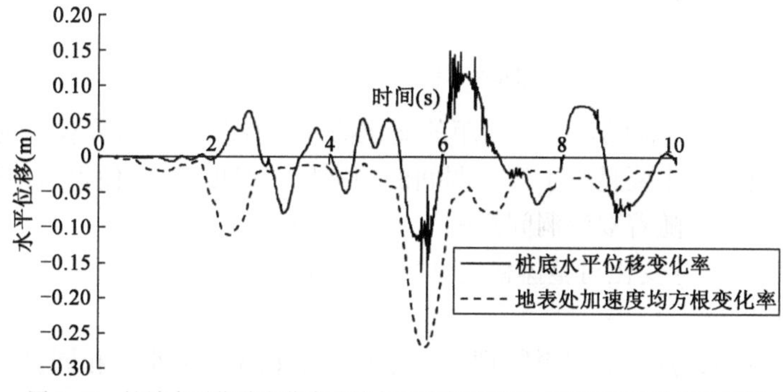

图6-49　桩端水平位移变化率曲线与地表加速度均方根变化率曲线对比图

图6-50a)为地震加速度时程作用下的桩身轴力变化曲线，由图可知，在溶洞底部嵌岩段以上区域，桩身轴力呈线性增加，在溶洞底部嵌岩段产生突变，桩身轴力减小，呈现典型端承桩特点。图6-50b)为静力作用下桩身轴力变化曲线，由图可知，红黏土层的桩侧摩阻效应使基岩顶面以上部分桩身轴力呈线性减小趋势。基岩顶面以下部分，随着深度的增加，桩身轴力产生突变，呈线性急剧减小直到上部溶洞顶面，说明溶洞上方岩层位置侧摩阻力得到了很好发挥。当深度继续增加，在桩身穿过上部溶洞时，桩身轴力保持不变。当深度达到距桩端距离5m时，桩身轴力有一个较小的突变，说明双溶洞间的中夹岩层发挥了一定的侧摩阻效应。当桩身穿过下部溶洞时，桩身轴力保持不变，在桩端嵌岩段，桩身轴力出现一个较小突变。对两图进行比较，可知地震加速度时程作用下的桩基，桩身轴力随着埋深的增大而线性增大，仅在溶洞底部嵌岩段有所减小，说明桩基未受到岩体侧摩阻效应的影响。而静力作用下的桩基受岩体侧摩阻效应的影响显著，进一步说明在水平地震作用下，岩土体的侧摩阻效应不明显，桩基表现为端承桩特性。

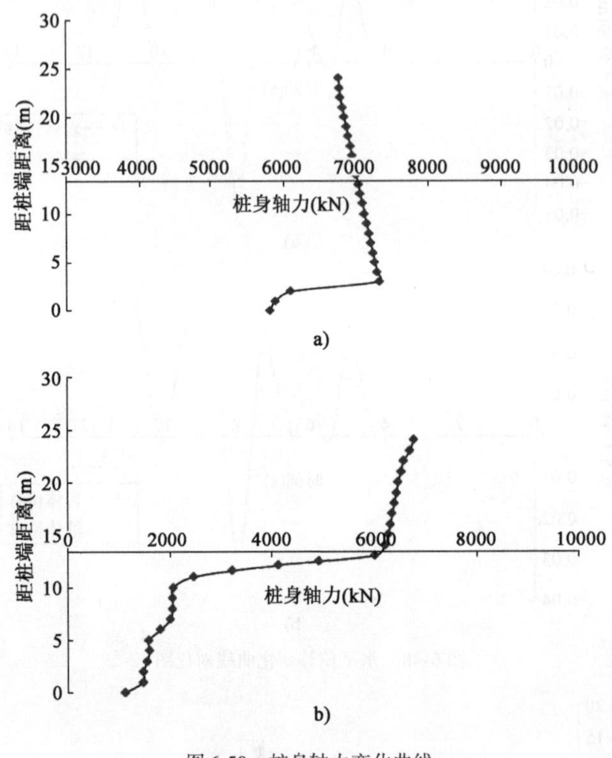

图6-50 桩身轴力变化曲线

图6-51为桩端竖向位移随双溶洞间距的变化曲线，由图可知，随着双溶洞间距的增大，桩端竖向位移逐渐减小，这主要是由于双溶洞间的中夹岩层厚度变大，使得岩体侧摩阻力的发挥有所增大，因此桩基位移随着双溶洞间距的增大而减小。

2)串珠状双溶洞尺寸变化对整体稳定性影响分析

(1)模型建立

简化模型如图6-52a)所示，材料物理力学参数与第6.3.1.1小节相同，模型取双溶洞之间的距离为3m，取双溶洞的宽、高分别为4m、2m，5m、2.5m，6m、3m，7m、3.5m，8m、4m，9m、

4.5m,10m、5m几种情况进行分析。

模型的网格划分如图6-52b)所示,模型的单元类型、网格划分技术以及无限元边界条件实现方法均与前文相同。

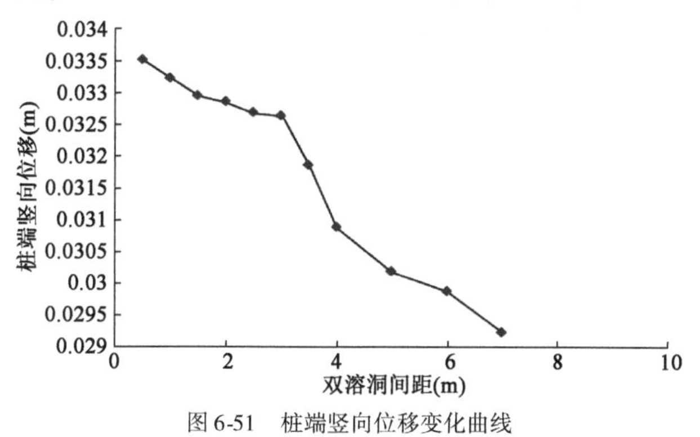

图6-51　桩端竖向位移变化曲线

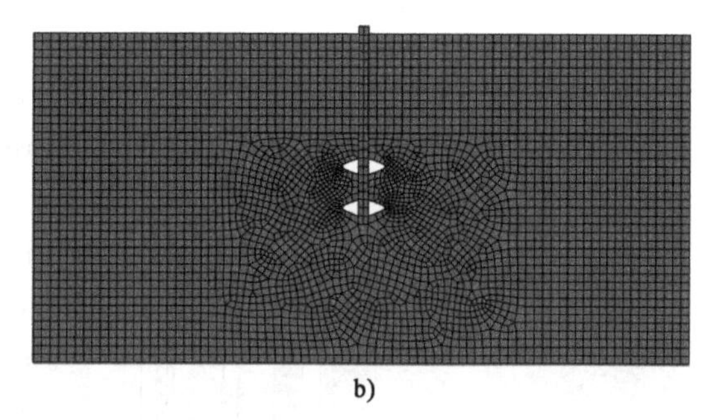

a)　b)

图6-52　溶洞分析模型(尺寸单位:m)

(2)计算结果分析

①应力应变分析

图6-53为Mises等效应力云图,图a)的溶洞宽、高分别为4m、2m,图b)的溶洞宽、高分别为10m、5m。随着洞径的增大,应力集中区域始终分布于溶洞的两侧与桩端位置,双溶洞间的中夹岩层不存在应力集中现象。图6-54为塑性应变云图,由图可知塑性区在上部溶洞顶部岩体内形成一个贯通的区域。

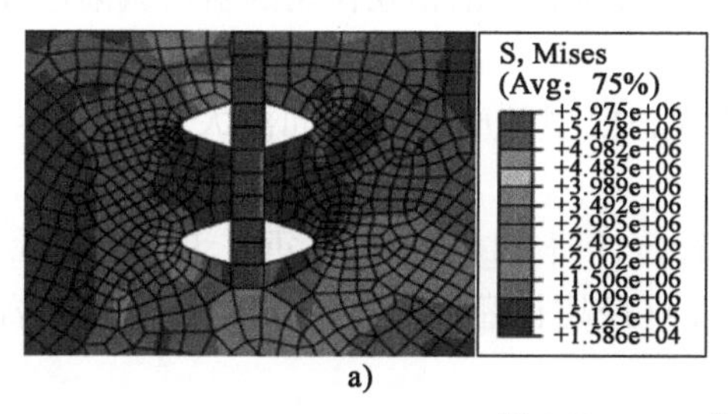

a)

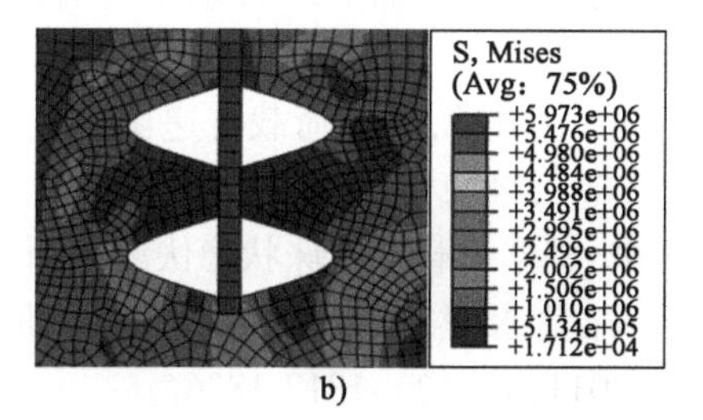

b)

图6-53　Mises等效应力云图

②桩端位移分析

图6-55为竖向位移云图,由图可知上部溶洞顶部岩体和桩端竖向位移最大,其影响半径约3m,在影响半径范围内,由桩身向两侧发展,岩体竖向位移逐渐减小。经过对比发现洞径的

增大对竖向位移云图的影响较小,因此不做对比分析。图6-56为水平位移云图,由图可知施加水平地震作用后,上部溶洞顶部岩体内存在水平位移。

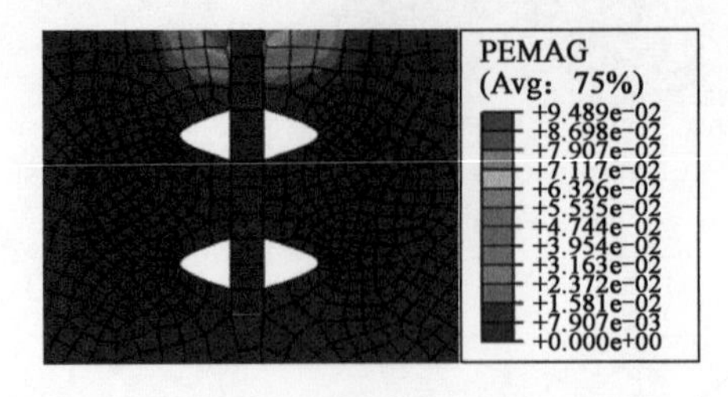

图6-54 塑性应力云图

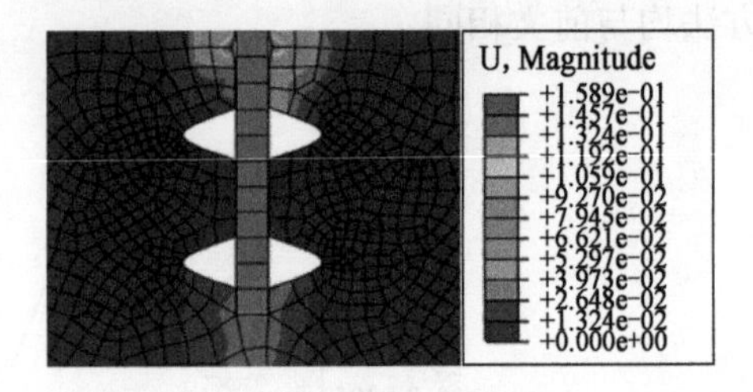

图6-55 竖向位移云图

图6-57为桩端竖向位移随溶洞宽度的变化曲线,由图可知,随着洞径的增大,桩端竖向位移逐渐增大。当溶洞宽度小于7m时,桩端位移随溶洞宽度的增大呈线性增长趋势。当溶洞宽度大于7m时,桩端位移逐渐趋于稳定值(0.05m)。桩端位移在溶洞宽度小于7m时呈线性增长的原因是,洞径相对较小时溶洞高度的增大对岩体侧摩阻力的发挥影响较大,溶洞越高侧摩阻力所承担的桩基荷载越小,从而使端阻力和桩端位移的增大。当洞径相对较大时,溶洞高度的增大对于岩体发挥侧摩阻力的影响变弱,因此桩端位移最终会趋于稳定值。

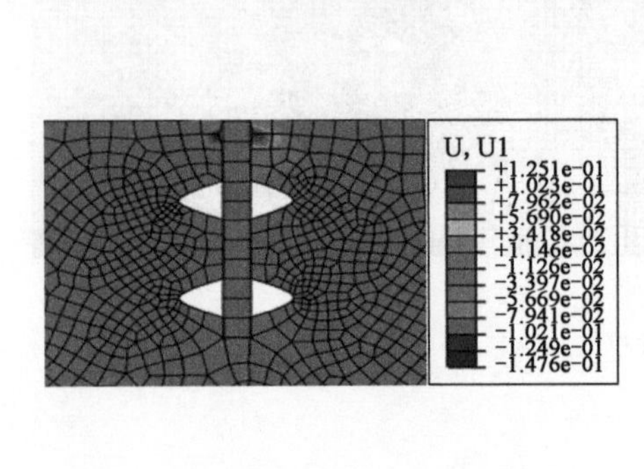

图6-56 水平位移云图

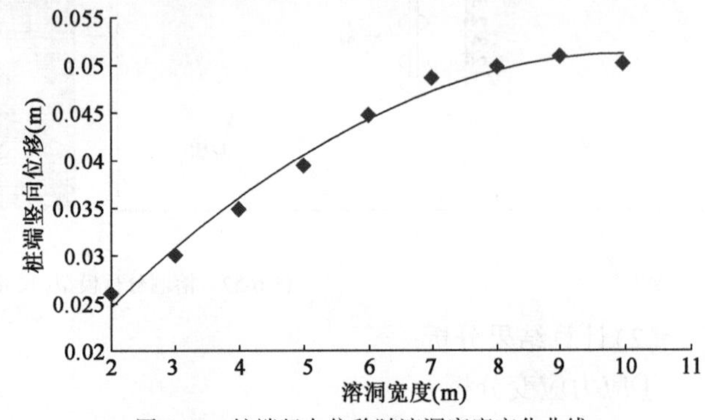

图6-57 桩端竖向位移随溶洞宽度变化曲线

本章参考文献

[1] 黄明, 张冰淇, 陈福全, 等. 基于扰动状态概念的桩—土相互作用的新荷载渐进性传递模型[J]. 岩土力学, 2017,38(S1):167-172.

[2] 刘齐建, 杨林德. 桩基荷载传递函数扰动状态模型及应用[J]. 同济大学学报(自然科学版), 2006,34(2):165-169.

[3] 蒲谢东. 桩基荷载下串珠状隐伏溶洞围岩稳定性研究[D]. 重庆:重庆大学, 2016.

[4] 王卫东, 李永辉, 吴江斌. 上海中心大厦大直径超长灌注桩现场试验研究[J]. 岩土工程学报,2011,33(12):1817-1826.

[5] 闫双斌. 桩基荷载下溶洞顶板稳定性研究[D]. 长沙:中南大学, 2013.

[6] 张冰淇. 串珠状溶洞地层中桥梁桩基承载特性与稳定性研究[D]. 福州:福州大学, 2017.

[7] 张光武, 付俊杰, 黄明. 串珠状溶洞的形态和演化机理及工程处理方法分析[J]. 路基工程, 2016(1):159-162,167.

[8] 张忠苗. 桩基工程[M]. 北京:中国建筑工业出版社, 2007.
[9] 郑建业, 葛修润, 孙红. 基于扰动状态理论的若干岩土力学基础问题研究[M]. 北京:中国水利水电出版社, 2009.
[10] Krajcinovic D, Silva M A G. Statistical aspects of the continuous damage theory[J]. International Journal of Solids and Structures,1982,18(7): 551-562.